计量检测技术与应用丛书

电力计量检测技术与应用

主　编　杨　青

副主编　龚金龙　王异凡　骆　丽

参　编　王一帆　许　飞　宋琦华　孙　明　王少华
　　　　王　尊　顾　冰　陶定峰　邹成伍　曾明全

主　审　黄晓明

机械工业出版社

本书紧贴电力系统生产实际，系统地介绍了电力系统常用典型试验装备的结构原理及其计量检测技术。主要内容包括：绪论、高压电源试验设备、绝缘电阻表、氧化锌避雷器阻性电流测试仪、变压器有载分接开关测试仪、变压器绕组变形测试仪、变压器变比测试仪、局部放电测试仪、介质损耗因数测试仪、红外热像仪、紫外成像仪、六氟化硫气体密度继电器、汽轮机振动监控系统、蓄电池检测仪等。全书内容翔实，选材经典，图文并茂，能使读者较容易和快速地了解电力系统计量检测技术及其应用，对拓宽个人专业视野，提升专业技术水平提供有力帮助。

本书可以作为从事电力系统计量测试、校准、检定人员的专业学习和培训教材，也可作为高等院校电气工程及其自动化、测控技术与仪器和其他相关专业的教学参考书。

图书在版编目（CIP）数据

电力计量检测技术与应用/杨青主编. —北京：机械工业出版社，2021.12（2023.9 重印）
（计量检测技术与应用丛书）
ISBN 978-7-111-69634-6

Ⅰ.①电… Ⅱ.①杨… Ⅲ.①电能计量－研究 Ⅳ.①TM933.4

中国版本图书馆 CIP 数据核字（2021）第 243161 号

机械工业出版社（北京市百万庄大街 22 号 邮政编码 100037）
策划编辑：陈保华 责任编辑：陈保华 王 荣
责任校对：张晓蓉 封面设计：马精明
责任印制：常天培
固安县铭成印刷有限公司印刷
2023 年 9 月第 1 版第 2 次印刷
184mm×260mm · 15.75 印张 · 328 千字
标准书号：ISBN 978-7-111-69634-6
定价：68.00 元

电话服务 网络服务
客服电话：010－88361066 机 工 官 网：www.cmpbook.com
010－88379833 机 工 官 博：weibo.com/cmp1952
010－68326294 金 书 网：www.golden－book.com
封底无防伪标均为盗版 机工教育服务网：www.cmpedu.com

丛书编审委员会

顾　问：李　莉　国家市场监管总局认证认可技术研究中心　主任

主　任：杨杰斌　中国测试技术研究院　副院长

副主任：汪洪军　中国计量科学研究院　所长

李　杰　联勤保障部队药品仪器监督检验总站　副站长

张流波　中国疾病预防控制中心　首席专家

饶　红　中国海关科学技术研究中心　研究员

柳　青　北京市药品检验研究院　副院长

宋江红　中国铝业集团有限公司科技创新部质量标准处　处长

刘哲鸣　中国仪器仪表学会产品信息工作委员会　副主任

委　员（以姓氏笔画排序）：

王立新　天津市产品质量监督检测技术研究院　副院长

田　昀　天津市计量监督检测科学研究院　副院长

吕中平　新疆维吾尔自治区计量测试研究院　院长

任小虎　大同市综合检验检测中心　室主任

刘新状　国家电子工程建筑及环境性能质量监督检验中心　副主任

李　龄　成都市计量检定测试院　副院长

李文峰　北京市标准化研究院　主任

杨胜利　北京市水科学技术研究院　副总工程师

肖　哲　辽宁省计量科学研究院　副院长

肖利华　内蒙古自治区计量测试研究院　技术总监

沈红江　宁夏回族自治区标准化研究院　院长

沈忠昀　绍兴市质量技术监督检测院　院长

张　克　北京市计量检测科学研究院　副院长

张　辰　军事科学院军事医学研究院科研保障中心　主任

张　青　北京协和医院消毒供应中心　执行总护士长

张宝忠　中国水利水电科学研究院水利研究所　副所长

张俊峰　苏州市计量测试院　院长

季启政　中国航天科技集团五院514所静电事业部　部长

周秉直　陕西省计量科学研究院　总工程师

郑安刚　中国电力科学研究院计量研究所　总工程师

胡　波　国家海洋标准计量中心计量检测中心　高级工程师
黄希发　国家体育总局体育科学研究所体育服务检验中心　副主任
焦　跃　北京节能环保促进会　副会长
管立江　大同市综合检验检测中心　主任
薛　诚　中国医学装备协会医学装备计量测试专业委员会　副秘书长

本书编审委员会

顾　问：张　克　　北京市计量检测科学研究院
主　编：杨　青　　国网浙江省电力有限公司电力科学研究院
副主编：龚金龙　　国网浙江省电力有限公司电力科学研究院
　　　　王异凡　　国网浙江省电力有限公司电力科学研究院
　　　　骆　丽　　国网浙江省电力有限公司电力科学研究院
委　员：王一帆　　国网浙江省电力有限公司电力科学研究院
　　　　许　飞　　国网浙江省电力有限公司
　　　　宋琦华　　国网浙江省电力有限公司电力科学研究院
　　　　孙　明　　国网浙江省电力有限公司电力科学研究院
　　　　王少华　　国网浙江省电力有限公司电力科学研究院
　　　　王　尊　　国网浙江省电力有限公司电力科学研究院
　　　　顾　冰　　国网浙江省电力有限公司电力科学研究院
　　　　陶定峰　　国网浙江省电力有限公司电力科学研究院
　　　　邹成伍　　国网浙江省电力有限公司电力科学研究院
　　　　曾明全　　国网浙江省电力有限公司电力科学研究院
　　　　王盛长　　深圳市华测计量技术有限公司
　　　　唐　标　　云南电网有限责任公司电力科学研究院
主　审：黄晓明　　国网浙江省电力有限公司电力科学研究院

丛书序

计量是实现单位统一、保证量值准确可靠的活动，关系国计民生，计量发展水平是国家核心竞争力的重要标志之一。计量也是提高产品质量、推动科技创新、加强国防建设的重要技术基础，是促进经济发展、维护市场经济秩序、实现国际贸易一体化、保证人民生命健康安全的重要技术保障。因此，计量是科技、经济和社会发展中必不可少的一项重要技术。

随着我国经济和科技步入高质量发展阶段，目前计量发展面临新的机遇和挑战：世界范围内的计量技术革命将对各领域的测量精度产生深远影响；生命科学、海洋科学、信息科学和空间技术等的快速发展，带来了巨大计量测试需求；国民经济安全运行以及区域经济协调发展、自然灾害有效防御等领域的量传溯源体系空白须尽快填补；促进经济社会发展、保障人民群众生命健康安全、参与全球经济贸易等，需要不断提高计量检测能力。夯实计量基础、完善计量体系、提升计量整体水平已成为提高国家科技创新能力、增强国家综合实力、促进经济社会又好又快发展的必然要求。

计量检测活动已成为生产性服务业、高技术服务业、科技服务业的重要组成内容。“十三五”以来，我国相继出台了一系列深化检验检测改革、促进检验检测服务业发展的政策举措。随着计量基本单位的重新定义，智能化、数字化、网络化技术的迅速兴起，计量检测行业呈现高速发展的态势，竞争也将越来越激烈。这一系列变化让计量检测机构在人才、技术、装备等方面面临着前所未有的严峻考验，特别是人才的培养已成为各计量检测机构最为迫切的需求。

本套丛书围绕目前计量检测领域中的常规专业、重点行业、新兴产业的相关计量技术与应用，由来自全国计量和检验检测机构、行业科研技术机构、仪器仪表制造企业、医疗疾控等单位的技术人员编写而成。本套丛书可为计量检测机构的技术人员和管理人员提供技术指导，也可为科研机构、大专院校、生产企业的相关人员提供参考，对提高从业人员整体素质，提升机构技术水平，强化技术创新能力具有促进作用。

丛书编审委员会

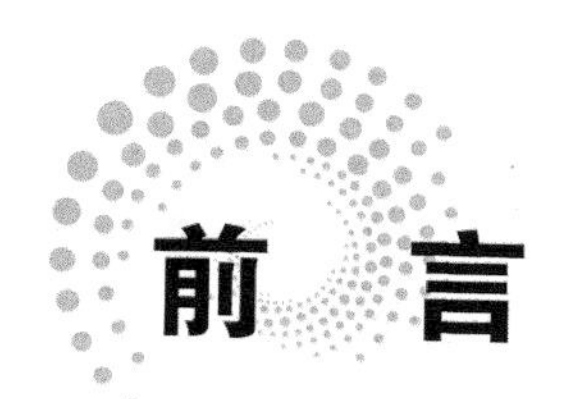

前言

电力工业是一个国家国民经济发展的命脉，标志着国家经济发展和人民生活水平的高低，是世界各国经济发展战略中的优先发展重点。电力计量检测对保障整个电力系统安全稳定运行发挥着重要作用，夯实计量基础、完善计量体系、提升计量整体水平已成为提高电力行业技术水平、促进我国能源产业健康发展的重要手段。在电力生产的发电、输电、变电、配电、用电各个环节中，电力计量检测无处不在地发挥着作用，它是运行的眼睛、检修的标准、营销的尺度、仲裁的依据、安全的保证。与常规计量相比，电力计量检测除了计量本身的特点外，更多地具有电力系统的专业特殊性。

本书编写的目的在于为从事电力计量检测或对电力计量检测感兴趣的工程技术人员提供参考学习资料，使其能更深入地了解和掌握常用电力测试仪器装备的工作原理、结构、使用方法、注意事项、计量校验方法以及在工程中的应用案例。本书在章节排列上，第1章主要介绍了电力计量与电力生产的关系、电力计量的分类、电力计量的发展趋势等，后续内容依次可分为高压计量、热工计量、电测计量三个部分。第2~9章为第一部分，主要介绍典型高压试验项目的原理、目的、仪器设备的结构组成及其计量校验方法；第10~13章为第二部分，主要介绍红外热像仪等典型热工专业用仪器设备相关原理及其计量校验方法；第14章为第三部分，选取蓄电池检测仪作为电测专业的典型代表，介绍了其种类构成、主要原理和计量检验方法。为便于读者加深对电力系统用试验设备及其现场应用的直观理解，本书在具体仪器设备章节中配备了较多的实物照片。此外，本书除少数几章外，在每章最后介绍了现场检测应用案例，使读者无须亲临现场也能较直观地了解相关仪器实际应用情况。

本书由国网浙江省电力有限公司电力科学研究院组织编写。其中，第1章由杨青编写，第2章由龚金龙编写，第3章由王异凡编写，第4、5章由王一帆、许飞编写，第6、7章由孙明、王少华编写，第8、9章由宋琦华编写，第10章由王尊编写，第11章由骆丽编写，第12章由顾冰编写，第13章由陶定峰编写，第14章由邹成伍、曾明全编写。全书由杨青担任主编，龚金龙、王异凡、骆丽担任副主编，黄晓明担任主审。

由于编写时间仓促，加上编者水平有限，书中难免存在疏漏错误或不足之处，恳请读者提出宝贵意见，使之不断完善。

编　者

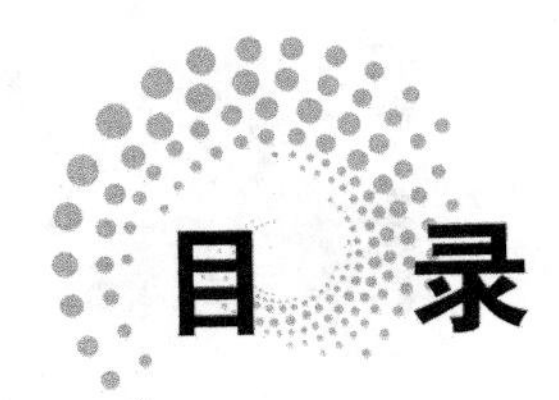

目录

第1章　绪　　论

1

发明于19世纪70年代的电掀起了第二次工业化高潮，成为18世纪以来，世界发生的三次科技革命之一。作为一种先进的生产力和基础产业，电力工业是现代社会存在和发展的基本条件，对促进国民经济的发展和社会进步起重要作用，与社会经济和社会发展有着十分密切的关系，标志着国家经济发展和人民生活水平高低，是世界各国经济发展战略中的优先发展对象。经验表明，电力生产的发展速度高于其他行业时，才能促进国民经济的协调发展，所以电力工业又被称为国民经济的“先行官”。

改革开放后，我国电力工业发展迅速，在发展规模、建设速度和技术水平上不断刷新纪录，装机容量赶超发达国家。截至2020年底，全国装机容量达到22亿kW，其中火电、水电、核电、风电、光伏的占有率分别达到56.6%、16.8%、2.3%、12.8%、11.5%，已连续8年稳居全球第一装机大国地位，年用电量达到75110亿kW·h，电源结构不断优化和升级，三峡水电站、秦山核电站、大亚湾核电站等大型发电基地建成，风电、光伏等可再生能源发展迅速；电网建设规模不断扩大，截至2020年，220kV及以上输电线路长度达到79.4万km，成功投运30个特高压工程，跨省跨区输电能力达1.4亿kW·h。

计量检测技术是工业生产自动化、信息化的基础。近年来，电力工业逐渐向大电网、大机组、高参数、新能源、智能化方向发展，更多新型、智能的计量检测技术被应用，并发挥着越来越重要的作用。

1.1　电力生产与计量

1.1.1　电力生产特点

电力生产的过程与其他产品不同，有其自身的特点。电力生产的第一个也是最突出的特点是同时性。电力生产与消费是同时发生的，也就是说电能的生产、供应和使用是同时进行的，电能是无法大量储存的，因此电力生产、供应、使用需随时随用电需求进行调节并达到平衡，缺一不可。电力生产的第二个特点是连续性。电力的使用是不间断的，所以电力的生产和供应也是不能间断的，但是由于电力的使用会随需求变化，因此电力的生产在白天和晚上、不同的季节等会有相应的变动。电力生产的第三个特点是集中性。发电、供电和用电是不可分割的整体，且发、供、用在瞬间实现，决定了电力生产必须是高度集中和统一的过程，通过大电网联网运行，实现统一的质量标准、指挥调度、运行管理。电力生产的第四个特点是适应性。电能是现代社会生产中使用最多的能源方式，其使用方便、适应性广、清洁环保，电力生产所需的发电、供电等设施在建成后不受或很少受时间、地点、环境等条件的限制，能满足用户对用电的要求。

电力的供应和使用与现代社会的生产、生活息息相关，在国民经济发展中具有先行性。国民经济发展中电力必须先行。所谓先行作用主要是装机容量、电网容量、发电量增长速度应大于工业总产值的增长。这个数量上的超前关系是由一系列因素决定的。

1.1.2 电力生产过程

电力生产过程是从发电厂产生电能经过输电、变电、配电到用户用电的全过程。电力生产的主要环节有发电、输电、变电、配电和用电5个环节。发电环节是把各种一次能源（如煤、油、气、水、风等）转换成电能。输电环节是把从发电厂生产的电能输送到电力用户，并要求它能够远距离输送和大功率输送电能。变电环节是指电力生产中不同电压等级的变换（如从发电环节到输电环节需升压，从输电环节到配电环节需降压等），或交流和直流的变换。配电环节是从输电环节接受电能，按各类用户的不同需求分配电能到用户，并提供连续可靠、质量合格且价格合理的电能。用电环节是指工业用电、农业用电、生活用电等。

由发电、输电、变电、配电和用电环节组成的电能生产和消费的全部设备和设施组成了电力系统，它的功能是将自然界的一次能源通过发电动力装置（主要包括锅炉、汽轮机、发电机及电厂辅助生产系统等）转化成电能，再经输、变电系统及配电系统将电能供应到各负载中心，通过各种设备再转换成动力、热、光等不同形式的能量，为地区经济和人民生活服务。

1. 发电

火力发电厂是利用火力发电机组生产电能的工厂。它的基本生产过程是燃料在锅炉中燃烧所释放的热量传给锅炉中的水，产生高温高压蒸汽，蒸汽通过汽轮机把热能转化为动能，驱动发电机发电。火电厂主要由电站锅炉、汽轮机、发电机组成，还包括煤场、运煤和制煤设备、烟囱、冷却塔、变压器等设备。

水力发电厂是利用水的动能产生电能的工厂，水力发电厂一般会沿着水流建设梯级水电站。水电站上游水库的水经过引水管推动水轮机旋转，带动发电机发电，水的落差越大，流量越大，产生的动能就越大。水电厂主要由大坝、水轮发电机、变压器、开关站等组成，大型水电站除水力发电外，通常还兼顾防洪、灌溉、航运等功能。我国建设的三峡水电站，总装机容量达到2250万kW，是目前世界最大的水电站。

核能发电厂的发电原理和火力发电基本相同，但产生蒸汽的燃料和方式不同。它的布局通常分成核岛和常规岛两部分，核能系统和设备称为核岛，常规系统及设备称为常规岛。核岛中的核反应堆是核能发电的关键设备，一个核反应堆可以驱动多台发电机。目前我国已经建设有大亚湾核电站、秦山核电站等。

风力发电厂的发电原理也与火力发电相似，先把风能通过风机变成机械能，然后驱动发电机产生电能。风力发电厂一般由风机、发电机、塔架等组成，一般风力达到三级时就可以发电。2011 年底，国家风光储输示范工程在河北张北县大河乡投入运行，集风力发电、光伏发电、储能系统、智能输电于一体。

此外还有太阳能发电、潮汐发电、生物发电、地热发电等形式的新能源发电方法。

2. 输变配电

发电厂生产了电能，还需要将电能送达用户，这是输电、变电、配电的任务。由发电厂、升压变电站、输电线路、降压变电站、配电线路、用户等组成了电力系统，变电站、输电线路、配电线路组成了电网。

电网是将发电和用电联系在一起的网络，它将电能从发电厂输送给用户。因一次能源产地和环境的约束，发电厂一般远离用电负载中心，需通过高压输电线路输送电能。我国的能源分布西多东少，北多南少，但电力需求中心却长期集中在东部沿海那不到10%的国土面积上，供需的中心距离长达3000km，所以大容量、远距离输电，并且起到电力资源调配的特高压是电网发展的必然趋势。近年我国先后开展了特高压输电、柔性直流输电等典型工程的建设，至 2020 年 9 月已累计建成“十三交十一直”特高压工程，投运特高压工程累计线路长达 35583km，累计变电（换流）容量达 39667 万 kW。

特高压交流输电是在超高压输电的基础上发展的，使用 1000kV 及以上的交流输电，具有输电容量大、送电距离长、线路损耗低、占用土地少等突出优势。1000kV 交流特高压输电线路输送电能的能力（输送容量）是 500kV 超高压输电线路的 5 倍。2009 年 1 月 6 日，我国自主研发、设计和建设的具有自主知识产权的 1000kV 交流输变电工程——晋东南 - 南阳 - 荆门特高压交流试验示范工程顺利通过试运行，这是我国第一条特高压交流输电线路。

特高压直流输电是指 ±800kV 及以上电压等级的直流输电，主要特点是输送容量大，输电距离远，电压高，可用于电力系统非同步联网。特高压直流输电最关键的是换流站，它将交流电先升压再整流交换为高压直流电，进行长距离输送，送到目的地后，通过逆变装置将直流电变回交流电，接入交流电网配送至用户。我国已攻克 ±1100kV 高压直流输电技术难题，完成了世界上电压等级最高、容量最大的全套直流设备研制和生产。

柔性直流输电是一种以电压源换流器、自关断器件和脉宽调制技术为基础的新型直流输电技术，其在结构上与高压直流输电类似，由换流站和直流输电线路构成，是基于电压源换流器的高压直流输电技术。该技术由加拿大 McGill 大学的

Boon－Teck Ooi 等人于 1990 年提出，具有可向无源网络供电，不会出现换相失败，换流站间无须通信以及易于构成多端直流系统等优点。柔性直流输电系统是构建智能电网的重要装备，在孤岛供电、城市配电网的增容改造、交流系统互联、大规模风电场并网等方面具有较强优势。2014 年 7 月 4 日，世界上电压等级最高、端数最多、单端容量最大的多端柔性直流输电工程——浙江舟山 ±200kV 五端柔性直流输电科技示范工程正式投运，标志着我国在世界柔性直流输电技术领域走在了前列。

1.1.3 电力与计量

《中华人民共和国计量法》经第六届全国人大常委会第十二次会议通过，于 1985 年 9 月 6 日以中华人民共和国主席令（第 28 号）正式公布，自 1986 年 7 月 1 日起实施。1986 年 5 月 12 日经国务院批准《水利电力部门电测、热工计量仪表和装置检定、管理的规定》（国函［1986］59 号），俗称“国八条”，批准电力部门建立相关专业最高标准自成系统开展量值传递工作，接受国家计量基准的传递和监督。自此，电力部门建立了完善的计量管理体系和四级计量技术机构，开展电测、热工的量值传递，并依靠国家高压计量站发展高压计量的量值传递，形成了集电测、热工、高压的计量体系。

随着电力体制改革，政企分开、厂网分开，电力部门的机构和管理发生了变化，但是，计量工作自始至终在电力生产中占有极其重要的地位，起着举足轻重的作用。它涉及企业各个环节，贯穿企业生产经营的全过程，是企业生存的基础。按电力生产过程中所起的作用，电力行业计量一般可分为以下两大类：

1. 生产计量

电力生产和其他工业生产一样，在生产的各个过程中都离不开计量。生产计量仪表包括检验生产设备、材料、原料质量的计量仪表，生产中监视、控制、安全、环保、能耗、检修等离线、在线的各种计量仪表，它们决定着电力生产能否安全运行、质量可靠。例如：安全类的仪表所监视的数值超过一定值时会引起承压部件爆炸、可燃气体爆炸、电气设备绝缘击穿和烧毁等事故。这类仪表很多，有压力表、温度表、电压表、电流表和化学、金属、绝缘仪表等，也有为确保电力设备质量开展的试验所用的局放、电容、耐压等高压试验仪表，也有为减少排放而安装的环保化学类仪表等。

2. 营销计量

企业生产力和贸易结算能力水平离不开营销计量，电力生产的产品是电能，在电力行业中营销计量即电能计量。电能计量是电网经济核算的依据，关系着电力生产的安全、经济运行和直接经济效益。营销计量仪表包括用于测量、记录发电量、供电量、厂用电量、线损电量和用户用电量的电能表、计量用互感器等。

电力计量仪表是电力生产不可分割的一部分，它时时刻刻存在于电力生产的每个节点。电力计量工作是电力安全经济运行的重要保障，电力计量是运行的眼睛、检修的标准、营销的尺度、仲裁的依据、安全的保证。

1.2 电力计量的基本概念

1.2.1 基本概念

1. 测量

测量是通过实验获得并可合理赋予某量一个或多个量值的过程（JJF 1001—2011）。测量在我们的生产和生活中随处可见，生产中我们会测量质量、长度、温度、电压、电阻等，生活中我们常会测量时间、长度、温度、质量等，通过测量我们认识了世界并改变了世界。

2. 计量

计量是实现单位统一、量值准确可靠的活动。它也是测量，但是一种要求更严谨的测量，需要在特定的环境、方法、设备等要求下进行，以达到单位统一、量值准确可靠的目的。

3. 测量仪器

测量仪器是单独或者与一个或多个辅助设备组合，用于进行测量的装置，又称计量器具。

测量仪器一般可分为实物量具、计量仪器（表）和计量装置。实物量具是指使用时以固定形态复现或提供给定量的一个或多个已知值的测量仪器，它们一般没有指示器，在测量过程中没有附带运动的测量元件，如提供单值的实物量具有：砝码、量块、标准电阻、铁路计量油罐车等；提供多值的实物量具有：电阻箱、砝码组等。

计量仪器（表）是将被测量值转换成可直接观察的示值或等效信息的测量仪器 。它们一般是带有指示器且所指示的值是一个范围，可以单独或连同其他设备一起用于计量的装置。例如，显示式仪表有压力表、水表、千分尺等；记录式仪表有温度巡回仪、铁路轨道衡等；累计式仪表有电能表、皮带秤、出租车计程器等。测量仪器按输入输出信号的类型还可以分为模拟式测量仪器和数字式测量仪器。

测量仪器按照用途在检定系统表可分为计量基准、计量标准和工作测量仪器。计量基准是在特定计量领域内复现和保存计量单位并且具有最高计量学特性，经国家鉴定、批准作为统一全国量值最高依据的测量仪器。计量标准是在检定系统表中准确度等级低于计量基准、高于工作计量器具，用于检定或校准低等级测量仪器的计量标准器具，计量标准起着承上启下的作用，承担着量值溯源的主要任务。工作测量仪器是用于现场测量而不用于检定或校准工作的测量仪器，工作测量仪器数量多，占测量仪器总数的绝大多数，应用广，生产、生活、经济、科学研究等各个领域都会用到，是直接用于测量应用的一种末端测量仪器。

在电力行业中使用的测量仪器包含计量基准、计量标准和工作测量仪器。国家高电压计量站负责建立和维护我国高电压、大电流的国家计量基准；各级电力科学研究院负责建立计量标准，开展相关地域的量值传递，各发电企业、供电企业、电力行业内其他企业也会建立低等级的计量标准，开展企业内部的量值传递，这些计量标准所使用的计量标准器具主要包含电测、热工、高压类。在电力行业生产和经营中直接用于测量的工作测量仪器涉及的类别和范围非常多和广，本书主要介绍的是电力行业工作测量仪器的检测技术和应用。

4. 检定

检定是查明和确认测量仪器符合法定要求的活动，包括检查、加标记和（或）出具检定证书。

检定是一种法制性的计量活动，检定分强制检定和非强制检定。强制检定是由政府计量行政主管部门所属的法定计量检定机构或授权的计量检定机构，对社会公用计量标准，行业和企业、事业单位使用的最高计量标准，用于贸易结算、安全防护、医疗卫生、环境监测四个方面列入国家强检目录的工作测量仪器，实行定点分期的一种检定。开展检定首先须按照 JJF 1033《计量标准考核规范》建立计量标准，如果开展强制检定还须按照 JJF 1069《法定计量检定机构考核规范》向政府计量行政部门申请计量法定授权；其次，计量检定的方法、设备、环境条件、项目、结论等必须按照计量检定规程执行。

5. 校准

校准是在规定条件下，为确定测量仪器示值误差的一组操作。

校准是非强制性、使用者自愿的一种溯源行为。在规定条件下，它是为确定计量参考标准所代表的值，与相对应的被测量的值之间关系的一组操作。它是一种技术活动，目的是评定测量仪器的示值误差。开展校准可使用指定、自编的校准方法，可自行规定校准周期、校准标识和记录等，校准中参考标准所提供的量值和被测量的值都具有测量不确定度。检定的结果是判定合格或不合格，校准结果的可信度是以不确定度来评判。

6. 检测

检测是依据指定的方法，对产品的特性参数进行测量或试验，确定其是否符合要求的活动。检测的对象是产品的参数，依据的标准是产品标准，而检定和校准的对象是测量仪器，依据的标准是方法标准。

7. 测量误差

测量误差是测得的量值减去参考量值。

8. 测量准确度

测量准确度是被测量的测得值与其真值间的一致程度。测量准确度简称准确度，它反映了测量结果中系统误差与随机误差的综合，即测量结果既不偏离真值，又不分散的程度。

测量准确度是一个定性的概念。

9. 准确度等级

准确度等级是指在规定工作条件下，符合规定的计量要求，使测量误差或仪器的不确定度保持在规定极限内的测量仪器或测量系统的等别或级别。等（order）与级（class）在计量学中是两个不同的概念，等是按测量不确定度大小划分的，级是按测量仪器示值误差大小划分的。例如：标准热电偶分为一等、二等，压力表则只分级，有0.1级、0.25级、0.4级、1.0级等。

10. 测量不确定度

测量不确定度是根据所用到的信息，表征赋予被测量量值分散性的非负参数。

测量不确定度一般由多个分量组成，其中一些分量可根据一系列测量值的统计分布，按测量不确定度A类评定进行评定，并可用标准差表示；另一些分量可根据基于经验或其他信息所获得的概率密度函数，按测量不确定度B类评定进行评定，也可用标准差表示。

由于被测量的真值无法获知，通常将测量标准测得的值当作真值，任何测量即使是最精密的测量，也只能趋近于真值，而无法等于真值。因此，测量不确定度是对测量结果与真值的趋近程度的评定。

11. 量值传递

量值传递是通过对测量仪器的校准或检定，将国家测量标准所实现的单位量值通过各等级的测量标准传递到工作测量仪器的活动，以保证测量所得的量值准确一致。

量值传递从国家计量基准开始，按检定系统表逐级检定，把量值自上而下传递到工作测量仪器。

12. 量值溯源

量值溯源是通过文件规定的不间断的校准源，测量结果与参照对象联系起来的特性，校准链中的每项校准均会引入测量不确定度。

量值溯源从下到上追溯计量标准，直至计量基准。

13. 电测量仪器仪表

用电工或电子方法对电量或非电量测量的仪器仪表，测量仪器由传感器、测量电路和输出装置三部分组成。

14. 非电量测量

非电量测量是利用传感技术和电磁方法对电量以外的各种量，如机械量、热工量、化工量、声学量、光学量、放射性量以及与生物医学有关的量等进行的测量。

15. 状态检修

状态检修是根据先进的状态监测和诊断技术提供的设备状态信息，判断设备的异常，预知设备的故障，并根据预知的故障信息合理安排检修项目和周期的检修方式，即根据设备的健康状态来安排检修计划，实施设备检修。

通常，电力系统的设备都是按照规定的检修期进行检修（或维护、调试、试验）的，其周期为固定的一年或几年，进行大修、中修、小修、临修等。而状态检修是根据设备的运行状况进行检修，是有目的的工作，因此状态检修的前提是必须要做好状态检测。状态检测有两个主要功能：一是及时发现设备缺陷，做到防患于未然；二是为主设备的运行管理提供方便，为检修提供依据，减少人力、物力的浪费。它是通过传感器、在线监测装置对设备运行状态进行监测和分析，并依据设备的历史运行数据、使用寿命、故障隐患等对设备进行评估、评价，从而对设备的未来状态进行预测的一种做法。

1.2.2 通用技术要求

为保证测量的准确可靠，计量仪表应具有适当的测量范围、准确度、灵敏度和功耗，并且尽量减少摩擦、阻尼、温度等因素对测量的影响，避免由于过负载、耐压等电气强度，振动、冲击等机械强度，电磁干扰、腐蚀等环境因素对测量产生影响。电力计量仪表一般有以下 5 个方面的技术要求。

1. 测量范围

测量范围是计量仪表的误差处在规定极限内的一个工作范围，与仪表的最大允许误差有关。仪表的测量范围应大于被测量的值，但大部分的计量仪表的准确度等级是按引用误差来表示的。例如，需要测量 5V 的电压，一块测量范围为 0V ~ 20V，准确度等级为 0.1 级的电压表，和一块测量范围为 0V ~ 5V，准确度等级为 0.2 级的电压表，哪个更合适？第一块电压表在测量 5V 的电压时，误差是 ±0.02V，第二块电压表的误差是 ±0.01V。可以看到准确度等级低的引入的误差更小，因此测量范围选择的时候要尽量和被测量匹配，如果计量仪表是在线使用的仪表，则建议测量值在计量仪表测量范围的 1/3 ~ 2/3，不超过 90%。

2. 准确度

这是仪表的一个基本指标，它表示仪表在规定的测量条件下，测量的结果与被测量的实际值接近的程度，一般以测量不确定度、准确度等级或最大允许误差来表示。在正常工作条件下使用仪表时，它的实际误差应该小于或等于该表等级所允许的误差范围。应遵循经济、够用的原则选择计量仪表。

3. 响应特性

仪表的响应特性是指在特定条件下，激励与对应响应之间的关系，如指示仪表的响应是指阻尼力矩存在的条件下，被测量变化时，仪表指针能很快到达新的指示位置。

仪表的响应特性还包含灵敏度、鉴别力、分辨力、死区、响应时间等。

1）灵敏度是仪表响应的变化与引起该变化的激励值的变化之比，灵敏度指标是评判传感器的主要指标之一。

2）鉴别力是使仪表产生可以察觉的激励值的最小变化量。

3）分辨力是指显示装置能有效辨别的最小示值差。

4）死区是指不致引起仪表响应发生变化的激励双向变动的最大区间。

5）响应时间是指激励受到规定突变的瞬间，与响应达到并保持其最终稳定性在规定极限内的瞬间两者之间的时间间隔。

4. 性能特性

1）稳定性是保持计量特性随时间恒定的能力。稳定性分为对时间的稳定性和对温度的稳定性。通常，稳定性是以时间变化来衡量的，时间的稳定性是指仪表在没有受到明显的外界因素（如温度、外力等）作用下，随着时间的推移而引起的变化。

2）漂移是指仪表计量特性的缓慢变化。

3）重复性是指在相同条件下，重复测量同一个被测量，仪表提供相近示值的能力。

4）可靠性是指仪表在规定条件和规定时间内，完成规定功能的能力。仪表可靠性的定量指标，用其在极限工作条件下的平均无故障时间来表示。可靠性和稳定性不同，稳定性是考核仪表在正常工作条件下其测量值随时间变化的程度，可靠性是指仪表在极限工作条件下可以使用的时间，是考核仪表质量和寿命的主要指标。

5. 影响量

电力生产中使用的计量仪表许多在生产现场使用，使用环境恶劣，因此须充分考虑由于外部使用条件对测量产生的附加误差，使其能安全、可靠、有效地使用。计量仪表受到的影响主要有以下几部分：

1）电气强度影响：绝缘材料、绝缘结构、装配质量、过载使用。

2）机械强度影响：振动、冲击。

3）温度影响：高温、低温、温度变化。

4）电磁环境影响：电压暂降/短时中断和电压变化、工频电磁干扰、射频电磁场辐射、静电放电等。

5）环境影响：腐蚀、湿度、风力等。

1.3 电力计量的分类和用途

1.3.1 分类

电力计量按其在电力生产中的作用分为两大类：生产计量和营销计量；按专业通常被分为三大类：电测计量、热工计量、高压计量。

通常，计量按专业可分为十大类：几何量计量、温度计量、力学计量、电磁计量、无线电计量、时间频率计量、电离辐射计量、光学计量、声学计量、化学计量。电力生产涉及的计量专业很多，主要包含电磁、无线电、温度、力学、化学计量等。

1）电磁计量涉及的专业范围包括直流和交流的阻抗和电量、精密交直流测量仪器仪表、模/数（数/模）转换技术、磁测量仪器仪表以及量子计量等。与电力行业相关的电磁计量内容很多，如电能表的准确度。

2）无线电计量包括电磁能的相关参数（如电压、电流、功率、电场强度、功率通量密度和噪声功率谱密度）的计量，电信号的相关特征参量（如频率、波长、调幅系数、频偏、失真系数和波形特征参量）的计量，电路元件和材料特性的相关参量（如阻抗或导纳、电阻或电导、电感和电容、Q 值、复介电常数、损耗角）的计量，以及器件和系统网络特性的相关参量（电压驻波比、反射系数、衰减、增益、相移）的计量。与电力行业相关的无线电计量内容有万用表、电阻表的准确度等。

3）热工计量的对象是在工业生产中常用到的温度、压力、真空、流量、物量和物位等参数，如对普通玻璃液体温度计、红外测温仪的检定、校准，对蒸汽压力、温度、流量的测量，对变压器的油温监测、对 GIS 六氟化硫密度继电器的检定等。

4）化学计量主要是针对热量、黏度、密度、电导率、浊度等物质化学特性的测量，如对发电生产中水、油、煤的分析，变压器油的色谱分析及仪器的计量等。

除此之外，电力计量专业也会应用到力学计量、声学计量、光学计量、几何量计量等领域，如监测汽轮机的振动仪表、转速表，监测变压器、电力电缆故障的声学成像仪、紫外成像仪，开展电力设备质量监督的无损检测仪器、长度测量仪器、质量测量仪器等。

电力计量保存、复现、传递的量主要有直流电压、直流电流、交流电压、交流电流、直流电阻、交流电阻、电感、电容、电功率、电能、相位、频率、电荷量、损耗因数、功率因数、时间常数、温度、压力、流量、转速、振动、热量、黏度、密度、电导率等，这些量最终溯源至电磁、无线电、温度等相关的计量专业。由于电力行业的特殊性，在应用的方向和范围有其特殊性，下文中介绍的电力计量仪表按电测计量、热工计量、高压计量分别进行阐述，以独立式仪表为主，未包含多通道的测量系统。

1. 电测计量

电测仪表是以电测方法实现对各种电参量测量的仪表。电测仪表的直接测量对象是工业频率范围（大体上是直流到 20000Hz 的交流）内的电学量和磁学量。电测仪表的应用广泛，在工业生产中应用的一些非电量的传感器，也必须将测量的量值通过电测仪表进行转换。在电力行业中，电测计量包含电能计量。常见电测计量仪表及用途见表 1-1。

表 1-1　常见电测计量仪表及用途

仪表类别	常用仪表名称	专业类别	主要用途
电测量指示仪表	交直流电压表、交直流电流表、功率表、频率表、电阻表等	电测计量	在线监测、实验室与试验用
直流电工仪器	电阻、电阻箱、电池、电桥等	电测计量	在线监测、实验室与试验用
电测量变送器/交流采样测量装置	电测量变送器、交流采样测量装置、多功能源等	电测计量	在线监测、实验室用
数字仪表	数字多用表等	电测计量	实验室与试验用

（续）

仪表类别	常用仪表名称	专业类别	主要用途
电能表	单相/三相电能表、数字电能表、电子式电能表、直流电能表等	电能计量	在线监测、实验室用
互感器	电压互感器、电流互感器、电力互感器、互感器校验仪、光电互感器等	电能计量	在线监测、实验室与试验用
电能标准装置	电能标准装置	电能计量	实验室用

2. 热工计量

发电厂生产过程中，热工测量是热力过程控制系统的一个重要组成部分，通过热工参量的测量，为热力设备安全、经济、自动化运行提供数据和保障。通常，电力行业习惯把温度、压力、转速、振动、流量、物位等参数的测量称为热工测量，用于热工测量仪表的计量称为热工计量。以往，热工计量主要针对的是发电厂的热工仪表。近年来，随着电网状态检修工作的推进，对电网设备运行投入了越来越多的监控手段，如测量变压器油温的温度表，测量六氟化硫密度的压力控制器，测量导线温度的仪表等，这些在电网生产中习惯称为非电量测量仪表的计量，也纳入热工计量的范畴。常见热工计量仪表及用途见表1-2。

表1-2 热工计量仪表及用途

仪表类别	常用仪表名称	主要用途
温度	热电偶、热电阻、玻璃液体温度计、双金属温度计、压力式温度计、温度开关、辐射温度计等	在线监测、实验室与试验用
压力	液柱式压力计、压力表、压力变送器、数字压力计、活塞压力计、压力传感器、压力开关等	在线监测、实验室与试验用
流量	孔板、差压流量计、转子流量计、超声波流量计等	在线监测、实验室与试验用
液位	差压式水位计、电接点水位计等	在线监测用
氧量	氧化锆氧量计	在线监测用
输煤量	电子皮带秤、核子皮带秤、电子轨道衡等	在线监测用
转速	转速表、转速传感器、转速装置	在线监测、实验室与试验用
振动	加速度传感器、速度传感器、位移传感器、测振仪等	在线监测、实验室与试验用
物位	水位计、物位计	在线监测、实验室与试验用
非电量	压力释放阀、六氟化硫密度继电器、气体继电器、油面/绕组温度计、红外/紫外成像仪、声学成像仪等	在线监测、实验室与试验用

3. 高压计量

高压计量从原理上来说属于电测计量。在电力生产中，特别是电网生产中高压电器设备所涉及的高电压、大电流计量检定是电力生产中特有的，在其他工业生产中不涉及，为与电测计量有所区分，在电力行业中把它称为高压计量。国家高电压、大电流的计量基准也建立在国家高电压计量站，承担全国范围内的量值传递。高压计量包含高电压、大电流的量值传递，还包含高压电器设备试验用仪表、在线监测仪表等。常见高压计量仪表及用途见表 1-3。

表 1-3　高压计量仪表及用途

仪表类别	常用仪表名称	主要用途
避雷器类	氧化锌避雷器在线监测装置、氧化锌避雷器带电检测装置、氧化锌避雷器诊断性试验用测试仪、氧化锌避雷器监测器、避雷器监测器校验仪等	变电设备监控、试验用
开关类	高压开关机械特性测试仪、变压器有载分接开关测试仪、高压开关动作电源等	变电设备监控、试验用
变压器类	变压器局部放电在线监测装置、变压器局部放电带电检测装置、诊断性试验用局部放电测试仪、变压器绕组变形测试仪、变压器交流阻抗参数测试仪、变压器变比测试仪等	变电设备监控、试验用
电阻类	变压器直流电阻测试仪、回路电阻测试仪、接地电阻测试仪（表）、接地导通电阻测试仪、绝缘电阻表	变电设备监控、试验用
容性类	容性设备在线监测装置、容性设备带电检测装置、高压介质损耗测量仪、高压电容电桥、高压标准电容器等	变电设备监控、试验用
绝缘油类	变压器绝缘油介质损耗测量仪、绝缘油耐电压（介电强度）测试仪等	变电设备监控、试验用
配网类	配网架空线路在线监测装置（故障指示器）、配网电容电流测试仪、配网电缆故障测试仪、配网高压核相仪、电容电感测试仪等	配网设备监控、试验用
高压源类	工频高压试验装置、串联谐振试验装置、直流高压发生器、冲击电压发生器、冲击电流源、工频大电流源等	变电设备监控、试验用
高压表类	高压交直流数显千伏表、高压静电电压表、变压器定子绝缘端电压测试仪等	变电设备监控、试验用
电缆类	电缆故障闪测仪、电缆故障定位仪、电缆故障测试仪等	输电设备监控、试验用

此外，在电力行业中还有化学、无损检测、环保等测量仪器，本书不再展开介绍。

1.3.2　用途

电力计量是使用测量仪器、仪表和设备，采用相应的方法对被测量进行监测、控制、分析、研究和保证测量的统一和准确。其主要用途有以下 3 个方面：

1. 用于实验室标准

这类仪表通常在实验室使用，主要用于建立计量标准，开展量值传递，具有较高的准确度等级和稳定性，也包含实验室用于开展质量检测和科学试验的其他计量标准仪表。

2. 用于在线监测

这类仪表属于在线使用的工作用计量仪表，固定安装在使用位置，测量对象和仪表的规范一致，对生产过程进行监测和控制。例如，测量交流发电机组的电流、电压、功率、电能、频率、相位、同步、绝缘电阻等几个量，其中电压和频率反映发电质量，电流和功率反映机组的负载状态，电能则是核算发电的经济指标，监测这些量的仪表有安装式电测仪表和电能表。对电厂锅炉的主蒸汽压力、温度进行监测的仪表有压力表和热电偶温度计，进行控制的仪表有压力控制器、温度开关等。

电力生产的自动化程度越高，在线监测仪表应用范围就越普及。目前，在线监测仪表有对单参量测量的仪表，也有对多参量进行测量的仪表，对多参量进行测量的仪表通常是具备测量、显示、控制等功能的集成检测系统。

3. 用于现场试验

这类仪表属于工作用计量仪表，主要用于电气试验及现场检测，通常在现场使用，要求携带方便，有较高的准确度等级，使用简便，环境适应性强。这类仪表品种繁多，高压试验用仪表均属于此类，如便携式仪表、交直流仪器、记录仪表、示波器、电缆故障闪测仪、变压器局部放电带电检测装置等。

1.4 电力计量仪表结构和组成

1.4.1 计量仪表的总体结构

电力行业的计量仪表种类很多，虽然各种仪表的用途、外形结构、工作原理、测量参数各不相同，但从总体构成来分，可分为3个主要部分，如图1-1所示。

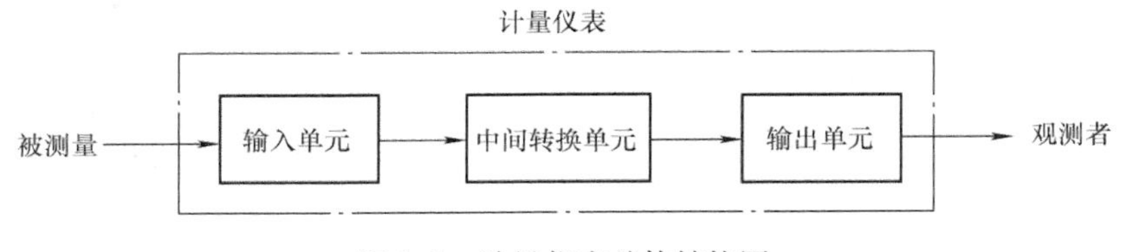

图1-1 计量仪表总体结构图

1.4.2 计量仪表的输入单元

输入单元是计量仪表感受、接收被测量的单元，它是仪表中直接与被测对象发生关系的部件，可以是传感器或计量变换器。

传感器是计量仪表最关键的部件，它将感知的被测量转换成一种便于测量的信号输出，在工程上习惯称为一次件，带有传感器的计量仪表称为一次设备。有些传感器输出的信号很小或不易远传等，因此需要计量变换器进行变换。

计量变换器是提供与输入量有给定关系的输出量的计量仪表，变换器可以是传感器，也可以只是计量仪表的中间转换部分。在计量变换器中，与被测量直接接触的是传感部分或敏感部分。但有时传感部分与变换部分组成一个不可分开的整体，如压力变送器，也可以不带传感器仅是计量变换器，如计量电桥、电流互感器等。

1. 常用传感器类型

1）电阻式传感器：把被测量的变化变换成电阻变化的传感器，它包括变阻式（滑线电阻式）和电阻应变式。

2）电感式传感器：把被测量的变化变换为自感或互感变化的传感器，它包括可变磁阻式、涡流式和差动变压器。

3）电容式传感器：把被测量的变化变换成电容变化的传感器，它包括极距变化型、面积变化型和介质变化型。

4）压电式传感器：利用晶体材料的压电效应，把被测量的力和压力的变化变换成电荷量变化的传感器，它在力、加速度、超声等方面有广泛的应用。

5）压磁式传感器：利用铁磁材料的压磁效应，把被测量的力和压力的变化变换成磁导率变化的传感器。

6）压阻式传感器：利用半导体材料的压阻效应，把被测量的压力的变化变换成电阻变化的传感器，它包括薄膜型、结型和体型。

7）光电式传感器：利用光电效应，把被测量的光通量的变化变换成电量变化的传感器。

8）振弦式传感器：利用振弦的固有频率与张力之间的函数关系，把被测量的力的变化变换成频率变化的传感器。

9）霍尔式传感器：利用半导体材料的霍尔效应，把被测量的量的变化变换成霍尔电势变化的传感器。霍尔元件结构简单，体积小，噪声小，频带宽，动态范围广，有广泛的应用前景。

10）陀螺传感器：利用陀螺进动定理，把被测量的量的变化变换成电量变化的传感器，如陀螺式称重传感器、角速度微分陀螺仪和积分陀螺仪等。

11）热电式传感器：利用热电效应，把被测量的温度的变化变换成电势变化的传感器，如各种热电偶。

12）磁电式传感器：利用电磁感应原理，把被测量的转速的变化变换成感应电动势或频率变化的传感器。

13）电离辐射式传感器：利用电离辐射的穿透能力，使气体电离并具有热效应和光电效应，把被测量的量的变化变换成电量变化的传感器，如测量厚度的射线测厚仪。

14）约瑟夫森效应传感器：利用超导体的约瑟夫森效应，把被测量的磁通量变换成周期变化的阻抗，或把频率变换成电压的传感器。它包括约瑟夫森结和灵敏度极高的超导量子干涉器件，在监测电动势基准、直流电计量、磁学计量、光频计量、辐射计量、重力计量等方面有着广泛的应用和前景。

15）光纤传感器：利用光在光纤中传播时，振幅（发光强度）、相位、模式、偏振态等随被测量的量的变化而变化的原理制成的传感器。干涉型传感器比非干涉型结构复杂，但灵敏度、线性、分辨力更好。光纤传感器可用于压力、温度、流速、转速、加速度、位移、辐射、电流、磁场等的计量。

2. 常用变换器的类型

1）如果输入和输出为同一种参量，称为测量放大器。

2）输出量为标准信号，称为变送器。

1.4.3 计量仪表的中间转换单元

计量仪表的中间转换单元的作用是接收输入单元的信号，进行中间变换。输入单元输出的电信号一般是不能直接输送到输出单元，因为此电信号通常比较弱，需要进行放大；有些是混杂干扰信号，需要滤波；若测试只对部分频段的数据有用，需要从输出信号中进行分离；当使用数字仪表时，还需要将模拟信号转换成数字信号等。常用的中间转换环节有：传输、放大、滤波、移相、计算、分析、模/数转换等。

1.4.4 计量仪表的输出单元

计量仪表的输出单元通常指的是显示装置，显示装置是测量仪器显示值的部件。显示装置与指示装置是有差异的，指示装置是显示装置的一种，它具有指示器，可以用指针、刻度或数字等显示，而有些复杂信号需要通过文字、图像、图形等显示，如示波器、成像仪等，显示装置意义更广，但大多数仪器使用的是指示装置。

指示装置按提供示值的方式可分为3种：

1）模拟式：通常带有标尺、指针等指示器，可主观进行读数，会因为观察者视觉产生误差，也存在因机械原因产生的磨损、迟滞、回差等限制。

2）数字式：避免或减少了模拟式的弊病，显示更直观，需把模拟量经过模/数转换成脉冲信号的频率或时间间隔的数字量，用电子计数器显示。

3）半数字式：是模拟式和数字式指示装置的组合，即除末位数是模拟指示外，其他均为数字指示。

但应注意，并不是所有的计量仪表都有指示装置，如实物量具（砝码、量块等）用标称值作为示值，压力变送器等输出的是4mA～20mA信号，温度开关等输出的是开关量。

1.5 电力计量的发展趋势

检测技术是工业生产自动化、信息化的基础，传感器是检测技术的物质基础，计量发展与检测技术和传感器的发展是密切联系的。同样，电力计量的发展与计量仪表和检测技术的发展是息息相关的，电力生产的发展促进了电力检测的需求和发展，检测的发展也推动了电力生产的发展和保障。

1.5.1 检测技术的发展

1. 检测技术的发展过程

检测技术与科学研究、工程应用等密切相关、相辅相成。电的发现让人类社会进入现代工业文明时代，也让检测技术的发展突飞猛进。第一代计量仪表是以电磁感应原理为基础的模拟指针式仪表；20 世纪 50 年代出现了电子管，60 年代出现晶体管，也出现了以电子管、晶体管为基础的第二代计量仪表（分立元件仪表）；20 世纪 70 年代出现了集成电路，也生产出了以集成电路芯片为基础的第三代计量仪表（数字式仪表）；随着微电子和微处理器的普及，20 世纪 80 年代出现了以微处理器为基础的第四代计量仪表（智能式仪表）；现在，随着微电子技术和计算机技术的高速发展，一种全新概念的新一代计量仪表（虚拟仪表）已出现。

检测技术在现代生产中占有绝对的重要地位，在各种现代装备的设计和制造中，测试系统的成本达到总成本的 50% ~70% ，是装备先进性和实用水平的重要标志。以电厂为例，一个大型发电机组需要 3000 余台传感器和与其配套的监测仪表，除了实时监测电压、电流、功率因数、频率、谐波分量等电参数外，还须实时监测发电机各部分的振动、压力、温度、流量、液位等非电量参数，若主蒸汽流量有 1% 的测量误差，则电站的燃烧成本增加 1% 。虽然检测对象多种多样，且检测要求越来越高，但检测技术发展的方向主要有以下几点：

1）能测量多种参量，包括非电量。

2）能多通道测量。

3）能实时在线测量，95% 的被测信号是随时间变化的动态信号。

4）能快速进行信号分析处理，排除噪声干扰，消除偶然误差，修正系统误差，实现高准确度、高分辨力。

2. 检测技术发展的标志

检测技术是科学技术发展的必要条件，科学技术的发展使检测技术达到新的水平。检测技术发展的主要标志如下：

1）传感器的小型化和智能化。

2）计算机技术与检测技术的结合。

3）以信息流控制物质和能量流的自动控制过程。

4）能应用于很多领域和专业方向。

3. 检测技术的发展趋势

随着微电子技术、计算机技术、数字信号处理等先进技术在检测技术中的使用，现代检测技术发展趋势体现在集成仪器、测试系统的体系结构、测试软件、人工智能等方面。

（1）集成仪器 仪器与计算机技术的深层次结合产生了全新的仪器结构，如从虚拟仪器、卡式仪器、VXI总线仪器到集成仪器。将数据采集卡插入计算机，利用软件在屏幕上生成虚拟面板，利用软件对信号进行采集、运算、分析、处理，实现仪器功能并完成测试的全过程，这就是虚拟仪器的概念。由数据采集卡、计算机、输出及显示器组成仪器的通用平台，在此平台上调用测试软件完成某一种参量测试，便构成此种参量的虚拟仪器。在同一平台上，调用不同测试软件可构成不同功能的虚拟仪器，可方便地实现多功能测试，构成多功能集成仪器，因此有“软件就是仪器”的说法。

（2）测试软件 在虚拟仪器的构成中，测试软件是一个重要的组成部分，系统的硬件越来越简单，软件越来越复杂。测试软件的应用让原本复杂的仪器变得简单，例如具有微处理器的频谱分析仪，结构复杂，价格昂贵，而在测试平台上通过测试软件能容易地实现。各种测试、测量和自动化的应用，使得信号分析和处理技术在工程测量上实现普及应用，提高了工程测量水平。

因此，通用集成仪器平台的构成技术和数据采集、分析、处理的软件技术是以虚拟/集成仪器为代表的现代测试仪器的两大关键技术。

1.5.2 传感器的发展

传感器技术与检测技术是现代测量仪器发展的两大基础。传感器是现代文明中人类探知自然的触觉，如果说机械延伸了人类的体力，计算机延伸了人类的智力，那么无处不在的传感器，大大延伸了人类的感知力。传感器、通信、计算机被称为现代信息技术的三大支柱。在计算机技术和信息技术高速发展的当下，对传感器也提出了更高的要求，不仅需要传感器测量准确度高、响应速度快、可靠性高等，还需要其能测更多的信息、更远距离，更小、更快等，发展多样化、集成化、微型化、智能化、网络化传感器成为传感器技术的发展方向。

传感器是能感受被测量并按照一定的规律转换成可用输出信号的器件或装置。传感器的一种定义为从一个系统接受功率，通常以另一种形式将功率送到第二个系统中的器件。根据这个定义，传感器的作用是将一种能量转换成另一种能量形式，所以不少学者也用“换能器（Transducer）”来称呼“传感器（Sensor）”。

1. 传感器技术发展历程

第1代传感器是结构型传感器，它利用结构参量变化来感受和转化信号。例如电阻应变式传感器，利用金属材料发生弹性形变时电阻的变化来转化电信号。

第2代传感器是20世纪70年代开始发展起来的固体传感器，这种传感器由半导体、电介质、磁性材料等固体元件构成，是利用材料某些特性制成的。例如：利用热电效应、霍尔效应、光敏效应，分别制成了热电偶传感器、霍尔式传感器、光敏传感器等。

20世纪70年代后期，随着集成技术、分子合成技术、微电子技术及计算机技术的发展，出现了集成传感器。集成传感器包括两种类型：传感器本身的集成化和传感器与后续电路的集成化，如电荷耦合器件（CCD）、集成温度传感器等。

第3代传感器是20世纪80年代发展起来的智能传感器。所谓智能传感器是指其对外界信息具有一定检测、自诊断、数据处理以及自适应能力，是微型计算机技术与检测技术相结合的产物。20世纪80年代智能化测量主要以微处理器为核心，把传感器信号调节电路、微计算机、存储器及接口集成到一块芯片上，使传感器具有一定的人工智能。20世纪90年代智能化测量技术有了进一步的提高，在传感器水平上实现智能化，使其具有自诊断功能、记忆功能、多参量测量功能以及联网通信功能等。

新技术的层出不穷，让传感器的发展呈现出新的特点。传感器与微电子机械系统（micro - electromechanical system，MEMS）的结合，已成为当前传感器领域关注的新趋势。

目前，美国相关机构已经开发出了名为“智能灰尘”的MEMS传感器。这种传感器的体积只有1.5mm^3，质量只有5mg，但是却装有激光通信、CPU、电池等组件，以及速度、加速度、温度等多个传感器。以往做这样一个系统，尺寸会非常大，智能灰尘尺寸如此之小，却可以自带电源、通信，并可以进行信号处理，可见传感器技术进步速度之快。MEMS传感器目前已在多个领域有所应用。比如，很多人使用的智能手机中就装有陀螺仪、麦克风、电子快门等多个MEMS传感器。MEMS传感器在医疗领域也发挥着重要的作用，如患者在测量眼压时可能因过于紧张，导致眼压很难测准，而利用MEMS传感器技术，将眼压计内嵌到隐形眼镜中，这样就可以更方便地对患者进行监测，测量出来的数据也更为准确。

2. 传感器技术的发展趋势

（1）集成化　传感器集成化是利用集成电路和微加工技术将多个传感器集成在一个传感器或芯片上。传感器集成化包括两类：一种是同类型多个传感器的集成，即同一功能的多个传感元件用集成工艺在同一平面上排列，组成线性传感器（如CCD图像传感器）；另一种是多功能一体化，如几种不同的敏感元器件制作在同一硅片上，制成集成化多功能传感器，集成化传感器具有测量多维化、多参量检测的优点，还能使传感器由单一信号变换功能扩展为兼具放大、补偿、运算等功能。

（2）微型化　微型传感器是基于半导体集成电路技术发展的MEMS技术，利用微机械加工技术将微米级的敏感组件、信号处理器、数据处理装置封装在一块芯片上，具有体积小、成本低、便于集成等明显优势，并可以提高系统测试精度。现在已经开始用基于MEMS技术的传感器来取代已有的产品。随着微电子加工技术特别是纳米加工技术的进一步发展，传感器技术还将从微型传感器进化到纳米传感器。

（3）智能化、网络化　智能传感器采用MEMS技术和集成电路技术，利用硅作为基本材料制作敏感元件、信号处理电路、微处理单元，并把它们集中在一个芯片上。它具有自检、自校、自补偿、自诊断功能，信息采集、数据存储、通信、编程自动化和功能多样化等特点。

随着计算机网络技术的发展，对智能传感器的通信功能有了新要求，实现了信息的采集、处理和传输的协同和统一。智能传感器网络的发展分为以下几个阶段：

1）第一代传感器网络是由传统传感器组成，点对点输出的测控系统。

2）第二代传感器网络是基于智能传感器的测控网络。

3）第三代传感器网络是基于现代总线的智能传感器网络。

4）第四代传感器网络是无线传感器网络。无线传感器网络技术的关键是克服节点资源限制（能源供应、计算及通信能力、存储空间等），并满足传感器网络扩展性、容错性等要求。迄今，一些发达国家及城市在智能家居、精准农业、林业监测、军事、智能建筑、智能交通等领域已开始应用该技术。

（4）多样化　新型敏感材料是传感器的技术基础。材料技术研发是提升性能、降低成本和技术升级的重要手段。除了传统的半导体材料、光导纤维等，有机敏感材料、陶瓷材料、超导、纳米和生物材料等成为研发热点，生物传感器、光纤传感器、气敏传感器、数字传感器等新型传感器加快涌现。例如，光纤传感器是利用光纤本身的敏感功能或利用光纤传输光波的传感器，它具有灵敏度高、抗电磁干扰能力强、耐腐蚀、绝缘性好、体积小、耗电少等特点。目前已应用的光纤传感器可测量的物理量达70多种，发展前景广阔。

1.5.3　电力计量检测技术的发展趋势

电力计量检测技术的发展是与电力生产技术的发展紧密相关的，20世纪五六十年代，我国电力属于起步阶段，电力设备的运行和操作主要依靠人工手动，一对一为主，此时使用的是机械式指示仪表和电子管型电动组合单元仪表控制生产。随着电子技术的发展，发电厂由集中控制发展至分散控制方式，使用的电力测量仪表已出现集成电路组装的仪表，但仍有大量的常规指示仪表。到20世纪90年代中期，数字式仪表的应用逐渐增加，特别是到21世纪，现场总线控制技术的应用，智能化仪表在电力生产中也得到广泛的应用。近几年，特高压、智能电网、智慧电厂、物联网等概念的提出对电力计量检测技术有了更高的要求，需要测量范围更广、数量更多、方法更新的检测计量仪表，依托检测技术和传感器技术在智能化、网络化、微型化、虚拟化的发展，电力计量检测技术的发展趋势主要表现在以下几个方面：

1. 新技术应用

随着传感器技术的发展，各种新的检测技术被应用到电力生产中，特别是电网生产中，如红外技术、紫外技术、振动技术、超声波、声波、高频、X射线、色谱等。传统的检测技术应用是利用物理和化学的原理，用直接的方式测量、监测，新技术应用主要是针对设备故障所对应的征兆提前对事故进行分析判断，如用紫外成像仪对运行中的高压设备的放电和电晕进行测量和分析，实现对高压设备缺陷和故障的诊断，用光纤技术测量温度、振动、应力等。

2. 非接触测量

电力生产中电气设备的安全运行是基础，确保电气设备安全除了在运行中对其进行监控，通常也会定期开展检修，电网设备也会进行停电试验等。随着状态检修技术的应用推广，电气设备的维护从定期检修向不定期检修转变，带电测量和在线监测被越来越多地应用，而带电检测推动了非接触测量的应用，目前有利用 X 射线技术等无损检测技术测量机器破损、涂层质量等，用红外技术测量温度，用紫外技术和声学技术诊断设备故障，用电缆故障测试仪寻找及诊断电缆的故障等。

3. 智能化、网络化

传感器智能化、网络化的发展为电力计量仪表的智能化、网络化提供了保障。物联网将是电力行业的发展方向，电力物联网将电力用户及其设备、电网企业及其设备、发电企业及其设备、供应商及其设备以及人和物连接起来，产生共享数据，为用户、电网、发电、供应商和政府社会服务。目前在智能电网、物联网、智慧城市等方面已经有不少的探索和应用，相应的智能化、网络化仪表，如智能电表、微网系统监控、机器人巡检、状态检测装置平台等都已融入了智能化及网络技术的应用。

4. 虚拟化

随着检测技术和传感器技术的发展，虚拟化仪表也被越来越多地应用，如手机也可以承担很多的测量任务：测高度、测距离、测速度、测温度等，在工程应用中，由计算机集中测量监控的仪表平台可开展多参量、实时、通过在线或网络形式的测量任务。传感器的重要性越来越突出，仪表的形式由传统形式向虚拟化形式发展。

电力计量检测仪表按用途分为三类：实验室用仪表、在线监测仪表和现场试验仪表。实验室用仪表主要是准确度较高的常规计量仪表，这类仪表的检测技术及应用不在本书介绍。近些年，随着检测技术的发展和状态检测方式的应用，出现了很多新技术、新参量、新方法的在线监测和现场试验用计量仪表，本书主要介绍这两类电力计量仪表的检测技术及应用。

第 2 章　高压电源试验设备

2

在电气设备试验项目中，虽然进行了一系列非破坏性试验，能发现很多绝缘缺陷，但由于其试验电压较低，对某些局部缺陷不能有效检出。为进一步提高绝缘缺陷检出率，有必要进行一些耐压试验。目前电力系统常见的耐压试验方式有交流耐压试验、直流耐压试验、冲击耐压试验。

交流耐压试验是鉴定电气设备绝缘强度最严格、最有效，也是最直接的试验方法，它对判断电气设备能否正常运行具有决定性意义，也是保证设备绝缘水平，避免发生绝缘事故的重要手段之一。

直流耐压试验的电压分布与交流耐压试验不同。交流耐压电压沿绝缘元件的分布与体积电容成反比，而直流电压分布与其表面绝缘电阻有密切关系。直流耐压试验在发电机定子绝缘缺陷检测等特殊场合得到了良好应用。

冲击耐压试验在电力系统也得到了广泛应用。试验研究表明，电压等级在 220kV 以下，电气设备的冲击电压、操作波电压和工频交流电压之间具有一定的等效关系。但对于 300kV 及以上电气设备和绝缘结构，则倾向于直接用冲击电压、操作波电压和工频交流电压分别试验电气设备的绝缘机构特性，不能再用等效的工频交流电压代替操作波电压对绝缘机构进行试验。

常见的交流耐压试验设备包括工频高压试验装置、串联谐振试验装置、绝缘油介电强度测试仪等，典型的直流耐压试验设备有直流高压发生器，冲击耐压试验设备则主要指冲击电压发生装置。

2.1　电力系统过电压

为保障电力设备安全稳定运行，要求其绝缘结构必须能承受过电压的耐受影响并留有足够的裕度。电力系统常见的过电压类型包括暂时过电压、操作过电压、雷电过电压、特快速瞬态过电压 4 种。

1）暂时过电压在相关书籍和文献上也称为工频电压升高和谐振过电压。工频电压升高常见于空载线路的电容效应、甩负载和不对称接地。当长距离线路突然丢失负载后，由于电源只带一条空载线路，而输电线路对地存在容抗，此时流过电源内阻的电流突变为容性电流，这一电流流进系统感抗而造成了电压升高。不对称接地常见于三相电源出现接地故障时，原承受相电压的用电设备端因接地故障而造成电压太高。由于上述电压升高电源频率接近50Hz，故称之为工频电压升高。谐振过电压的出现则起因于系统含铁心的非线性电感元件引起的铁磁效应或谐振，一般幅值较高，持续时间也较长。谐振过电压的频率可以是工频的基波，也可能是高次或分次谐波。

2）操作过电压常由电力系统中断路器操作动作如投切空载线路、投切空载变压器、操作隔离开关等引起，其特点为幅值高、存在高频振荡、强阻尼和持续时间短。操作过电压在我国电力系统中的大致倍数：35kV 为4.0 倍；110kV ~220kV 为3.0 倍；330kV 为2.75 倍；500kV 为2.0 倍；750kV 为1.8 倍；1000kV 为1.7 倍。依据 GB/T 311.1—2012《绝缘配合第1 部分：定义、原则和规则》规定，操作过电压波形为非周期电压冲击波，标准波形为250/2500μs（峰值时间/半峰值时间）。

3）雷电过电压也称为外部过电压或大气过电压，其主要由雷云放电引起，特点为幅值高、持续时间短。我国对于雷电过电压的试验标准规定标准电压波形为1.2/50μs 的全波。

4）特快速瞬态过电压（VFTO）。特快速瞬态过电压主要由 GIS（气体绝缘开关设备）或 HGIS（混合式气体绝缘金属封闭开关设备）中隔离开关操作产生。GIS 或 HGIS 中绝缘发生闪络接地故障或断路器操作时也可产生 VFTO。其主要特点为波前时间很短，小于 100ns；频率成分丰富，从准直流到数十兆赫；幅值很高，最高可达2.5p.u. ~3.0p.u.。

2.2 工频高压试验装置

2.2.1 装置组成

工频高压试验装置一般由控制箱、试验变压器、保护电阻、放电球隙、高压分压器和电压表等组成。

1. 控制箱

控制箱是整套装置的电源输入、输出控制保护单元。工作电源由此接入，为整套装置提供电能输入。输出控制保护由分合闸按钮、断路器、调压旋钮、过电流继电器、过电压继电器、时间继电器、电流设定装置、电压设定装置、时间设定装置、电流表、电压表组成。

2. 试验变压器

试验变压器将控制箱输出的低电压变成高电压，一般由单台或多台升压变压器组成。

3. 保护电阻

保护电阻指高压击穿时保护试验变压器或被试品不被过电流损坏的电阻，常见保护电阻有水阻和线绕电阻。

4. 放电球隙

放电球隙是一对直径相同的球型电极，可在工频高压试验时用于高压测量及保护被试品之用。在工作时，球形电极的一极接地，一极接高压侧电压引线。

5. 高压分压器和电压表

高压分压器和电压表用于试验装置高电压产生后监视高压侧实际输出电压。试验装置也可采用升压变压器的测量绕组和电压表完成高压侧电压测量。

6. 产品实物

工频高压试验装置一般国内电气仪器仪表制造商均有生产，图 2-1 所示为工频高压试验装置各部分实物图。

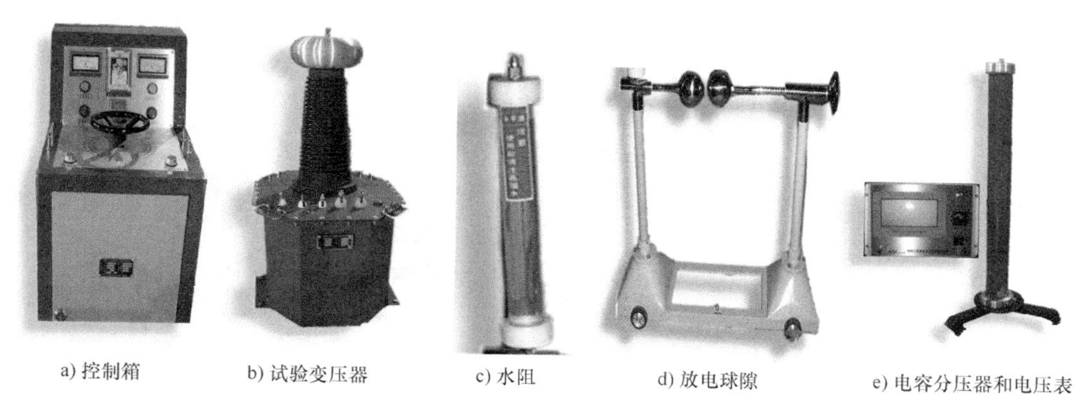

a) 控制箱　b) 试验变压器　c) 水阻　d) 放电球隙　e) 电容分压器和电压表

图 2-1　工频高压试验装置各部分实物图

2.2.2　工作原理

工频高压试验装置常见的接线图如图 2-2 所示。

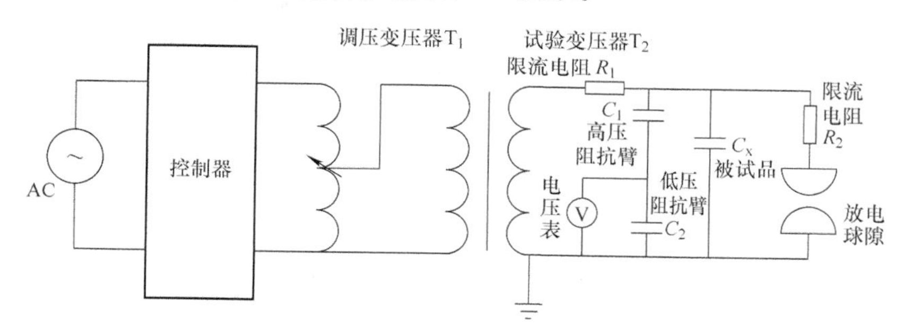

图 2-2　工频高压试验装置接线图

由工频交流电源供电，通过控制器向调压变压器供电，调压变压器改变输出电压的幅值，经试验变压器将低电压变换成高电压，向被试品施加试验电压。为了保证施加电压的准确，在被试品的两端并联高压测量系统，用于监测被试品两端实际电压的幅值、波形等以满足试验要求。高压测量系统通常由高压阻抗臂和低压阻抗臂及电压表组成。为保证被试品击穿时不损坏试验装置，在试验变压器输出端串联一限流电阻 R_1。限流电阻阻值一般设计为每千伏 200Ω，通常为线绕电阻或水阻，同时在控制器中也加入了低压回路的保护装置，使工频耐压试验装置在高低压故障时均能受到保护，不被损坏。图 2-2 中设置的放电球隙和限流电阻 R_2 也是一套过电压保护装置，其目的在于试验过程中防止被试品产生的容升电压超出试验电压而损坏被试品。电压过高时放电球隙击穿，高压电压自动下降，球隙保护电阻 R_2 用于放电回路电流限制，其参数选择与 R_1 相同。

2.2.3 计量方法

工频高压试验装置的计量参数包括电压测量示值误差、电源波形失真度等。目前计量校准参照的技术标准有：

1）JJG 496—2016《工频高压分压器》；

2）DL/T 848.2—2018《高压试验装置通用技术条件 第2部分：工频高压试验装置》；

3）JJF（浙）1144—2018《交流高压试验装置校准规范》。

依据 JJF（浙）1144—2018《交流高压试验装置校准规范》要求，工频高压试验装置校准标准器配置应满足表 2-1 要求。

表 2-1 工频高压试验装置校准标准器配置要求

序号	校准设备	用途	计量特性
1	交流标准分压器测量系统	电压示值误差校准	测量系统及其辅助设备引起的电压测量扩展不确定度应不超过被校试验装置最大允许误差 1/5
2	失真度仪	失真度校准	输入信号频率测量范围：不小于 3Hz ~ 1kHz 总谐波失真测量范围：0.01% ~30% 总谐波失真测量准确度不低于 10 级

工频高压试验装置电压示值误差校准原理如图 2-3 所示。

接通试验装置的控制箱电源，确定试验装置电压指示处于零位后，开始升压。对于数显式的试验装置，校准点应在被校试验装置额定电压范围内，均匀选择不少于 5 个点（最高电压校准点应达到或接近被校试验装置额定电压）。对于指针式的试验装置，应校准每一个带有数字标尺的点，并在电压上升和下降时各校准一次，取两者的平均值作为标准值，示值误差按式（2-1）计算：

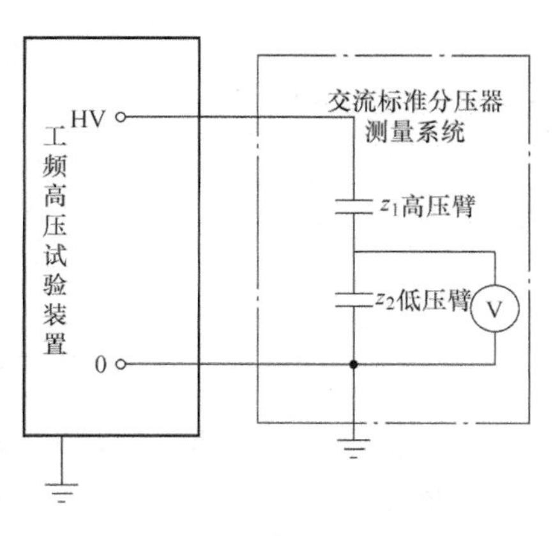

图 2-3 电压示值误差校准原理

$$\delta_U = \frac{U_x - U_s}{U_s} \times 100\% \tag{2-1}$$

式中　δ_U——试验装置电压示值的相对误差；

U_x——试验装置电压示值（kV）；

U_s——电压标准值（kV）。

电源波形失真校准原理如图 2-4 所示。调节输出电压至额定值 U_m 的 80% 以上，记录此时失真度仪的读数。

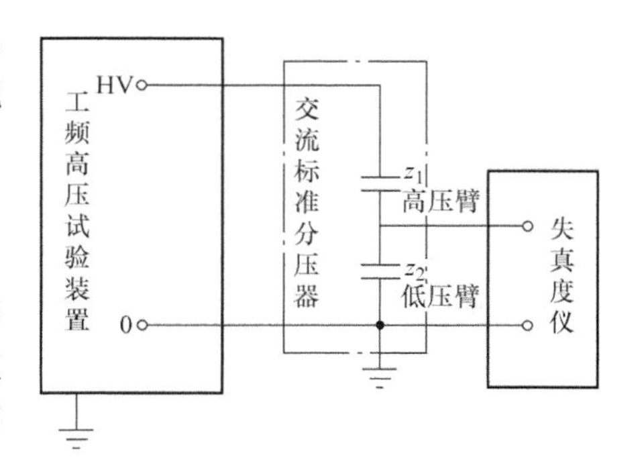

图 2-4　电源波形失真校准原理

2.2.4　产品选型及应用

参照电力行业标准 DL/T 848.2—2018《高压试验装置通用技术条件 第 2 部分：工频高压试验装置》和 DL/T 1681—2016《高压试验仪器选配导则》进行产品选型。

试验变压器额定容量可参照式（2-2）进行配置。

$$S_e = \omega C_x U_e^2 \tag{2-2}$$

式中　S_e——试验变压器的容性容量（kV · A）；

U_e——被试品两端施加的试验电压有效值（kV）；

C_x——被试品电容量（pF）；

ω——所加电压角频率（rad/s）。

试验变压器高压绕组额定电流可参照式（2-3）进行选择。

$$I_C = \omega C_x U_e \tag{2-3}$$

式中　I_C——通过试验变压器高压侧电容电流（mA）。

实际选择的试验变压器容量应大于式（2-2）的计算结果。因为上述计算值以被试品为纯电容进行计算，未考虑试验回路阻抗本身阻性分量、感性分量及试验引线、试验设备本身对地的杂散电容等影响，使得理论计算值小于实际值。

在实际开展大电容被试品试验时，可能会造成装置试验变压器容量不够，在此情况下可考虑采用补偿的方法来减小试验电源容量要求。试验时，采用高压电抗器与被试品并联，使流过电抗器的感性电流与流过被试品的容性电流相补偿，从而减小流经试验变压器的电流，达到缩减容量的目的。此时变压器的容量可按式（2-4）计算。

$$S_e = \left(\omega C_x - \frac{1}{\omega L}\right) U_e^2 \tag{2-4}$$

式中　L——高压补偿电抗器电感量（H）。

试验回路总电抗为容抗和感抗之和。采用补偿后，回路总电抗值变小，所需的试验变压器容量也随之减小，因而在高压侧并联电抗器的方法能够在有限电源容量的情况下，较好地满足大电容被试品的试验要求。

2.3 串联谐振试验装置

2.3.1 装置组成

串联谐振试验装置主要由变频电源控制箱、励磁变压器、高压电抗器、高压分压器、高压补偿电容器等组成。

1. 变频电源控制箱

变频电源控制箱集电源输出、控制、保护作用于一身，是整套装置的大脑和指挥中心。控制箱将幅值和频率都基本固定的380V或220V工频正弦交流市电经过AC→DC→AC变换，输出为幅值和频率均可调的交流电压方波或正弦波。同时，其内置电压表测量功能，与高压侧分压器一道监测高压侧电压。当高压侧出现过电压或被试品击穿失谐时，自动切断电源输出，起到保护作用。

2. 励磁变压器

励磁变压器可理解为升压变压器。由于控制箱输出变频电压较低，一般为几十至数百伏，必须经过励磁变压器的初步升压后，方可借助整个电路的谐振效应（品质因素），获得最终较高的试验电压值。

3. 高压电抗器

高压电抗器是整套装置重要的部件，为整个谐振回路提供电抗值。当控制箱输出电源频率等于$1/\sqrt{2\pi LC_x}$时，其与被试品电容C_x发生串联谐振。

4. 高压分压器

串联谐振试验装置高压分压器一般为全容性电容分压器，主要用于被试品电压幅值与波形的监测，以保证施加电压值满足规程或标准规定的要求。

5. 高压补偿电容器

当被试品电容量与高压电抗器组成的试验回路达到谐振时，试验电源频率不满足标准或规程要求时，往往会配置高压补偿电容器。由于电压等级和制造工艺的限制，常见的高压补偿电容器电压等级一般不高，额定电压常低于100kV。

6. 产品实物

国内生产串联谐振试验装置的制造商很多。图2-5所示为串联谐振试验装置各部件实物图。

2.3.2 工作原理

1. 串联谐振的产生

谐振是R、L、C元件组成的电路在一定条件下发生的一种特殊现象。图2-6所示为串联谐振试验装置耐压试验原理。图中，$\dot{U}_S$为控制箱经励磁变压器升压后输出的变频电源电压；R为回路总电阻；L为试验回路电抗值；C为试验回路电容

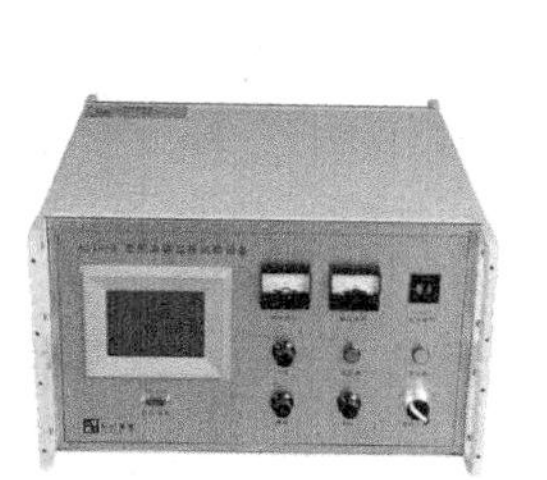

a) 变频电源控制箱　b) 励磁变压器　c) 高压电抗器　d) 高压分压器　e) 高压补偿电容器

图 2-5　串联谐振试验装置各部件实物图

值，一般为被试品电容、高压补偿电容器等电容量的和。图中试验回路总复阻抗为

$$Z = R + \mathrm{j}\left(\omega_{\mathrm{L}} - \frac{1}{\omega_{\mathrm{C}}}\right) = R + \mathrm{j}(X_L - X_C) = R + \mathrm{j}X \tag{2-5}$$

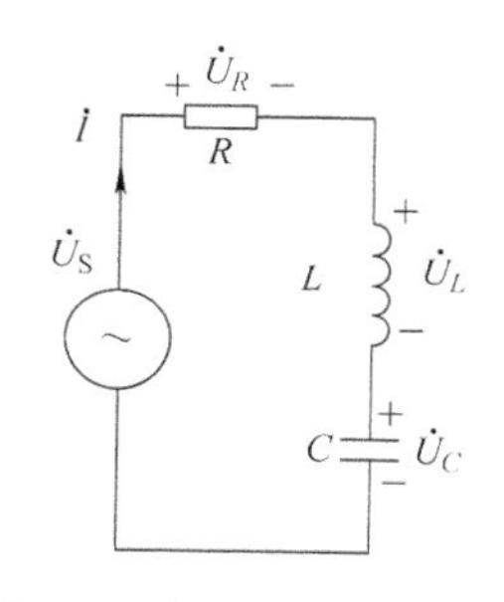

图 2-6　串联谐振试验装置耐压试验原理

当回路发生谐振时，$X_L = X_C$，此时电路阻抗 $Z = R$，为纯电阻，电压与电流同相。由此可以计算得到谐振角频率为

$$\omega_0 = \frac{1}{\sqrt{LC}} \tag{2-6}$$

谐振频率为

$$f_0 = \frac{1}{2\pi\sqrt{LC}} \tag{2-7}$$

串联电路的谐振频率由电路参数 L、C 决定，与外界条件无关，故又称为固有频率。当电源频率一定时，可以调节电路参数 L 或 C 达到谐振；当电路参数一定时，也可以通过改变电源频率，使之与电路固有频率一致而发生谐振。

2. 串联谐振的品质因数

电路谐振时，呈现为一纯电阻，而且阻抗为最小值。虽然总电抗 $X = X_L - X_C = 0$，但感抗与容抗均不为零，只是两者相等。谐振时的感抗或容抗称为整个电路的特性阻抗，记为 ρ，即

$$\rho = \omega_0 L = \frac{1}{\omega_0 C} = \frac{1}{\sqrt{LC}}L = \sqrt{\frac{L}{C}} \tag{2-8}$$

ρ 的单位为 Ω，ρ 是一个由电路参数 L、C 决定的量，与频率无关。工程上常用特性阻抗和电阻的比值来表征谐振电阻的性能，并称此比值为串联电阻的品质因数，用 Q 表示，即

$$Q = \frac{\rho}{R} = \frac{\omega_0 L}{R} = \frac{1}{\omega_0 CR} = \frac{1}{R}\sqrt{\frac{L}{C}} \tag{2-9}$$

3. 串联谐振时的电压关系

谐振时，各元件上的电压分别为

$$\dot{U}_R = R\dot{I} = \dot{U}_S \tag{2-10}$$

$$\dot{U}_L = \mathrm{j}\omega_0 L\dot{I}_0 = \mathrm{j}\omega_0 L\frac{\dot{U}_S}{R} = \mathrm{j}Q\dot{U}_S \tag{2-11}$$

$$\dot{U}_C = -\mathrm{j}\frac{1}{\omega_0 C}\dot{I}_0 = -\mathrm{j}\frac{1}{\omega_0 C}\frac{\dot{U}_S}{R} = -\mathrm{j}Q\dot{U}_S \tag{2-12}$$

谐振时，电感电压和电容电压有效值相等，均为外施电压的 Q 倍，但电感电压超前外施电压90°，电容电压滞后外施电压90°，总的电抗电压为0。而电阻电压和外施电压相等且同相，外施电压全部加在电阻 R 上，电阻上的电压达到了最大值。在电路 Q 值较高时，电感电压和电容电压的数值都远远大于外施电压的值，因此串联谐振又称为电压谐振。

4. 串联谐振时的能量关系

谐振时，电路电流为

$$i = I_m\cos\omega_0 t \tag{2-13}$$

电容电压为

$$u_C = \frac{I_m}{\omega_0 C}\cos\left(\omega_0 t - \frac{\pi}{2}\right) = U_{Cm}\sin\omega_0 t \tag{2-14}$$

电路中的电磁场能量和为

$$W = W_C + W_L = \frac{1}{2}Cu_C^2 + \frac{1}{2}Li_L^2 = \frac{1}{2}CU_{Cm}^2\sin^2\omega_0 t + \frac{1}{2}LI_m^2\cos^2\omega_0 t \tag{2-15}$$

谐振时，由于

$$U_{Cm} = \frac{1}{\omega_0 C}I_m = \sqrt{\frac{L}{C}}I_m \tag{2-16}$$

即

$$\frac{1}{2}CU_{Cm}^2 = \frac{1}{2}LI_m^2 \tag{2-17}$$

故

$$W = \frac{1}{2}CU_{Cm}^2 = \frac{1}{2}LI_m^2 \tag{2-18}$$

由式（2-18）可知，串联谐振时，电路中的电场能量的最大值恒等于磁场能量的最大值，而电感和电容中储存的电磁能量总和不随时间变化而变化，恒等于电场或磁场能量的最大值。

依据上述公式可知，理想情况下，当电场能量增加某一数值时，磁场能量必减少同一数值，反之亦然。电容和电感之间，存在着电场能量和磁场能量经相互转换的周期性振荡过程。电磁场能量的交换在电感和电容之间进行，和外部电路没有电磁能量的交换。电源只向电阻提供能量，故电路呈纯阻性。

由公式（2-12）得到

$$U_{Cm} = QU_{Sm} \tag{2-19}$$

故

$$W = \frac{1}{2}CU_{Cm}^2 = \frac{1}{2}CQ^2U_{Sm}^2 \tag{2-20}$$

在外加电压一定时，电磁场总能量与 Q^2 成正比，因此可提高或降低 Q 值来增强或削弱电路的振荡程度。

又由于

$$Q = \frac{\omega_0 L}{R} = \omega_0 \frac{\frac{1}{2}LI_m^2}{\frac{1}{2}RI_m^2} = 2\pi f_0 \frac{\frac{1}{2}LI_m^2}{\frac{1}{2}RI_m^2} = 2\pi \frac{\frac{1}{2}LI_m^2}{\frac{1}{2}RI_m^2 T_0} \tag{2-21}$$

可知 Q 值的物理意义：Q 等于谐振时电路中储存的电磁场总能量与电路消耗平均功率之比乘以 ω，或 Q 等于谐振时电路中储存的电磁场总能量与电路在一个周期中所消耗的能量之比乘以 2π。电阻 R 越小，电路消耗的能量（功率）越小，Q 值越大，振荡越激烈。

2.3.3　计量方法

串联谐振试验装置的计量参数包括电压测量示值误差、频率示值误差等。目前计量校准参照的技术标准有：

1）DL/T 849.6—2016《电力设备专用测试仪器通用技术条件 第 6 部分：高压谐振试验装置》。

2）JJF（浙）1144—2018《交流高压试验装置校准规范》。

依据 JJF（浙）1144—2018《交流高压试验装置校准规范》要求，串联谐振试验装置校准标准器配置应满足表 2-2 要求。

表 2-2　串联谐振试验装置校准标准器配置要求

序号	校准设备	用途	计量特性
1	交流标准分压器测量系统	电压示值误差校准	测量系统及其辅助设备引起的电压测量扩展不确定度应不超过被校试验装置最大允许误差 1/5；测量系统的频带范围应能覆盖被校试验装置的工作频率
2	频率计	频率示值误差校准	输入信号频率测量范围：不小于 3Hz ~ 1kHz；准确度等级不低于 0.1 级

串联谐振试验装置电压示值误差校准原理如图 2-7 所示。

需根据实际工况在不少于一个谐振频率点下进行试验。接通试验装置的控制箱电源，确定试验装置电压指示处于零位，将试验装置回路调整至谐振状态。校准点应在被校试验装置额定电压范围内，均匀选择不少于 5 个点（最高电压校准点应达到或接近被校试验装置额定电压）。电压示值误差为

$$\delta_U = \frac{U_x - U_s}{U_s} \times 100\% \tag{2-22}$$

式中 δ_U——试验装置电压示值的相对误差；

U_x——试验装置电压示值（kV）；

U_s——电压标准值（kV）。

频率示值误差校准原理如图 2-8 所示。调节回路的输出电压，记录频率计读数，示值误差为

$$\delta_f = f_x - f_s \tag{2-23}$$

式中 δ_f——试验装置频率示值误差（Hz）；

f_x——试验装置频率示值（Hz）；

f_s——频率计示值（Hz）。

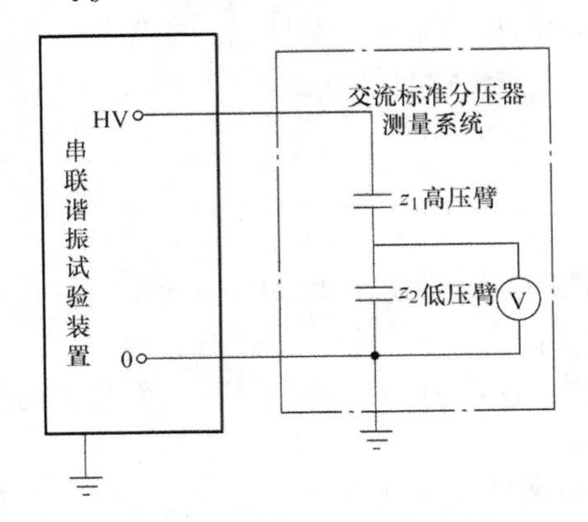

图 2-7 电压示值误差校准原理

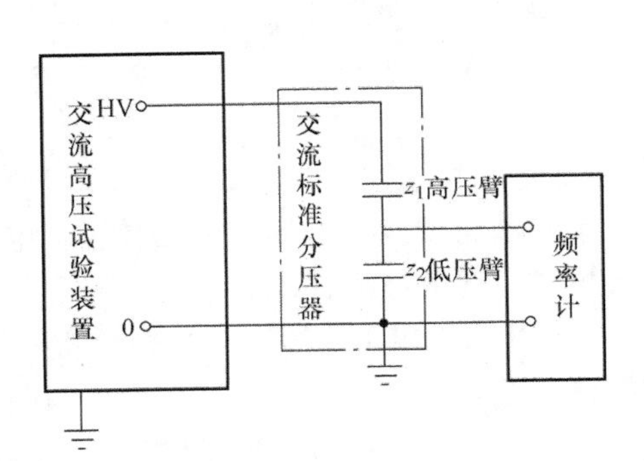

图 2-8 频率示值误差校准原理

2.3.4 产品选型

参照电力行业标准 DL/T 849.6—2016《电力设备专用测试仪器通用技术条件 第 6 部分：高压谐振试验装置》和 DL/T 1681—2016《高压试验仪器选配导则》进行产品选型。

2.4 绝缘油介电强度测试仪

2.4.1 装置组成

绝缘油介电强度测试仪又称绝缘油耐压测试仪，一般由测试仪本体、油杯、电极、校准尺规、搅拌器等组成。

1. 测试仪本体

测试仪本体是一个集成化、小型化的工频耐压试验装置，集电源控制、电压升压、测量、数据显示、结果打印等功能于一体，是整套装置最重要的部分。测试仪本体常见的有一体式和分体式结构设计。一体式测试仪即所有功能组件整合于一体；分体式测试仪一般将升压部分独立为一部分（升压变压器），而将控制、测量、显示、结果打印等功能设计为另一部分（控制箱），通过控制电缆实现上述两部分的联动工作。

2. 油杯

油杯即存储待试绝缘油的容器。油杯应透明且带有盖子，便于防尘和观察试验现象。常见的油杯由电玻璃或有机合成材料（如环氧树脂、甲基丙烯酸甲酯等）制成。按照IEC 156：1995《绝缘油工频击穿电压测定法》和GB/T 507—2002《绝缘油 击穿电压测定法》等有关试验方法，安置球形电极的油杯容量一般为350mL~500mL，平板电极油杯容量则规定为200mL，几何尺寸应能保证从电极到杯壁和杯底的距离以及电极到油面的距离均符合有关规定。

3. 电极

油杯中包含一对正对的试验导电电极，一般用磨光的青铜、黄铜或不锈钢制成，其形状按照国家标准GB/T 507—2007要求，设计成球形、平板形或球盖形。

4. 校准尺规

按照GB/T 507—2007要求，试验油杯电极间距为2.5mm±0.05mm。为便于试验时调整电极间距，测试仪一般随机配置有校准尺规。常见的校准尺规有圆柱形和矩形两种，材质多为不锈钢。圆柱形校准尺规的直径和矩形校准尺规的厚度为2.5mm。

5. 搅拌器

可根据试验需要选配搅拌器，常见搅拌器由双叶转子叶片构成。

6. 产品实物

常见的绝缘油介电强度测试仪有单油杯和多油杯样式。目前市场上生产厂家很多，国内典型厂家有浙江华特、北京兴迪、保定建通、保定华创、保定力兴等，进口典型产品的厂家有奥地利BAUR公司。图2-9所示为绝缘油介电强度测试仪及其组件实物图。

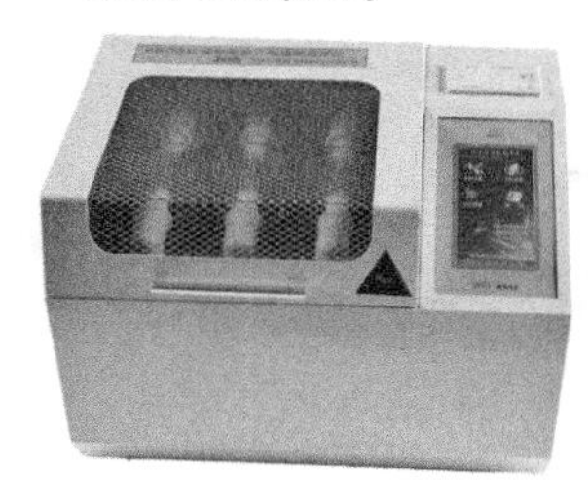

a) 一体式三油杯测试仪

b) 一体式单油杯测试仪

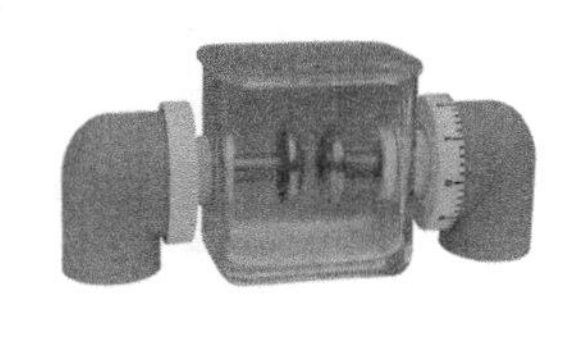

c) 油杯及电极

d) 搅拌器

图2-9 绝缘油介电强度测试仪及其组件实物图

2.4.2 工作原理

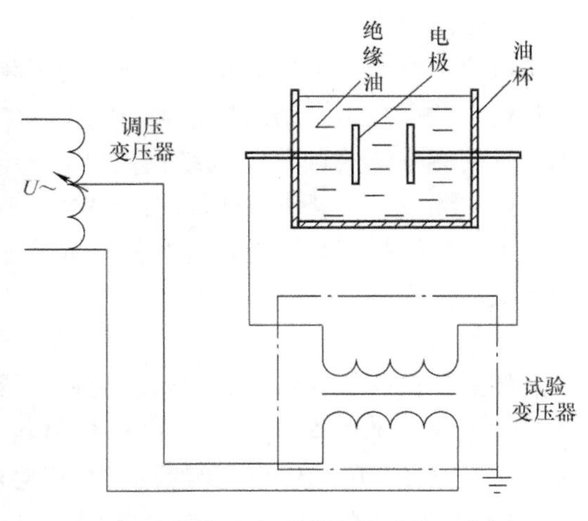

图 2-10 绝缘油介电强度测试仪工作原理

绝缘油介电强度测试仪主要应用于绝缘油电气强度试验，即测量绝缘油瞬间的击穿电压值，其工作原理如图 2-10 所示。

绝缘油介电强度测试仪外接供电电源，经过调压变压器按照一定升压速度要求调压后，经过试验变压器升压并接至标准试验电极，在电极之间施加 50Hz 的电压，直至电极间油间隙击穿，该电压即为被试绝缘油的击穿电压，单位为 kV。

2.4.3 计量方法

依据绝缘油介电强度测试试验要求，绝缘油介电强度测试仪除对电极几何形状要求外，其主要电气参数包括电压示值、升压速度、输出电压波形 3 项。目前计量校准参照的技术标准有：

1）GB/T 507—2002《绝缘油　击穿电压测定法》。

2）DL/T 846.7—2016《高电压测试设备通用技术条件 第 7 部分：绝缘油介电强度测试仪》。

3）DL/T 1694.4—2017《高压测试仪器及设备校准规范 第 4 部分：绝缘油耐压测试仪》。

由于绝缘油介电强度测试仪的电压通过高压电极双端输出，目前电气参数校准使用的标准器主要为双端标准电容分压器测量系统，其主要组成包括双端标准电容分压器、标准数字电压表、失真度测试仪。为真实考量绝缘油介电强度测试仪实际带负载能力，双端标准电容分压器阻抗选择应与满油状态的试验油杯接近。

电压示值误差校准原理如图 2-11 所示。根据标准或用户校准要求，设定电压示值误差校准点。使用标准分压器测量系统直接测量被检测试仪输出电压示值并记录，按式（2-24）计算电压示值误差。

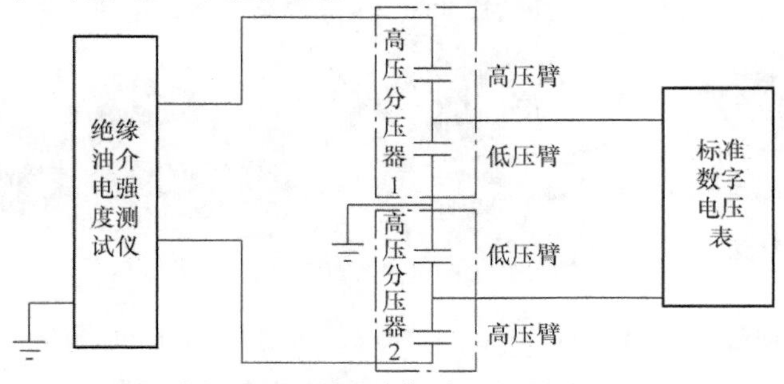

图 2-11 电压示值误差校准原理

$$\delta_U = \frac{U_x - U_s}{U_s} \times 100\% \tag{2-24}$$

式中　δ_U——测试仪电压示值的相对误差；

U_x——测试仪电压示值（kV）；

U_s——标准测量系统实测得到的电压标准值（kV）。

测试仪升压速度示值误差校准接线也采用图 2-11。使用分度为 0.1s 的秒表或具有升压速度测量功能的标准测量系统，测量测试仪电压从 0 升至额定电压所需时间，升压速度按式（2-25）计算。目前国内生产的测试仪常见升压速度设定选择值为 2kV/s 或 3kV/s。

$$v = \frac{U}{t} \tag{2-25}$$

式中　v——测试仪实测升压速度（kV/s）；

U——测试仪额定电压值（kV）；

t——升压时间（s）。

测试仪输出电压波形失真度校准原理如图 2-12 所示。将测试仪电压升压至额定电压值附近，读取失真度测试仪显示值作为校准值。

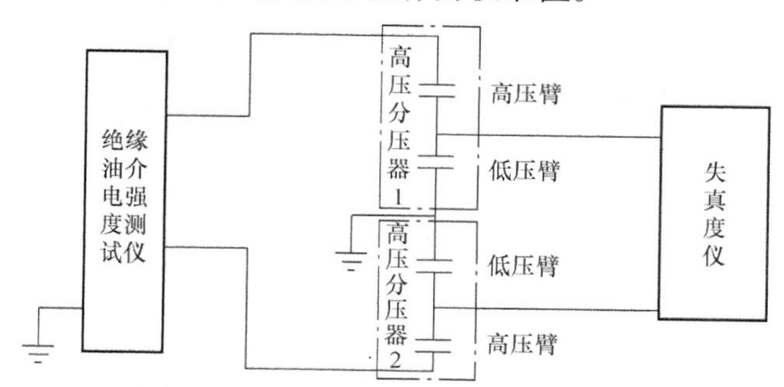

图 2-12　输出电压波形失真度校准原理

2.4.4　产品选型

参照电力行业标准 DL/T 846.7—2016《高电压测试设备通用技术条件 第 7 部分：绝缘油介电强度测试仪》和 DL/T 1681—2016《高压试验仪器选配导则》进行产品选型。

2.5　直流高压发生器

2.5.1　装置组成

直流高压发生器广泛应用于避雷器直流参考电压、泄漏电流及发电机定子绝缘端部耐压试验，一般由控制箱、倍压桶、高压微安表、均压帽（环）等组成。

1. 控制箱

直流高压发生器控制箱是整套装置的“大脑”，除了基本的输出电压、电流测量显示、输出保护设定等功能之外，其主要作用在于将交流供电电源经过整流、逆变产生一个高频交流电压，供给后级高频升压变压器及倍压整流电路使用，从而产生试验所需高电压。

2. 倍压桶

倍压桶一般为直立桶状结构，内部包含高频升压变压器、整流二极管及电容、高压测量分压器、高压电流表等。高频升压变压器将控制箱逆变输出的高频交流电压进行一次升压提供给倍压整流电路。倍压整流电路由整流二极管及电容组成，其作用在于将高频升压变压器输出的交流电压进行二次整流升压得到试验电压值。高压测量分压器和高压电流表则实现对高压侧输出电压和试验总回路电流的测量。

3. 高压微安表

高压微安表用于被试品电流的精准测量。由于控制箱电流表显示值为总电流，其值为被试品电流和试验回路中其他泄漏电流的和，因而为更加准确测量流过被试品的电流，直流高压发生器一般随机箱配置高压微安表。

4. 均压帽（环）

均压帽（环）用于改善直流高压发生器高压输出侧电场均匀性，提高空气放电强度，从而减少电晕放电的影响，改善试验电压输出稳定性。

5. 产品实物

直流高压发生器常见样式有分体式和一体式，一般额定电压等级较高的采用分体式，电压等级较低时，制造厂商会应客户要求制作成一体式。分体式直流高压发生器包括控制箱、倍压桶、均压帽（环）、高压微安表等，一体式则将上述 4 部分整合在一个箱体中。图 2-13 所示为分体式直流高压发生器各组件实物图。

a) 控制箱　　b) 戴均压帽的倍压桶　　c) 高压微安表

图 2-13　分体式直流高压发生器各组件实物图

2.5.2　工作原理

直流高压发生器工作原理框图如图 2-14 所示。控制箱将交流供电电源经过整流逆变后输出高频交流电压信号给倍压桶，经倍压桶内置高频升压变压器一次升压后，再经过倍压整流单元二次升压。倍压整流单元由整流二极管和交流储能电容组成，可以实现高稳定、低纹波直流高压试验电压的输出。

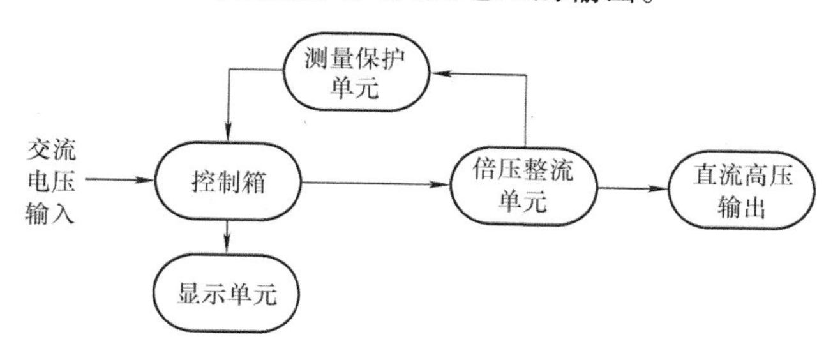

图 2-14 直流高压发生器工作原理框图

图 2-15 所示为交流全波整流电路。假设电源输入峰值电压为 U_m，在电源负半周，整流二极管 VD_1 导通，VD_2 截止，交流储能电容 C_1 两端最高电压可达 U_m；在电源正半周，整流二极管 VD_2 导通，VD_1 截止，交流储能电容 C_1 两端最高电压可达 $2U_m$，因而此时电容器 C_2 两端最高输出电压相对地可达到 $2U_m$。

直流高压倍压桶内置 N 个上述全波整流电路单元，如图 2-16 所示。其最高输出电压可以达到 $2NU_m$。

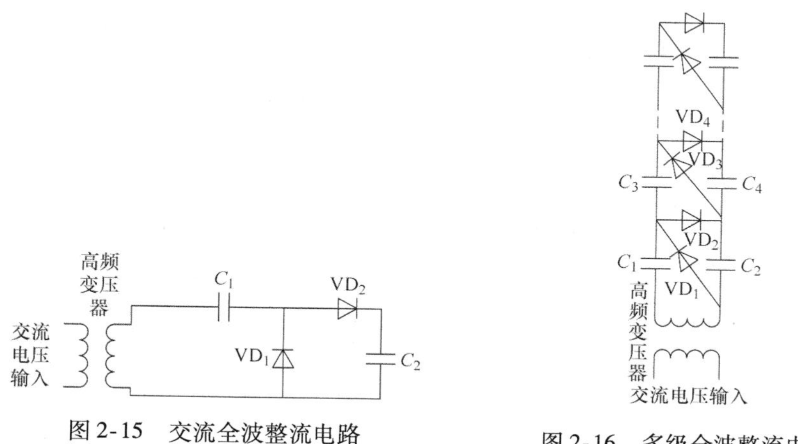

图 2-15 交流全波整流电路

图 2-16 多级全波整流电路

直流高压发生器电压、电流测量原理如图 2-17 所示。倍压桶内置纯电阻分压器，通过引出低压臂电压接至控制箱电压表，实现高压输出电压测量。控制箱电流表测量的电流为试验回路总电流，高压微安表测量的电流为流过被试品的泄漏电流值。

2.5.3 计量方法

直流高压发生器主要计量技术参数主要包括电压示值误差、电流示值误差两

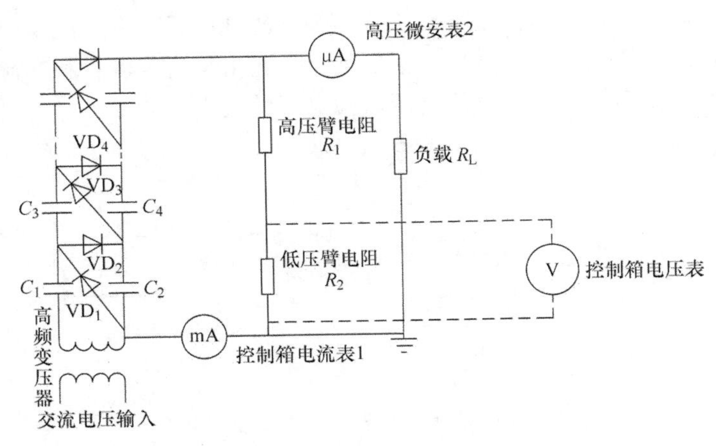

图 2-17 直流高压发生器电压、电流测量原理

项。电压示值误差校准标准器采用直流标准分压器测量系统，电流校准采用标准电流源、标准电流表、标准电压表及标准电阻等。目前计量校准参照的标准有：

1）DL/T 848.1—2019《高压试验装置通用技术条件 第1部分：直流高压发生器》。

2）JJF（浙）1146—2018《直流高压试验装置校准规范》。

依据 JJF（浙）1146—2018《直流高压试验装置校准规范》，直流高压发生器校准标准器配置应满足表 2-3 要求。

表 2-3 直流高压发生器校准标准器配置要求

序号	测量设备	用途	计量特性
1	直流标准分压器测量系统	电压示值误差校准	电压测量范围一般应能覆盖被校试验装置的电压输出范围，电压测量不确定度优于被校试验装置最大允许误差的 1/5
2	直流标准电流源	电流示值误差校准	量程应覆盖被校泄漏电流表，最大允许误差绝对值（不确定度）不大于被校泄漏电流表最大允许误差的 1/5
3	直流标准电流表及可调直流电流源	电流示值误差校准	可调直流电流源应保证由零平稳而连续调至被检表上限，调节细度应不低于被检表最大允许误差的 1/10；30s 内稳定度优于被校泄漏电流表最大允许误差的 1/10；纹波含量小于 1%；直流标准电流表最大允许误差绝对值（不确定度）不大于被校泄漏电流表最大允许误差的 1/5
4	直流标准电压表	电流示值误差校准	准确度等级不低于 0.1 级，量程满足校准时直流标准分流器上输入电压范围要求
5	直流标准分流器	电流示值误差校准	额定电流应不小于校准时使用的电流，并考虑其功率系数和温度系数
6	可调线性负载电阻	电流示值误差校准	额定电流应不小于校准时使用的电流，并满足校准电压要求

电压示值误差校准原理如图 2-18 所示。接通试验装置的控制箱电源，确定电压指示处于零位，合上高压输出开关，开始校准。校准点应在额定电压范围内均匀选择不少于5 个点（包含额定电压），误差为

$$\delta_U = \frac{U_x - U_s}{U_s} \times 100\% \qquad (2\text{-}26)$$

式中　δ_U——电压示值相对误差；

U_x——电压示值（kV）；

U_s——电压标准值（kV）。

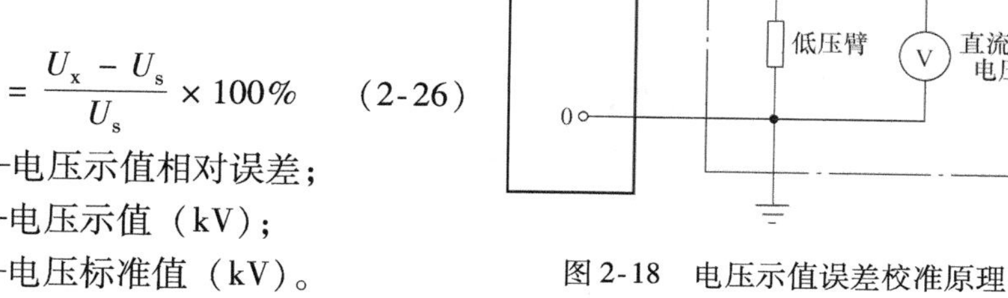

图 2-18　电压示值误差校准原理

常用的电流示值误差校准方式有标准电流源法、标准电流表法、标准电压表法。

标准电流源法校准原理如图 2-19 所示。调节标准电流源的电流值开始校准，待示值稳定后，读取标准电流源和泄漏电流表的显示值。误差为

$$\delta_I = \frac{I_x - I_s}{I_s} \times 100\% \qquad (2\text{-}27)$$

式中　δ_I——电流示值相对误差；

I_x——泄漏电流显示值（μA 或 mA）；

I_s——泄漏电流标准值（μA 或 mA）。

标准电流表法校准原理如图 2-20 所示。调节电流源开始校准，待示值稳定后，读取标准电流表和泄漏电流表的显示值。误差按式（2-27）计算。

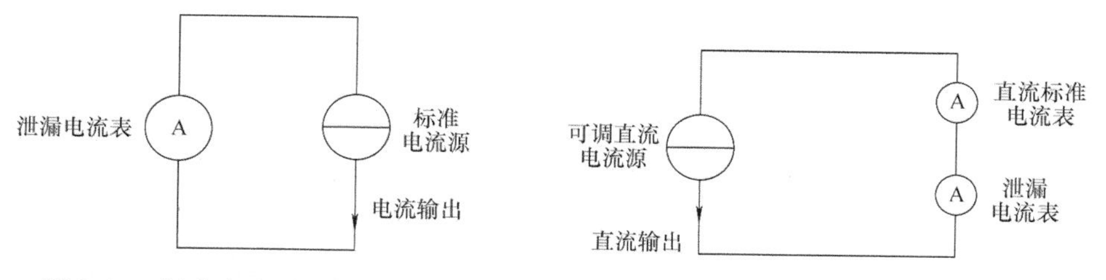

图 2-19　标准电流源法校准原理

图 2-20　标准电流表法校准原理

标准电压表法校准原理如图 2-21 所示。

校准时，试验装置输出电压以不超过 15%，并不低于 2% 额定电压为宜。依据被校泄漏电流表满量程值，按式（2-28）的计算值设定可调线性负载电阻大致阻值（直流标准分流器阻值较小可忽略）。

$$R_x = \frac{U_o}{I_{xmax}} \qquad (2\text{-}28)$$

式中 R_x——可调线性负载电阻阻值（kΩ）；

U_o——试验装置输出电压值（kV）；

I_{xmax}——泄漏电流表满量程值（mA）。

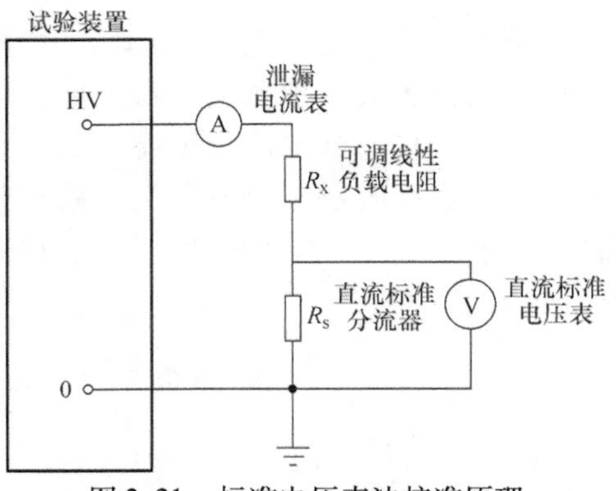

图 2-21 标准电压表法校准原理

接通试验装置的控制箱电源，确定电压指示处于零位，合上高压输出开关开始校准。缓慢调节试验装置输出电压，使被校泄漏电流表示值在每一校准点附近，待示值稳定后，读取被校泄漏电流表示值 I_x 及标准电压表示值 U_s，按式（2-29）计算标准值 I_s，误差按式（2-27）计算。

$$I_s = \frac{U_s}{R_s} \tag{2-29}$$

式中 I_s——泄漏电流标准值（μA 或 mA）；

U_s——标准电压表示值（V）；

R_s——直流标准分流器阻值（Ω）。

2.5.4 产品选型

参照电力行业标准 DL/T 846.7—2016《高电压测试设备通用技术条件 第 7 部分：绝缘油介电强度测试仪》和 DL/T 1681—2016《高压试验仪器选配导则》进行产品选型。

2.6 冲击电压试验装置

2.6.1 装置组成

冲击电压试验装置主要由操作控制台、冲击电压发生装置本体、冲击电压测量系统组成。

1. 操作控制台

操作控制台是整套试验装置的“指挥中心”，一般集控制（充电调压控制、球隙间距控制）、电压波形测量显示、数据存储等功能于一身，是人机交互的重要窗口。

2. 冲击发生装置本体

本体部分用于产生标准雷电冲击电压或操作冲击电压。为产生冲击高电压，采用多级充放电回路，通过适当选择充放电回路中各元件的参数，即可获得试验所需要的冲击电压波形。一般来说，本体包含的部件有升压变压器、整流硅堆、充电电容、点火球隙、放电球隙及各类电阻（保护电阻、阻尼电阻、波前电阻、波尾电阻）等。为满足电气试验绝缘配合需要，同时为节约场地空间，一般冲击发生装置本体均设计成立体结构。

3. 冲击电压测量系统

相比于交流稳态电压，冲击电压属于暂态电压，因此冲击电压的测量要求测量系统必须具有良好的瞬变响应特性。冲击电压测量包括峰值测量和波形记录两个方面，目前常见的冲击电压测量系统组成部件有：分压器示波器组合、分压器峰值电压表组合、测量球隙等，前两者用于精确测量。冲击电压测量常用分压器有纯电阻型、纯电容型、阻容型三种。

4. 产品实物

图2-22所示为冲击电压试验装置各组件实物图。

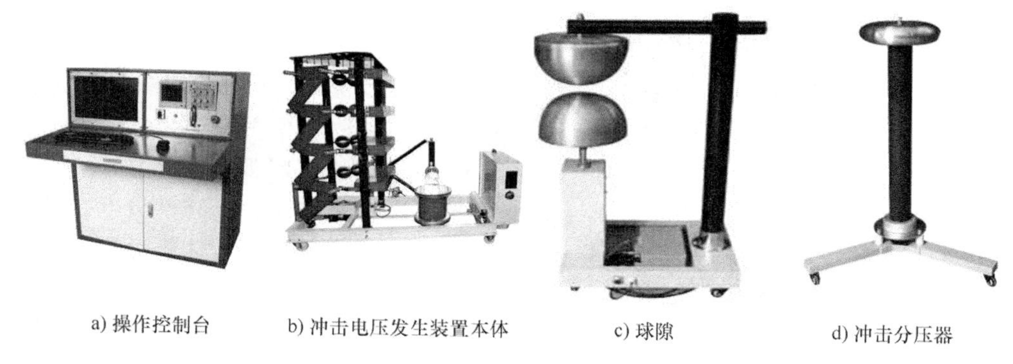

a) 操作控制台　　b) 冲击电压发生装置本体　　c) 球隙　　d) 冲击分压器

图2-22　冲击电压试验装置各组件实物图

2.6.2　工作原理

冲击电压试验装置的工作原理基于Marx回路，其原理图如图2-23所示。

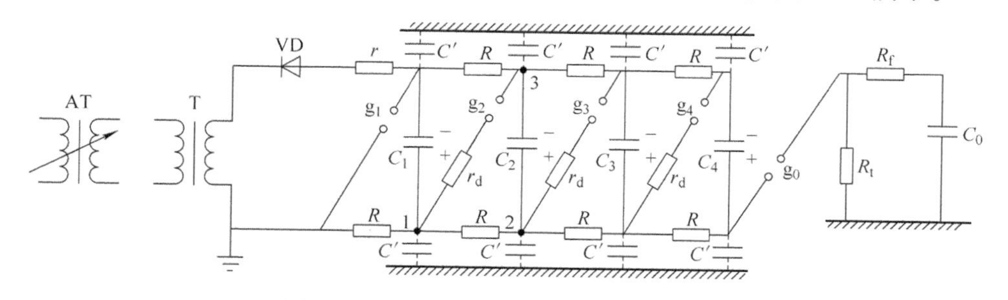

图2-23　冲击电压试验装置的工作原理图

AT—高压变压器　T—试验变压器　VD—高压硅堆　r—保护电阻　R—充电电阻　$C_1 \sim C_4$—主电容器　r_d—阻尼电阻　C'—对地杂散电容　g_1—点火球隙　$g_2 \sim g_4$—中间球隙　g_0—隔离球隙　R_t—放电电阻　R_f—波前电阻　C_0—被试品及测量设备等电容

试验变压器 T 和高压硅堆 VD 构成整流电源，经过保护电阻 r 及充电电阻 R 向主电容器 C_1 ~ C_4充电，充电到 U，出现在球隙 g_1 ~ g_4上的电位差也为 U。

假若事先把球隙距离调到稍大于 U，球隙不会放电。当需要使冲击机动作时，可向点火球隙的针极送去一脉冲电压，针极和球之间产生一小火花，引起点火球隙放电，于是电容器 C_1的上极板经 g_1接地，点 1 电位由地电位变为 U。

电容器 C_1与 C_2间由充电电阻 R 隔开，R 比较大，在 g_1 放电瞬间，由于杂散电容 C'的存在，点 2 和点 3 电位不可能突然改变，点 3 电位仍为 $-U$，中间球隙 g_2上的电位差突然上升到 $2U$，g_2马上放电，于是点 2 电位变为 $2U$。同理，g_3、g_4也跟着放电，电容器 C_1 ~ C_4实现串联。隔离球隙 g_0也放电，此时输出电压为 C_1 ~ C_4上电压的总和，即 $4U$。上述一系列过程可被概括为“电容器并联充电，而后串联放电”。由并联变成串联是靠一组球隙来达到，要求这组球隙在 g_1不放电时都不放电，一旦 g_1放电，则顺序逐个放电。满足这个条件的球隙同步好，否则为同步不好。R 在充电时起电路的连接作用，在放电时又起隔离作用。在球隙同步动作时，放电回路变成图 2-24 所示的形式。

图 2-24 右侧电路中 C_1原来电压为 $4U$，C_2原来无电压，当 g_0放电时，C_1向 C_2充电，C_2两端将建立起电压，同时 C_1两端电压将下降。当 C_2两端电压从零上升到 U_{2max}时，它与此时 C_1两端电压 U_1相等，不可能再上升。二者都会经 R_t放电，后都降到零。u_2的曲线如图 2-25 所示，上升部分的快慢与 R_f有关，下降部分的快慢与 R_t有关。R_f小，上升快；R_t大，下降慢。图中 r_d是防止回路内部发生振荡用的阻尼电阻，但不一定要设置。r 一般比 R 大一数量级，不仅保护硅堆，还可使各级电容器的充电电压比较均匀。

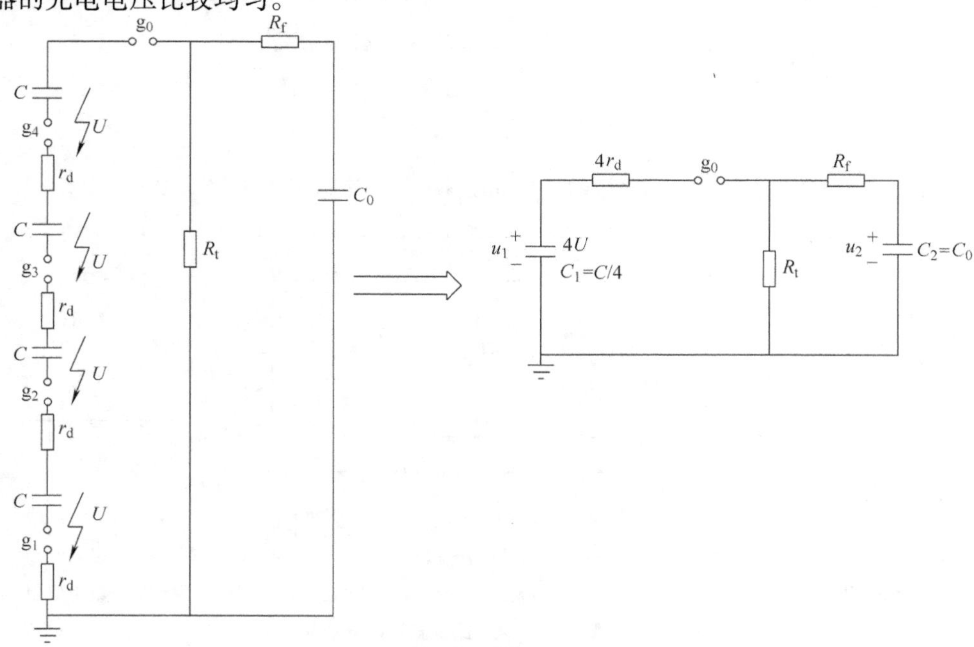

图 2-24　冲击电压发生装置串联发电时的等效图

从以上分析可看出，要提高冲击电压发生器的输出电压有两种途径：一种是升高充电电压，但它受电容器额定电压的限制；另一种是增加级数，但级数多了会给同步带来困难。

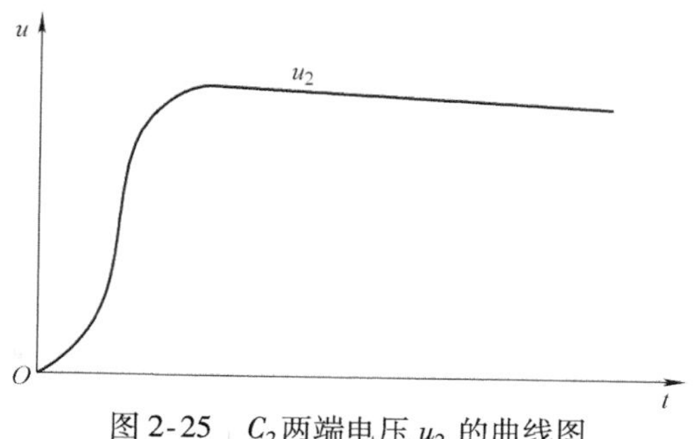

图 2-25　C_2 两端电压 u_2 的曲线图

2.6.3　计量方法

冲击电压试验装置自带测量系统，因而对整套装置的计量即对其测量系统的计量。主要计量参数包括冲击分压器分压比、测量系统时间参数等。计量参考的主要技术依据有：

1）DL/T 992—2006《冲击电压测量实施细则》。

2）DL/T8 46. 2—2004《高电压测试设备通用技术条件　第 2 部分：冲击电压测量系统》。

冲击分压器的分压比和时间参数可采用标准冲击分压器测量系统比对法和标准冲击发生器法进行校准。

标准冲击分压器测量系统配置要求见表 2-4，标准冲击电压发生器配置要求见表 2-5。

表 2-4　标准冲击分压器测量系统配置要求

测量设备	计量特性
标准冲击分压器测量系统	标准测量系统所引入的扩展不确定度（$k=2$）应小于被测分压器最大允许误差绝对值的 1/2
	额定电压应不低于被校冲击分压器测量电压范围的 20%

表 2-5　标准冲击电压发生器配置要求

波形	参数	数值范围	扩展不确定度（%）（$k=2$）	短期稳定性（%）（10 次以上数据）
雷电全波/截波	峰值	仪器使用范围内	≤0. 7	≤0. 2
	波前时间	0. 8μs ~ 0. 9μs	≤2	≤0. 5
	半峰值时间	55μs ~ 65μs	≤2	≤0. 2
操作波	峰值	仪器使用范围内	≤0. 7	≤0. 2
	波前时间	15μs ~ 3000μs	≤2	≤0. 2
	半峰值时间	2600μs ~ 4200μs	≤2	≤0. 2

采用标准冲击分压器测量系统比对法进行校准时，图 2-26 给出了标准冲击分压器与被校冲击分压器的布置方式，丁字形和叉形布置方式中冲击分压器之间的夹角约为 90°。图 2-27 给出了比对法接线图，标准冲击分压器和被校冲击分压器的输出电压都进入标准测量仪器。

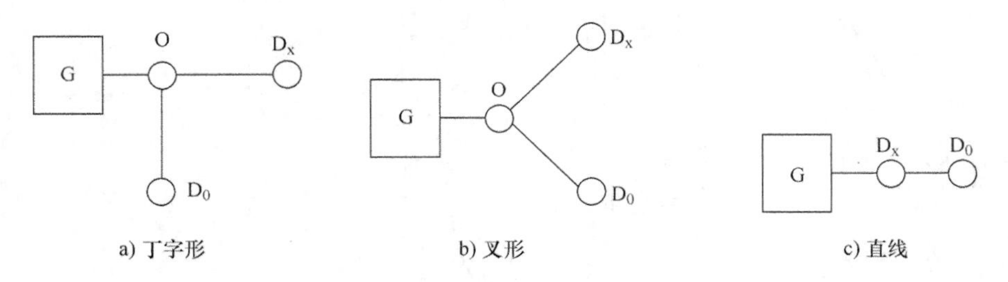

图 2-26 冲击分压器校准布置示意图

G—冲击电压发生器 O—公共连接点 D_x—被校冲击分压器 D_0—标准冲击分压器

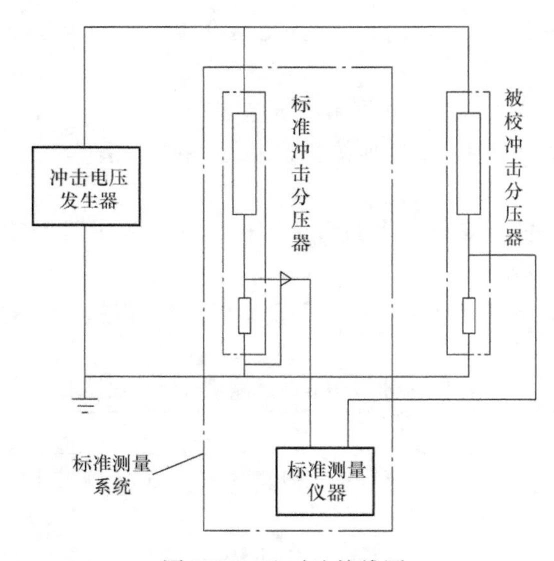

图 2-27 比对法接线图

被校冲击分压器的实测分压比为

$$K_x = K_N \frac{U_0}{U_x} \tag{2-30}$$

式中 K_x——被校冲击分压器的实测分压比；

K_N——被校冲击分压器标称分压比；

U_0——标准冲击测量系统的测量电压（kV）；

U_x——被校冲击分压器的测量电压（kV）。

冲击分压器时间参数的示值误差用式（2-31）表示，示值相对误差用式（2-32）表示。

$$\Delta T = T_x - T_0 \tag{2-31}$$

式中 ΔT——时间参数示值误差（μs）；

T_x——被校冲击分压器的测量值（μs）；

T_0——标准冲击分压器的参考值（μs）。

$$\gamma = \frac{T_x - T_0}{T_0} \times 100\% \tag{2-32}$$

式中　γ——示值相对误差。

采用标准冲击发生器法进行校准时，接线方式如图 2-28 所示，根据被校冲击分压器实际测量的电压类型和极性，在标准冲击发生器中选择对应的波形参数和极性，校准电压应不小于被校冲击分压器标定电压范围的最小值，重复测量 10 次。

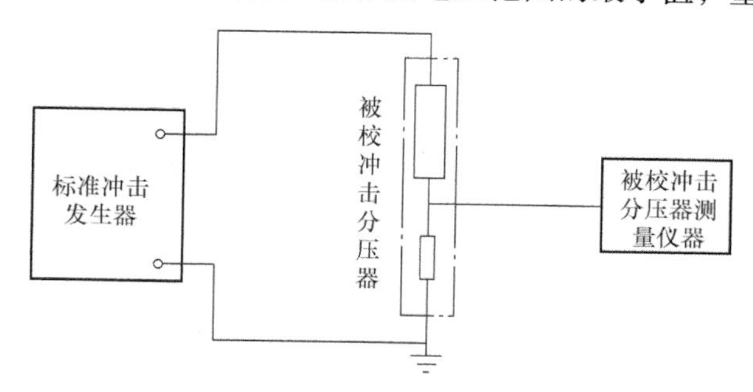

图 2-28　标准冲击发生器法接线方式

被校冲击分压器的实测分压比按式（2-33）计算，时间参数误差参照式（2-31）和式（2-32）计算。

$$K_x = K_N \frac{U_{S0}}{U_x} \tag{2-33}$$

式中　U_{S0}——标准冲击发生器输出电压（kV）。

2.7　实验室校准案例

本节以校准一台 ASTⅡ 60kV/2mA 型直流高压发生器为例，详细描述其校准过程，加深对直流高压发生器校准工作的理解。

2.7.1　环境条件要求

实验室温度条件应为 20℃ ±5℃，相对湿度为 30% ~80%。被校直流高压发生器在实验室条件下放置时间应不小于 24h。

2.7.2　安全措施布置

校准区域四周应架设安全围栏，并向外悬挂“止步、高压危险”警示牌。配置合理数量接地线，放置放电棒。校准工作应 2 人或 2 人以上开展，一人操作，一人监护。工作开展前，应首先连接被校直流高压发生器接地线、标准分压器接地线；其次在被校直流高压发生器高压输出端与标准分压器测量系统高压测量端装设高压引线，被校直流高压发生器输出电缆线等，同时应考虑校准电压情况下合理的安全距离；最后连接被校直流高压发生器输入电源线，接通并开启电源进行设备预热，预热时间一般不小于5min。

2.7.3 标准器配置

被校直流高压发生器额定输出电压为60kV，额定工作电流2mA，电压和电流测量准确度等级均为1.0级。参照JJF（浙）1146—2018《直流高压试验装置校准规范》要求，标准器配置见表2-6。

表2-6 标准器配置

序号	测量设备	计量特性
1	直流标准分压器测量系统	电压测量范围为0～300kV，准确度等级为0.2级
2	直流标准电压表	直流输入电压为0～1000V，准确度等级为0.1级
3	直流标准分流器	标称电阻为1000Ω，准确度等级为0.01级，额定电流为10mA
4	可调线性负载电阻	20kV/2mA、40kV/2mA、60kV/2mA可选

2.7.4 示值误差校准

参照图2-18开展被校直流高压发生器电压示值误差校准，在其标称的工作电压范围内，选取10kV、20kV、30kV、40kV、50kV、60kV共6个校准点，分别读取被校直流高压发生器电压显示值、直流标准分压器测量系统读数值，按式（2-26）计算示值误差，电压示值误差校准数据见表2-7。

表2-7 电压示值误差校准数据

序号	被校直流高压发生器显示值/kV	直流标准分压器测量系统读数值/kV	绝对误差/kV	相对误差（%）
1	10.0	10.036	-0.036	-0.36
2	20.0	20.045	-0.045	-0.22
3	30.0	30.013	-0.013	-0.04
4	40.0	40.010	-0.010	-0.02
5	50.0	50.015	-0.015	-0.03
6	60.0	60.037	-0.037	-0.06

被校直流高压发生器电流示值误差校准采用图2-21所示标准电压表法进行。选取被校直流高压发生器额定电流范围内200μA、400μA、600μA、800μA、1000μA、1200μA、1400μA、1600μA、1800μA、2000μA共10个校准点，分别读取被校直流高压发生器电流显示值、标准电流换算值，按式（2-27）计算示值误差，电流示值误差校准数据见表2-8。

表 2-8　电流示值误差校准数据

序号	被校直流高压发生器显示值/μA	标准电流换算值/μA	绝对误差/μA	相对误差（%）
1	200.0	201.67	-1.67	-0.83
2	400.0	400.85	-0.85	-0.21
3	600.0	600.23	-0.23	-0.04
4	800.0	800.99	-0.99	-0.12
5	1000.0	1000.64	-0.64	-0.06
6	1200.0	1200.23	-0.23	-0.02
7	1400.0	1400.09	-0.09	-0.01
8	1600.0	1600.11	-0.11	-0.01
9	1800.0	1799.56	0.44	0.02
10	2000.0	1998.84	1.16	0.06

2.7.5　校准工作结束

每一校准项目工作结束，均需首先断开工作电源，手握放电棒绝缘端，先使用带电阻放电棒对被校直流高压发生器高压侧进行放电，再将接地线直接挂接高压侧后进行拆接或变更接线。所有校准工作完成，将被校直流高压发生器相关附件复归原位。

第3章　绝缘电阻表

3

电气设备的绝缘性能对电力系统安全运行至关重要，电气设备运行的可靠性，很大程度上取决于绝缘部分的良好与否。据统计，电力系统中50%～80%的停电事故由绝缘部分引起。电力行业主要采用预防性试验和检修体制来避免突发性故障和停电事故，绝缘电阻测量在电力设备预防试验中是一项最基本、最简单和最重要的试验项目。通过测量绝缘电阻，可以及时发现设备的绝缘体是否存在贯通的集中性整体受潮、污秽和导电通道等。因此，绝缘电阻表是电力系统最基本的常规测量仪器，在电力设备的检测和预防性试验中起着重要的作用。水内冷发电机专用绝缘电阻表与普通绝缘电阻表有显著差别，主要体现在带载能力、屏蔽吸收能力和抗干扰能力等方面。本章介绍了普通绝缘电阻表和水内冷发电机专用绝缘电阻表的基本原理和计量方法，介绍了水内冷发电机专用绝缘电阻表计量校准的实际案例。

3.1　绝缘电阻测量原理

3.1.1　绝缘介质的绝缘电阻测量

为了评判电气设备绝缘性能的好坏，对绝缘介质进行绝缘电阻的测试是最为常见的一种评价方式。绝缘性能良好的电介质，能通过其绝缘电阻值直接体现。

绝缘介质的等效图如图3-1所示。绝缘电阻测量时，在绝缘介质两端施加直流电压U，流过绝缘介质的总电流i为充电电流i_1、吸收电流i_2、泄漏电流i_3的总和。

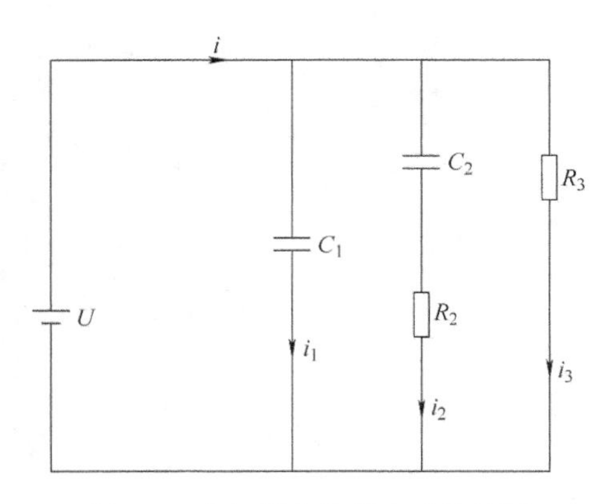

图3-1　电气设备绝缘介质等效图

C_1—绝缘体等值电容　R_2，C_2—绝缘体等值电路　R_3—绝缘介质电阻　i—总电流　i_1—电容充电电流　i_2—吸收电流　i_3—泄漏电流

充电电流是绝缘介质中的几何电容在绝缘电阻表直流电源作用下充电形成的，是一种绝缘介质快速极化形成的位移电流。由于极化时间很短，此电流瞬间即

逝。充电电流也称为几何电流。

吸收电流是由绝缘介质的缓慢极化产生的，随着时间的延长，该电流逐渐减小，最后趋于零。

泄漏电流即电导电流，其值的大小决定于绝缘介质的电导率，可认为其为全阻性电流。当外加电压恒定时，泄漏电流值的大小也随之恒定。绝缘电阻测量的实质即测量图 3-1 中 R_3 的值，该值直接反映了绝缘介质是否存在受潮、脏污等电气缺陷。

电流吸收曲线如图 3-2 所示。由图可知，在绝缘电阻的实际工程测量中，为了尽可能准确地测得绝缘介质电阻值，必须经过一定时间，待绝缘介质电流吸收完成，测量回路总电流近似只剩下泄漏电流的情况下，此时绝缘电阻表的读数才能较准确地测量出电介质的绝缘电阻值。

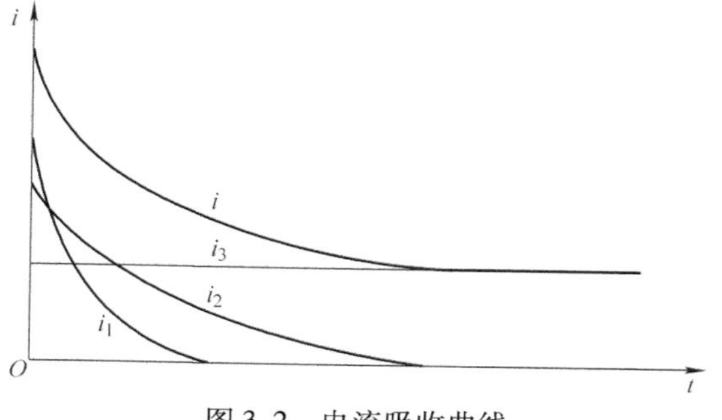

图 3-2　电流吸收曲线

一般绝缘材料的绝缘电阻值会随环境温湿度的升高而降低。相比较来说，周边环境的湿度会对表面电阻（率）影响较大，而周边环境的温度则对体积电阻（率）影响较大。湿度增大，表面的泄漏也会增大，导体的电导电流也随之增大。温度升高，则绝缘材料中载流子的运动速率会加快，绝缘材料中的吸收电流和电导电流也会随之增加，根据专业资料的报道，一般绝缘材料在温度为 70℃时的电阻值是 20℃时的 1/10。所以，我们在对绝缘电阻进行测量时，要记录被试品的温度、湿度。

在绝缘测试中，某一个时刻的绝缘电阻值不能全面反映被试品绝缘性能的优劣，主要有以下两方面原因：一方面，同样性能的绝缘材料，体积大时呈现的绝缘电阻小，体积小时呈现的绝缘电阻大；另一方面，绝缘材料在加高压后均存在对电荷的吸收比过程和极化过程。

为了更好地反映被试品的绝缘状态，在电气设备的绝缘电阻测试过程中，除了绝缘电阻值之外，还需要记录吸收比和极化指数这两项技术参数。

吸收和极化是绝缘材料在外加直流高压下呈现的固有电气特性。吸收比定义为绝缘电阻表正常测试 60s 读数值 R_{60s}与 15s 读数值 R_{15s}的比值，用字母 K 表示。极化指数定义为绝缘电阻表正常测试 10min 绝缘电阻值 R_{10min}与 1min 绝缘电阻值 R_{1min}的比值，用字母 P 表示。

绝缘电阻测试只能发现绝缘材料的贯穿性缺陷。若电介质中只存在局部缺陷，而两极之间仍然保留部分良好绝缘，此时绝缘电阻值降低很少甚至基本无变化，因此不能检测出此类缺陷。

3.1.2 普通绝缘电阻测量原理

测量一般绝缘电阻时，采用图 3-3a 所示的接法：被测绝缘电阻接在绝缘电阻表 L、E 端之间，此时由表面泄漏电流 I_L（一般由表面的灰尘和水汽所致）所引起的测量误差被忽略（误差不足以影响测量结果）。

当测量较大绝缘电阻或被测绝缘体表面漏电严重时，采用图 3-3b 所示的接法：将被测物的屏蔽环或类似部分与 G 端相连接。这样表面泄漏电流 I_L 就经由高压屏蔽端 G 直接流回仪器，而不再流经仪器的测量通道，从根本上消除了表面泄漏电流 I_L 所引起的测量误差。理论上，图 3-3b 所示的接法适用于所有要求精确测量绝缘电阻的场合。

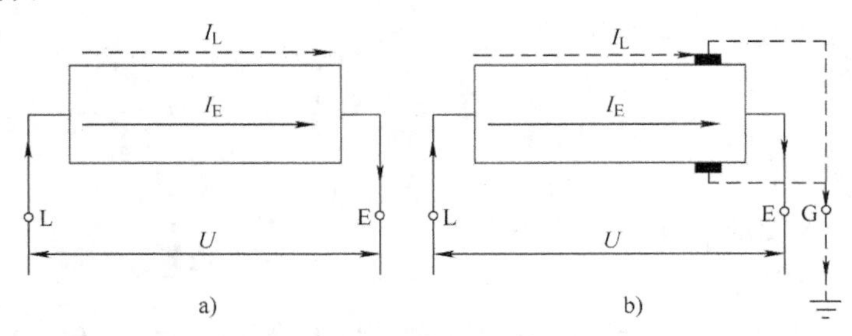

图 3-3 普通绝缘电阻测量接线

3.1.3 水内冷发电机绝缘电阻测量原理

目前大容量发电机冷却方式主要是定子水内冷，其定子绕组与循环冷却水系统的结构和连接如图 3-4 所示。发电机每个定子绕组中间都有冷却水管，用来对发电机绕组进行冷却。各支路的冷却水管连接至总进水管、出水管，并与励端水管形成了循环冷却系统。由于定子绕组与冷却水管在发电机内部没有电气绝缘，因此定子

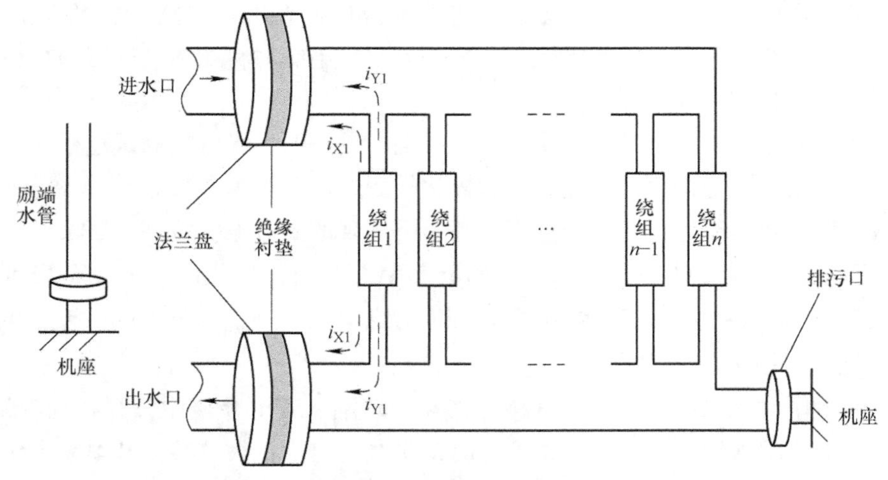

图 3-4 定子绕组与循环冷却水系统结构和连接

绕组对地的电气连接有两个并联支路，一个是定子绕组对地主绝缘，即定子绕组对地绝缘，另一个是定子绕组通过水内冷系统的对地水阻，即定子绕组对地水阻。汇水管对地的水阻主要取决于水电导率以及汇水管法兰盘与机座之间各部分的结构。

与以上结构对应的定子绕组和汇水管各支路的等效电路如图 3-5 所示。其中 C_X为定子绕组的分布电容，R_X为定子绕组的绝缘电阻，其泄漏电流为 I_X；R_Y为定子绕组对汇水管的水阻，R_H为汇水管对机座的水阻，汇水管由进水管、出水管、排污管、励端水管等各支路组成，其总泄漏电流为 I_Y。

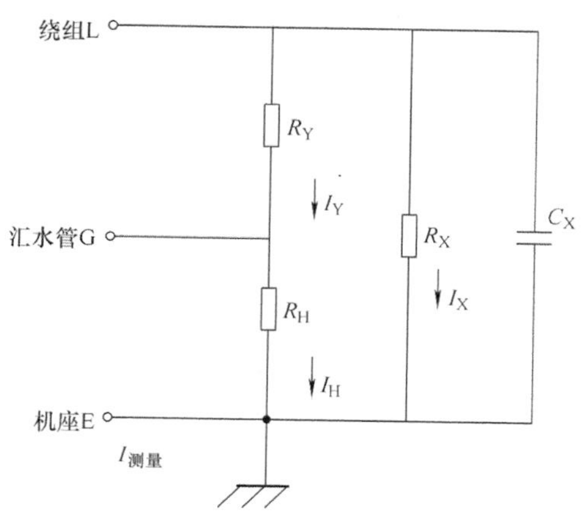

图 3-5　定子绕组和汇水管各支路的等效电路

发电机运行时，汇水管通过法兰盘与机座相连，水支路泄漏电流和定子绕组泄漏电流完全通过机座入地。测量发电机定子绕组绝缘电阻时，可以在法兰盘处将汇水管与接地连接断开，这样定子绕组对机座的水阻被一分为二，即定子绕组对汇水管的水阻 R_Y以及汇水管对机座的水阻 R_H。汇水管可以接至绝缘电阻表的屏蔽端 G，通过仪表屏蔽吸收水支路的泄漏电流 I_Y，从而保证仪器测量的电流仅为定子绕组泄漏电流 I_X，并计算得到定子绕组绝缘电阻 R_X。

3.2　绝缘电阻表类型

3.2.1　普通绝缘电阻表

绝缘电阻表又叫兆欧表（MΩ）。它用于测量电气设备（如变压器、互感器、电动机、电力电缆、避雷器）等的绝缘电阻。绝缘电阻表测量原理不同分为模拟指示的绝缘电阻表和通过电子器件对被测信号进行变换和处理的电子式绝缘电阻表。普通绝缘电阻表的额定电压分为 2500V 和 5000V，其输出电压、电流和功率的关系见表 3-1。

表 3-1　普通绝缘表输出电压、电流和功率的关系

额定电压 U_0/V	输出端电压（$0.9U_0$）/V	输出电流/mA	输出功率/W
2500	2250	3～5	10 以下
5000	4500	3～5	10 以下

电子式绝缘电阻表如图 3-6 所示，通过电子器件对直流电源进行 DC/DC 变换给测量端子 L、E 提供测量电压，由 IC 或 CPU 等组成的电子电路对被测信号进行变换和处理，由磁电式电流表或数字表显示被测绝缘电阻值。

直接作用模拟指示的绝缘电阻表如图 3-7 所示，以 ZC－7 型绝缘电阻表为例，由手摇发电机和磁电系比率表两部分构成。手摇发电机发出交流电压经倍压整流成直流电压，此电压加在比率表的电压回路和电流回路（串联被测绝缘电阻 R_X）构成的测量回路中，根据两回路的电流比值在测量机构的固有磁场中形成指示值。

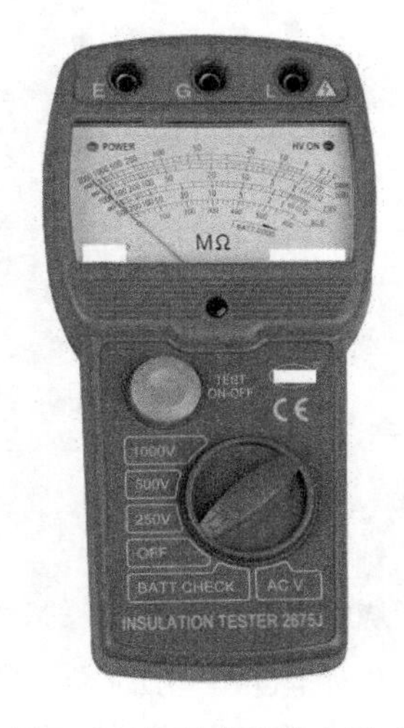

图 3-6　电子式绝缘电阻表

图 3-7　直接作用模拟指示的绝缘电阻表

3.2.2　水内冷发电机专用绝缘电阻表

水内冷发电机专用绝缘电阻表如图 3-8 所示，是用于测量水内冷发电机和水内冷调相机定子专用电子式绝缘电阻表。一般被测的绕组绝缘电阻泄漏电流 I_X 为 μA 量级，而水支路泄漏电流 I_Y 为 10mA 量级以上，超过被测信号的 10000 倍。为了在这么大背景干扰下准确测量微弱的泄漏电流，要求水内冷发电机专用绝缘电阻表需要与普通绝缘电阻表有以下不同：

图 3-8　水内冷发电机专用绝缘电阻表

1）水内冷发电机专用绝缘电阻表的输出容量大，带载能力强。为了保障绝缘测试的有效性，DL/T 845.1—2019《电阻测量装置通用技术条件　第 1 部分：电子式绝缘电阻表》要求仪器实际输出的端电压不低于额定电压的 90%。根据表 3-2 绝缘电阻表输出电压、电流和功率的关系可以看出，如果水阻 R_Y 为 100kΩ，绝缘电阻表的端钮电压维持在 0.9×2.5kV＝2.25kV，则绝缘电阻表输出电流需达到 22.5mA，输出功率不低于 51W；如果水阻 R_Y 为 100kΩ，绝缘电阻表的端电压维持在 0.9×5kV＝4.5kV，则绝缘电阻表输出电流需达到

45mA，输出功率不低于203W。普通绝缘电阻表的短路电流一般不超过2mA～5mA，输出功率不超过10W。直接用来测量水内冷发电机时，端电压会严重跌落，甚至被拉低至0V。另外，由于发电机结构特殊，其定子绕组对地有较大的分布电容，绝缘电阻表需要快速对分布电容充电，才能有效测量出定子绕组的绝缘电阻。因此，专用绝缘电阻表需要有足够大的输出容量和带载能力，才能保证绝缘电阻测试是有效的。

表3-2　水内冷发电机专用绝缘电阻表输出电压、电流和功率的关系

额定电压 U_0/V	输出电压（$0.9U_0$）/V	输出电流/mA	输出功率/W
2500	2250	25	62.5
5000	4500	50	225

2）水内冷发电机专用绝缘电阻表需要有较强的屏蔽吸收能力。普通绝缘电阻表基本都具有屏蔽端，主要用来屏蔽吸收被测试品的表面泄漏电流，其量级一般不超过mA量级。而水内冷发电机专用绝缘电阻表需要屏蔽吸收数十毫安的水阻泄漏电流，这一点是普通绝缘电阻表无法做到的。因此，专用绝缘电阻表需要具有屏蔽吸收十几至几十毫安电流的能力，才能保障定子绕组绝缘电阻的测量不会受水阻泄漏电流的影响。

3）水内冷发电机需克服极化电势影响。水内冷发电机定子绕组绝缘测试时，在汇水管和机座之间常会出现极化电势，对绝缘电阻测试造成干扰。专用绝缘电阻表需要克服此极化电势的影响，才能真实有效的测出定子绕组绝缘电阻。普通绝缘电阻表不具备抑制此干扰的功能。

这些特殊的性能要求使得水内冷发电机专用绝缘电阻表在原理、结构、性能特点等方面有别于普通绝缘电阻表。水内冷发电机专用绝缘电阻表由供电模块、升压模块、采样模块、屏蔽模块、处理器模块、按键模块和显示模块等组成，如图3-9

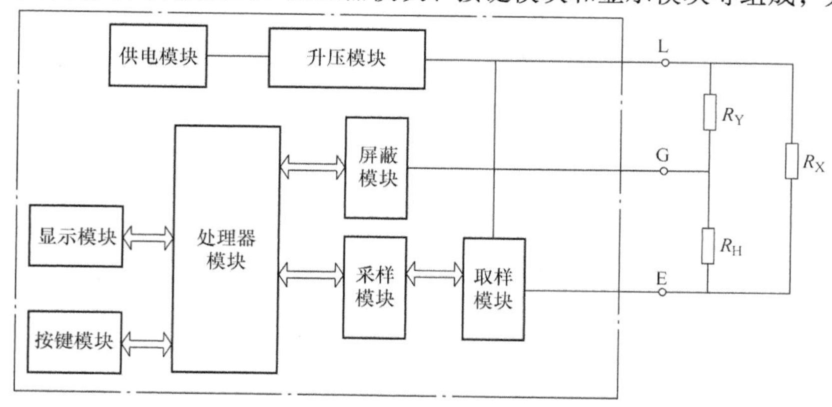

图3-9　绝缘电阻表原理框图

R_X—被测绝缘电阻　R_Y—发电机线路端子对汇水管的水支路等效电阻

R_H—发电机汇水管对机座的水支路等效电阻　L—测试仪线路端子　G—测试仪屏蔽端子

E—测试仪基座端子

所示，采用低压屏蔽法，通过屏蔽模块消除水回路电流的影响，由采样模块获取被试品绝缘电阻 R_X 的电压和回路中的电流，从而获得 R_X 的计算值。

3.3 绝缘电阻表计量方法

3.3.1 普通绝缘电阻表计量方法

目前，对普通绝缘电阻表的计量检定主要依据国家计量检定规程 JJG 1005—2019《电子式绝缘电阻表检定规程》，其主要检定项目和计量方法内容如下。

1. 示值误差

示值误差检定接线如图 3-10 所示，在测试仪各量程对应的额定电压下，取被检量程内 3 ~ 5 个检定点，应包括量程的 10%、50%、90% 附近的值；调节高压高阻标准器设定值 R_s，并读取被校测试仪示值 R_x，按式（3-1）或式（3-2）计算示值误差。

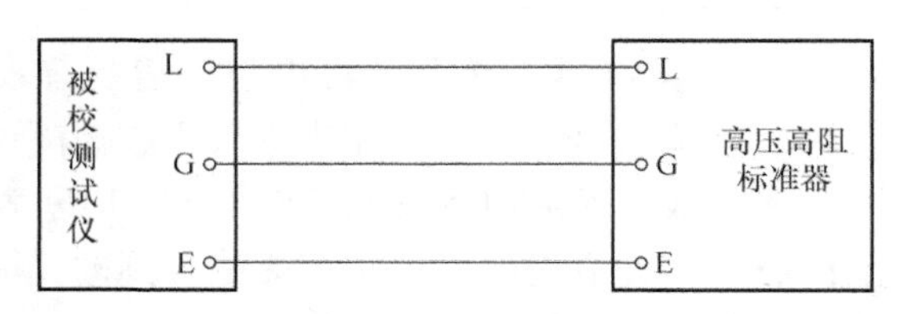

图 3-10　示值误差检定接线

$$\delta = R_x - R_s \tag{3-1}$$

$$\gamma = \frac{R_x - R_s}{R_s} \times 100\% \tag{3-2}$$

式中　δ——示值绝对误差（MΩ 或 GΩ）；

γ——示值相对误差。

2. 端电压

（1）开路电压误差　按图 3-11 接线，在高压开关 K 断开时，被校测试仪的各额定电压下，闭合高压开关 K，读取被校测试仪的端电压示值 U_x 与电压表的示值 U_s，按式（3-3）计算开路电压示值误差 λ。依据 JJG 1005—2019，绝缘电阻表开路电压不应超过 $1.2U_0$，且不低于 U_0。

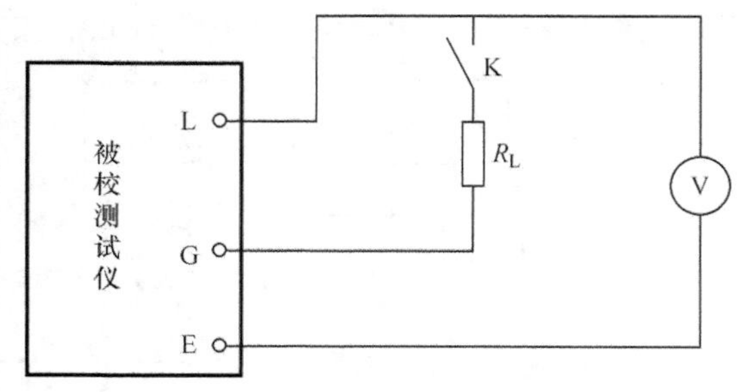

图 3-11　端电压检定接线

R_L—跌落电阻　V—电压表　K—高压开关

$$\lambda = \frac{U_x - U_s}{U_s} \times 100\% \tag{3-3}$$

（2）跌落电压　跌落电压的测量也按图 3-11 接线，设置跌落电阻 R_L 为 100kΩ，在被校测试仪的各额定电压下，闭合高压开关 K，开启高压，读取电压表的示值 U_s。绝缘电阻表的跌落电压不应低于 $0.9U_0$。

3.3.2　水内冷发电机专用绝缘电阻表计量方法

目前国内尚未正式出台针对水内冷发电机专用绝缘电阻表的计量标准，依照现有导则和规范，在对水内冷发电机专用绝缘电阻表的示值误差进行检测时，仅使用高阻箱作为标准器得到绝缘电阻表的显示误差。由于没有考虑这种专用绝缘电阻表的实际工况，检验合格的专用绝缘电阻表到现场很可能满足不了使用要求，而且客户也无法通过型式试验或计量检定甄别这种专用绝缘电阻表的现场适应性，导致现场检测数据不稳定，可信度低，给水内冷发电机绝缘电阻测试带来很大困难。本节根据水内冷发电机专用绝缘电阻表的使用工况和特性，介绍了其计量方法。

1. 示值误差

示值误差检定接线如图3-10所示，在被校测试仪各量程对应的额定电压下，取被校量程内10个校准点，校准点应包括量程的10%、50%、100%附近的值；调节高压高阻标准器设定值 R_s，并读取被校测试仪示值 R_x，按式（3-1）或式（3-2）计算示值误差。

2. 端电压

（1）开路电压误差　校准接线如图3-11所示。在开关K断开的状态下，被校测试仪的各额定电压时，开启高压，读取被校测试仪的端电压显示值 U_x 与电压表的示值 U_s，按式（3-3）计算开路电压示值误差。

（2）跌落电压　接线如图3-11所示，设置跌落电阻 R_L 为100kΩ，将开关K闭合，在被校测试仪的各额定电压下，开启高压，读取电压表的示值 U_s。

3. 附加误差

（1）水回路负载　试验接线如图3-12所示，调节高压高阻标准器设定值 R_s 分别为100MΩ和1GΩ，在被校测试仪各量程对应的额定电压下，开启高压，读取被校测试仪示值 R_x，按式（3-1）或式（3-2）计算示值误差。

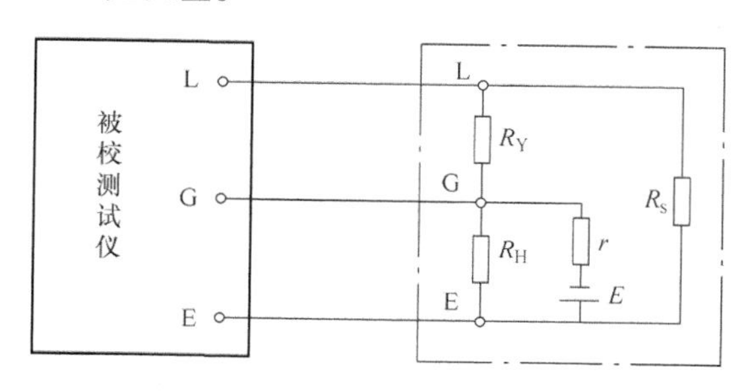

图3-12　水回路引入误差试验接线

R_Y、R_H—水阻　R_s—高压高阻标准器

E—标准直流电压源　r—保护电阻

（2）容性负载　试验接线如图3-13所示，将电容量为0.3μF的高压电容器充电至被校测试仪工作电压，调节高压高阻标准器设定值 R_s 分别为100MΩ和1GΩ，在被校测试仪各量程对应的额定电压

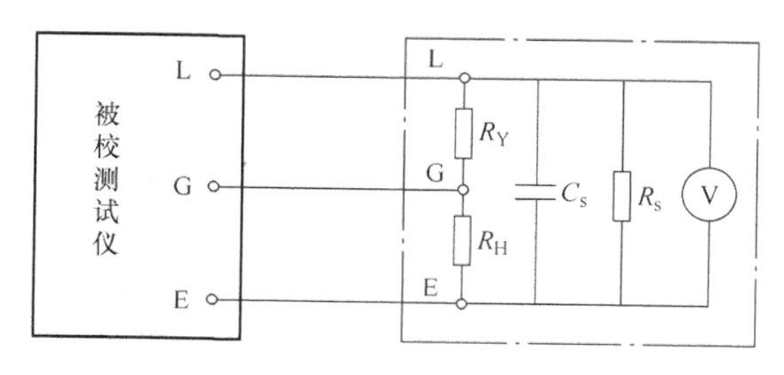

图3-13　容性负载引入误差试验接线

C_s—试验电容器

下，开启高压，读取被校测试仪示值 R_x，按式（3-1）或式（3-2）计算示值误差。

3.4 现场检测案例分析

3.4.1 现场试验概况

水内冷发电机定子绕组绝缘电阻试验是发电机检修中的一项重要试验。在同一个电厂通常有多台发电机组，并且发电机组的容量、结构、生产制造厂可能不一样。复杂的现场工况以及发电机组本身的差异给机组运行检修工作带来了不同挑战，因此，需要水内冷发电机专用绝缘电阻表能适应各种工况，在现场得到真实、可靠的测量数据。

某水电厂有发电机组十余台，主要为两种机型。一种为 VGS 机组，容量为 660MW，运行状况下水电导率一般控制在 1.7μS/cm 左右，极限条件下，水电导率可能会升高至不超过 1.75μS/cm。另一种为 Alston 机组，运行状况下水电导率一般控制在不超过 0.2μS/cm。为了准确测量两种类型发电机组的定子绕组绝缘电阻，使用 KDDQ 2678D 水内冷发电机专用绝缘电阻表在该电厂停电机组上进行了相关试验，具体情况如下。

3.4.2 VGS 机组现场试验

首先对 VGS 机组进行试验。为了考核 KDDQ 2678D 水内冷发电机专用绝缘电阻表在 1.7μS/cm 以上电导率范围下高压源输出情况和绝缘电阻测量情况，试验时首先将电导率升高至 1.85μS/cm 以上，再逐步降低电导率至 1.7μS/cm 左右。与此同时，在不同电导率情况下测量定子绕组绝缘电阻。测量结果见表 3-3，现场测试如图 3-14 所示，现场极化电势在 50mV 左右。

表 3-3 VGS 机组定子绕组绝缘电阻测量

电导率/(μS/cm)	水阻/kΩ	额定电压/V	实际输出电压/V	R_{15s}/MΩ	R_{60s}/MΩ	吸收比
1.85	28.11	5000	4394	86.02	239.2	2.78
1.76	29.55	5000	4450	91.12	242.9	2.66
1.73	30.17	5000	4464	91.12	242.9	2.66
1.71	30.30	5000	4496	92.34	221.1	2.39

KDDQ 2678D 除了具有绝缘电阻测量功能之外，还具有端口电压测量、水阻测量、极化电势补偿等功能，方便了解现场工况。从测量数据可以看出，随着水电导率的降低，对应的水阻逐步从 28.11kΩ 升高至 30.30kΩ，绝缘电阻表的实际输出电压也从 4394V 升高至 4496V。不同电导率情况下测量的 R_{15s}、R_{60s}、吸收比等参数在同一量级。特别是当电导率在 1.76μS/cm ~ 1.71μS/cm 范围时，测量的数据

一致性较高，额定电压为 2500V 和 5000V 时测量数据基本一致。

以上数据说明 KDDQ 2678D 水内冷发电机专用绝缘电阻表高压输出能满足 VGS 机组电导率和水阻的要求，并能在此工况下获得有效的绝缘电阻测量数据。

图 3-14　VGS 机组现场测试

3.4.3　Alston 机组现场试验

对 Alston 机组进行试验。该机组水电导率在试验期间一直控制在 0.2μS/cm 左右，极化电势在 20mV 左右。使用 KDDQ 2678D 水内冷发电机专用绝缘电阻表进行了测试，Alston 机组定子绕组绝缘电阻测量值见表 3-4。

表 3-4　Alston 机组定子绕组绝缘电阻测量

电导率/(μS/cm)	水阻/kΩ	额定电压/V	实际输出电压/V	R_{15s}/MΩ	R_{60s}/MΩ	吸收比
0.20	477.8	5000	5056	143.5	222	1.54
0.20	473.6	5000	5060	163.1	248	1.52
0.21	452.7	2500	2576	107.8	167.9	1.56

从测量的水阻来看，由于 Alston 机组水电导率低，通水情况下水支路电阻为 450kΩ ~470kΩ，远高于 VGS 机组，水内冷发电机专用绝缘电阻表实际输出的端口电压也高于额定电压，说明低电导率、高水阻对专用绝缘电阻表的输出功率要求低很多。KDDQ 2678D 水内冷发电机专用绝缘电阻表在不同额定电压情况下绝缘电阻和吸收比测量结果非常接近，满足 Alston 机组电导率和水阻的要求，并能在此工况下获得有效的绝缘电阻测量数据。

第4章　氧化锌避雷器阻性电流测试仪

4

我国自20世纪80年代以来已有大量的氧化锌避雷器投入电网运行，虽然其中绝大多数运行状况良好，但对于已投运了多年的避雷器，其是否开始老化，非线性特性是否发生变化等情况受到愈来愈多的关注。为了评估氧化锌避雷器的运行状态，技术人员研发了各种检测手段。其中，氧化锌避雷器的阻性电流监测对设备故障的早期识别最为灵敏。运行中的避雷器内部受潮或长期承受运行电压及过电压作用下发生的老化等绝缘缺陷，都会导致避雷器泄漏电流中的阻性分量增加，从而加速老化。氧化锌避雷器的老化在电力系统中是十分危险的，如不及时发现并加以检修或者更换，将酿成重大安全事故。

氧化锌避雷器阻性电流测试仪和阻性电流在线监测装置是通过测量氧化锌避雷器的阻性电流、全电流、容性电流来判断氧化锌避雷器的损耗是否满足电网安全运行要求。它们能在不停电时对氧化锌避雷器进行测试，及时发现异常现象和事故隐患。需要说明的是，氧化锌避雷器阻性电流测试仪与阻性电流在线监测装置的基本测量原理是类似的，但是在计量方法上所区别。本章主要介绍应用最广泛的一类仪器——氧化锌避雷器阻性电流测试仪。

4.1　氧化锌避雷器的应用和工作原理

4.1.1　氧化锌避雷器的应用

氧化锌避雷器是世界公认的当代最先进的限制过电压电器，最早出现于20世纪70年代中期。它具有保护可靠性高、通流容量大、陡波响应特性良好等优点，因而被广泛应用。它由若干片密封在避雷器外套内的氧化锌阀片组成。氧化锌阀片具有非常优异的非线性特性：在电网运行电压下，它的电阻很大，流过氧化锌阀片的泄漏电流一般为几毫安，因此避雷器相当于绝缘体。在线路受雷电侵入过电压或操作过电压时，避雷器电阻瞬间变得很小，流过避雷器的电流达数千安，释放过电压能量，从而防止了过电压对输变电设备的侵害。

正常情况下，电力系统中的所有一次设备都在额定电压下工作，设备运行电压波动很小。然而，电力系统也会经常出现过电压的情况。所谓过电压，是指电力系统在特定条件下所出现的超过工作电压的异常电压升高，属于电力系统中的一种电磁扰动现象。电力设备的绝缘强度能长期承受工作电压，同时还必须能够承受一定幅度的过电压，这样才能保证电力系统安全可靠地运行。

当系统遭到雷击、故障情况时，系统电压会升高很多，电网电压会瞬间高出正常电压几倍甚至几十倍，这种情况下所有的系统设备绝缘将难以承受，被击穿甚至损毁。这时，就需要避雷器这种重要的一次设备来保护其他电气设备。当被保护设备在正常工作电压下运行时，避雷器不会产生作用，对地面来说视为断路。一旦出现高电压，且危及被保护设备绝缘时，避雷器立即动作，将高电压冲击电流导向大地，从而限制电压幅值，保护电气设备绝缘。当过电压消失后，避雷器迅速恢复原状，使系统能够正常供电。从原理上概括，避雷器的主要作用是通过并联放电间隙或非线性电阻的作用，对入侵流动波进行削幅，降低被保护设备所受过电压值，从而达到保护电气设备的作用。避雷器不仅可用来防护大气高电压，也可用来防护操作高电压。

4.1.2 氧化锌避雷器的工作原理

氧化锌避雷器的阀片具有压敏特性，如图 4-1 所示。氧化锌在受外加电压作用时，存在一个阀值电压，即压敏电压（U_C）。当外加电压高于该值时即进入击穿电压区，此时电压的微小变化就会引起电流的迅速增大，变化幅度由非线性系数来表征。这一特征使氧化锌压敏材料在各种电路的过电流保护方面得到了广泛的应用。阀片可大致划分为 3 个工作区：小电流区、限压工作区和过载区。在小电流区，阀片中电流很小，呈现出高阻状态，在系统正常运行时，氧化锌避雷器中的压敏电阻阀片就工作于此区。在限压工作区，阀片中流过的电流较大，特性曲线平坦，压敏电阻发挥对过电压的限压作用，在此区内的非线性指数为 0.015 ~ 0.05。在过载区，阀片中流过的电流很大，特性曲线迅速上翘，电阻显著增大，限压功能恶化，

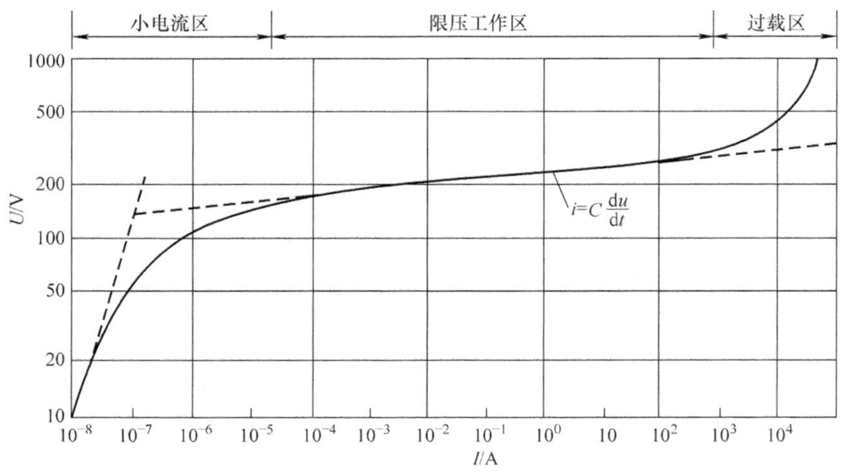

图 4-1 氧化锌避雷器阀片的伏安特性

阀片出现电流过载。

氧化锌避雷器虽然与其他防雷设备（例如碳化硅避雷器）相比，具有很多优点，各种性能特性也有很大提升，但是在运行中，也发现一些问题。由于氧化锌避雷器没有串联间隙，在电网运行电压的作用下，其本体要流通电流，因此电流中的阻性分量产生有功功率，使阀片发热，继而引起伏安特性的变化，这是一个正反馈的过程。长期作用将导致氧化锌阀片老化，直至出现热击穿。此外，由于阀片是非线性元件，在周期性的停电试验（一般以一年或几年为周期）中，由于阀片是非线性元件，即使避雷器已发生劣化，试验时也无法发现任何问题，但可能在运行几个月后突然爆炸，导致大面积的停电事故，这充分说明，对氧化锌避雷器的性能判断，需要依赖带电检测或在线监测技术，更为频繁地监测其运行状态。

在电网线路中，氧化锌避雷器接在相线与接地点之间，在其正常运行时，它可以等效为一个可变电阻与一个固定电容的并联电路，等效电路如图 4-2 所示，电流矢量如图 4-3 所示。由图 4-2 与图 4-3 可知，在线路中运行电压 U_X的作用下氧化锌避雷器阀片流过的总泄漏电流为 I_X。I_X中包含了阻性电流 I_R与容性电流 I_C。由电工原理可以知道，I_R与 U_X应该是同相位的，而 I_C与 U_X之间的相位差为 90°。I_X与 U_X之间的夹角 Φ 被称为功率因数角，其余弦值也被称为功率因数。随着 I_X与 I_R的比例变化，功率因数角也会发生变化。在正常运行情况下，I_R与 I_X比值为 1/10 ~ 1/5。

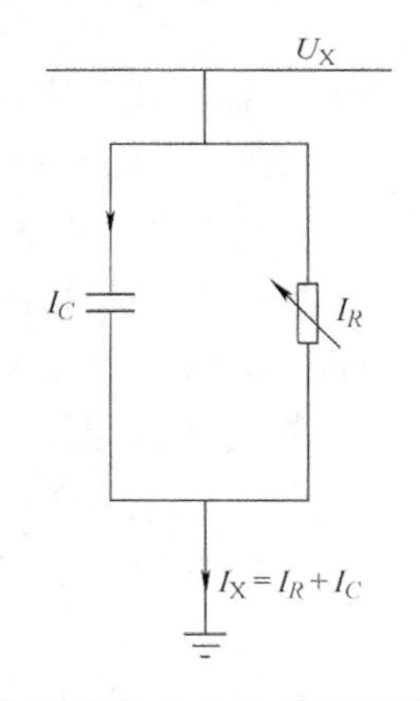

图 4-2　运行中的氧化锌避雷器的等效电路

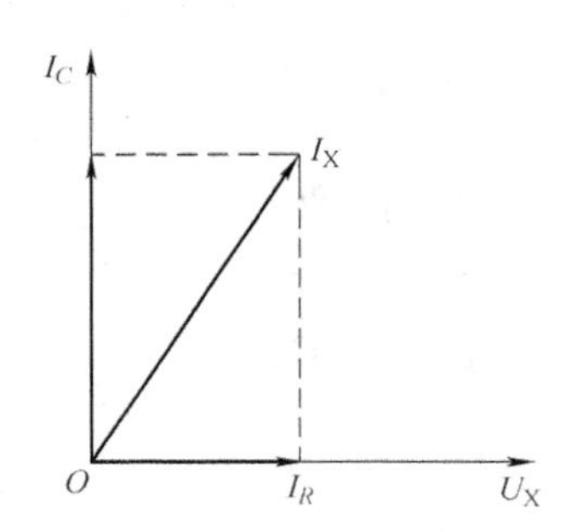

图 4-3　运行中的氧化锌避雷器电流矢量

氧化锌避雷器在长期工作电压的 0.5 到参考电压内的伏安特性，是确定劣化程度的一个有效方法。在运行情况下，流过避雷器的主要电流为容性电流，而阻性电流只占很小一部分。但当内部老化、受潮等绝缘部件受损以及表面严重污秽时，容性电流变化不多，而阻性电流却大大增加，因此通过测量氧化锌避雷器阻性电流的变化，就可以了解氧化锌避雷器的运行状况，及时发现避雷器是否进水受潮以及检测阀片是否老化或劣化等。一般来说，氧化锌避雷器的阻性电流值在正常运行情况下占全电流的 10% ~20%。如果测试值在此范围内，一般可判定该氧化锌避雷器运行良好；如果阻性电流值占全电流的 25% ~40%，可增加检测频度，密切关注其变化趋势，并做数据分析判断；如果阻性电流值占全电流的 40% 以上时，可以考虑退出运行，进一步分析故障原因。

4.2 氧化锌避雷器的特性及试验项目

4.2.1 氧化锌避雷器发生劣化的原因

对线路中的避雷器定期检测能够有效排除事故隐患，保证电力系统安全运行，提高供电质量。在电力系统中，引起氧化锌避雷器发生劣化的情形主要有 3 种：

1. 长期工作电压的影响

氧化锌避雷器在运行中通过泄漏电流，长期的工作会使其泄漏电流持续增加，从而引起避雷器劣化，特别是其泄漏电流阻性分量的增加，影响更为显著。已有研究表明，采用现代工艺生产的氧化锌避雷器，其泄漏电流能基本保持不变甚至稍有下降，使避雷器在工频电压下稳定工作。

2. 冲击电压的作用

当氧化锌避雷器遭受过电压冲击时，避雷器中出现的冲击电流会改变其伏安特性，使避雷器发生劣化。当电流达到 kA 级时，阀片的伏安特性曲线会上翘，电压剧增，已经无法达到限制过电压的目的，还有可能损坏整个避雷器。

3. 环境因素

氧化锌避雷器的运行受周围环境的干扰，如表面积污染、内部受潮等都会改变其伏安特性，使避雷器的泄漏电流增加很多，其影响程度比过电压还严重。避雷器的泄漏电流 I_X 与电压 U/U_c（U 为实际工作电压，U_c 为长期工作电压）之间的关系，如图 4-4所示（图中曲线 1 是新阀片，曲线 2 是过电压冲击造成的劣化，曲线 3 是环境因素引起的劣化）。

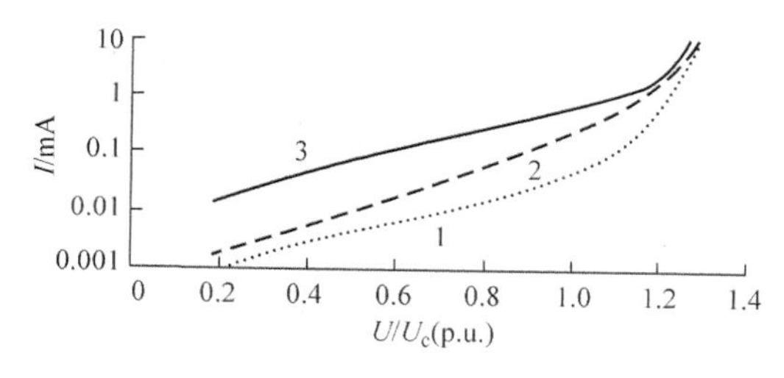

图 4-4 避雷器的泄漏电流与电压的关系

4.2.2 氧化锌避雷器的试验项目

氧化锌避雷器能抑制雷电过电压及系统操作过电压对电力系统带来的危害。氧化锌避雷器正常运行时，虽然其能承受的电网运行电压较高，但是流过阀片的电流很小。当氧化锌避雷器出现故障时，流过阀片的电流会增大，同时导致其损耗增大，阀片发热老化，甚至热击穿。因此，有必要对氧化锌避雷器的阻性电流及其他运行特征指标进行周期监测。

目前，比较常见的氧化锌避雷器的试验项目有：①绝缘电阻测量；②直流参考电压和直流参考电压的 0.75 下的泄漏电流测量；③检查放电计数器动作情况；

④阻性电流测试；⑤红外测温。其中，最常见且对故障比较灵敏的，就是阻性电流测试。通常，检修人员需要借助氧化锌避雷器阻性电流测试仪来完成检测工作，有时也利用同原理的在线监测装置进行定期的监测。

氧化锌避雷器阻性电流的带电检测，已成为电气试验的常规项目之一，它对故障预警具有重要的意义。因此，氧化锌避雷器阻性电流测试仪在各电力公司检修班组、运维部门等都有大量的应用。自 2010 年起，国家电网有限公司正在深入推进状态检修工作，在实施状态检修工作实践中，氧化锌避雷器阻性电流在线监测装置也有大量安装。

4.3 氧化锌避雷器阻性电流测试仪的工作原理

无论是采用在线监测装置还是氧化锌避雷器阻性电流测试仪，其测量阻性电流的原理是基本相同的，本节以氧化锌避雷器阻性电流测试仪为例，介绍了此类仪器的工作原理。氧化锌避雷器阻性电流测试仪可通过测量氧化锌避雷器两端电压和流过阀片的电流，得到电压有效值 U、电流有效值 I 和 I 超前 U 的相位角 Φ。在现场带电测量的情况下，U 是运行电压，I 是氧化锌避雷器的全电流。

由前文可知道，需要测量流过氧化锌避雷器阀片的阻性电流，就必须知道流经它的全电流 I_X 与电压、电流夹角 Φ。因此在测量时，需要同时取得电压、电流信号。由于在运行时，电压母线的电压很高，无法直接从高压线上直接对电压信号进行采样，因此，现在普遍采用且精度最高的测量方法是在待测氧化锌避雷器同相的电压互感器（TV）二次侧取电压信号。需要说明的是，采用这种间接测量电压的方法，可能会引入角度测量的误差。高压线路普遍采用 0.5 级或精度更高的电压互感器，以 0.5 级电压互感器为例，它的最大允许角度误差为 0.33°。从氧化锌避雷器运行状态评价来看，1°以内的误差都可以接受，而仪器自身的角度误差可以控制在 0.1°以内，因此电压互感器二次侧取电压信号是一种比较准确的测量方法。如果三相电压对称性良好，则可通过某一相电压互感器的二次电压推算出其他两相的参考电压。该方法的原理是，仪器可以补偿 120°或 240°推算出其他相的相位。采用电压互感器的二次电压取信号的现场接线图如图 4-5

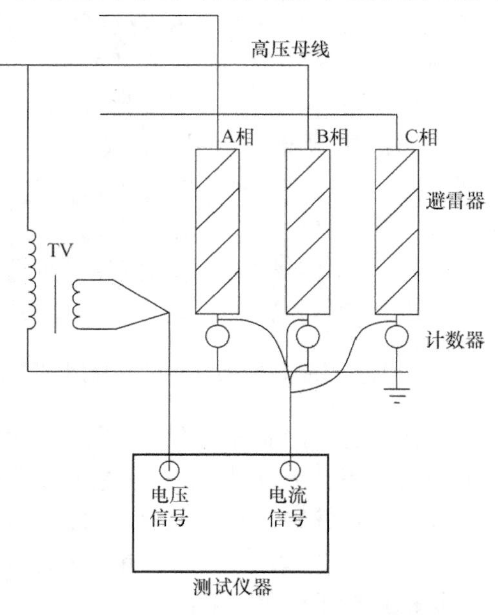

图 4-5 采用电压互感器的二次电压取信号的现场接线图

所示。

此外，现场取参考电压方法还有检修电源法与感应板法。检修电源法，即采用交流检修电源 220V 电压为虚拟参考电压，再通过相位补偿求出参考电压。感应板法，即将感应板放置在氧化锌避雷器底座上，与高压导体之间形成电容；仪器利用电容电流做参考对氧化锌避雷器总电流进行分解。这两种方法不如在电压互感器二次侧取信号法准确。但是相较于在电压互感器二次侧取信号的方法，这两种方法比较方便，因此在现场也有一定应用。

无论用何种方法取得参考电压，氧化锌避雷器阻性电流测试仪的内部数据处理原理都是相似的。测试仪通过电流测量线将避雷器的电流引入测试仪电流采样单元，同时将电压采样单元根据取样原理不同连接到相应区域，采集电压信号。电流信号经程控放大单元到达电流信号处理控制单元，电压信号经电压信号处理控制单元到达无线信号发送单元和接收单元，测量出电压、电流和角度，电流、电压和角度信号经 CPU 处理器计算出阻性电流、容性电流、有功功率等参数。氧化锌避雷器阻性电流测试仪的工作原理如图 4-6 所示，实物图如图 4-7 所示。

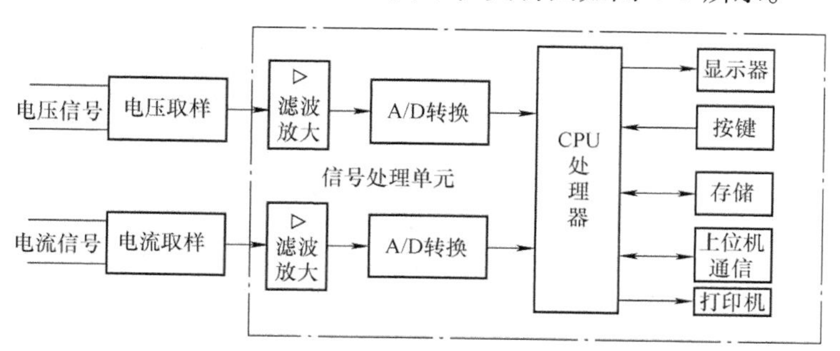

图 4-6　氧化锌避雷器阻性电流测试仪的工作原理

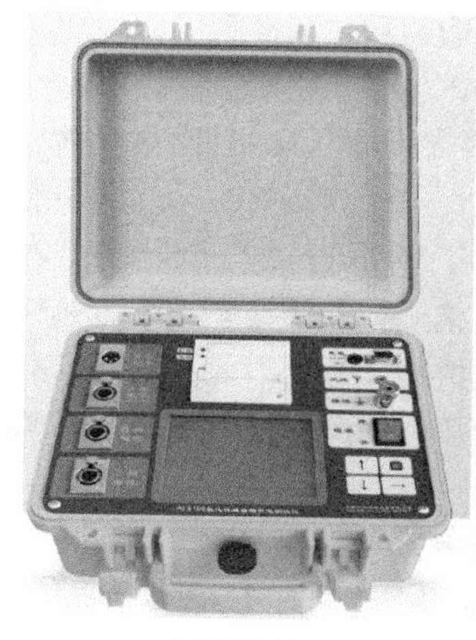

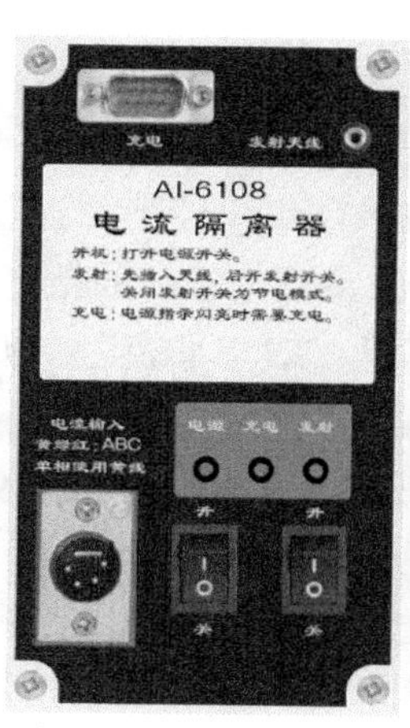

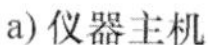

a) 仪器主机　　b) 电压采集器　　c) 感应板电压采集器

图 4-7　氧化锌避雷器阻性电流测试仪实物图

4.4 氧化锌避雷器阻性电流测试仪的计量方法

由于氧化锌避雷器阻性电流测试仪在电力系统中的广泛应用，针对它的计量方法和仪器质量评价也成为研究热点，工程人员、高校及科研院所在最近二十年做了大量的工作，发表了很多关于校验装置开发及校验方法的论文、专利，在标准规范编制上，也有许多成果。据不完全统计，目前普遍采用的计量标准规范有 DL/T 1694.5—2017《高压测试仪器及设备校准规范 第5部分：氧化锌避雷器阻性电流测试仪》、JJF（机械）1022—2018《氧化锌避雷器泄漏电流测试仪校准规范》、JJF（浙）1082—2012《氧化锌避雷器阻性电流测试仪校准规范》等。下文结合这些标准及研究成果，对仪器校准的方法进行介绍。

目前市场上对于绝大多数氧化锌避雷器阻性电流测试仪，各参数测量范围如下：全电流：0.1mA～20mA；参考电压：20V～250V；阻性电流：0.1mA～10mA。电压、电流的准确度等级一般为2级或5级。这个测量范围和准确度与现场氧化锌避雷器实际的运行参数相适应。要强调的是，需要对全电流测量和阻性电流测量都进行校准，否则，校准结果将无法保证现场测量氧化锌避雷器阻性电流的量值准确。与之相关的，氧化锌避雷器阻性电流测试仪计量装置应够覆盖测试仪的参考电压、全电流、阻性电流、相位差等主要参数的测量范围，在关键参数的计量性能上完全能满足对测试仪进行检测工作的技术要求。从本质上看，氧化锌避雷器阻性电流测试仪是一个在特定量程和功率因数下测量电压、电流的功率表，因此对它的计量原理可参考功率表的计量，只是在具体选点和测量参数上稍有不同。一般来说，计量机构采用0.5级或0.2级的标准表或标准源作为标准器对准确度等级相近的仪器进行计量。

在功率表计量领域，标准源法和标准表法两种原理的测量标准器都被各类计量机构广泛采用。相比较而言，标准表法的准确度等级/最大允许误差更优。用以校准氧化锌避雷器阻性电流测试仪的标准表的准确度等级大多为0.02级或0.05级，有些高端的表计甚至更优，而用以校准氧化锌避雷器阻性电流测试仪的标准源的准确度等级大多为0.2级、0.1级。从测试仪本身的精度考虑，两种方法都能满足溯源的不确定度要求，然而，标准源法相对标准表法在实施上要方便很多，因为标准表法不仅需要标准功率表作为标准器，还需要一个稳定的功率源，因此，采用标准源法的氧化锌避雷器阻性电流测试仪计量装置相对比较多，因此本节将会以标准源法为基础，介绍测试仪的计量方法。

随着状态检修工作的推进，电网运维部门借助监测装置对运行中的电气设备获得反映其健康状况的基础数据，因此监测装置计量性能的准确可靠显得十分重要，否则将直接导致错误基础数据的获得和错误状态检修决策的制定，给系统和用户造成重大经济损失。因此，为保证氧化锌避雷器阻性电流在线监测装置计量性能的准确可靠，需定期对其进行计量校准。本节也对此类装置运行中的校准进行了阐述。

4.4.1　氧化锌避雷器阻性电流测试仪的校准

氧化锌避雷器阻性电流测试仪的校准项目主要有参考电压、参考相位、全电流、阻性电流 4 个项目。

1. 参考电压校准

根据 4.3 节所述，无论采用何种方法测量，氧化锌避雷器阻性电流测试仪都需要测量参考电压，以确定参考整个避雷器运行的相位基准。从另一个角度上来说，氧化锌避雷器阻性电流测试仪除测量电流之外，也有电压测量的功能。因此，从计量的角度来说，也需要对参考电压进行校准。

采用标准源法校准氧化锌避雷器阻性电流测试仪示意图如图 4-8 所示。改变标准功率源的电压输出值，在被校测试仪参考电压测量范围内至少选取 5 个点，按式（4-1）计算被校测试仪参考电压测量误差。

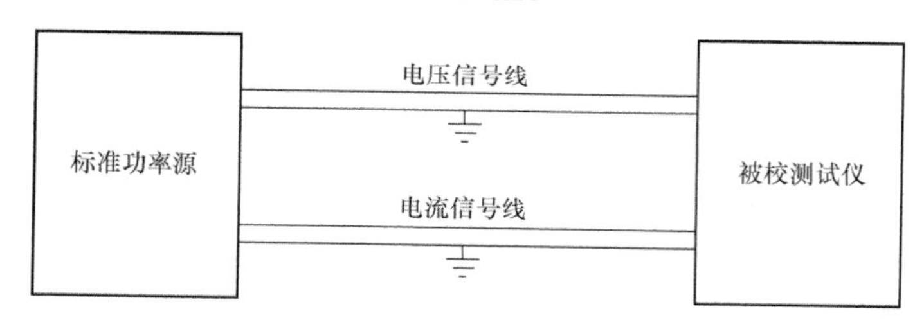

图 4-8　采用标准源法校准氧化锌避雷器阻性电流测试仪示意图

$$\gamma_U = \frac{U_x - U_s}{U_s} \times 100\% \tag{4-1}$$

式中　γ_U——参考电压测量示值误差；

U_x——参考电压测量示值（V）；

U_s——标准参考电压设定值（V）。

2. 参考相位校准

为了电力系统的稳定，电网的运行电压会随电网负载情况变化，这种变化会影响流过避雷器的全电流 I 和阻性电流 I_R，但电压、电流的相位差 Φ 不受影响。因此稳定运行的避雷器中，全电流 I 和阻性电流 I_R 等比例变化。对于避雷器阻性电流测试仪，测量阻性电流的方法就是测量全电流 I 和电压、电流的相位差 Φ 两个物理量，通过电工原理计算阻性电流 I_R。由于正常运行的氧化锌避雷器，电压、电流的相位差 Φ 一般为 77°～87°。在这个避雷器运行的角度范围，很微小的角度测量偏差就会在阻性电流测量时引入极大的误差。因此，参考相位的校准是很有必要的。关于角度测量准确度引入的阻性电流误差值，可以进行一个理论计算的举例。若仪器计量误差仅仅为 1°时，在避雷器运行的常见相位，引入阻性电流 I_R 误差超过5%。从上述例子可以看出，在氧化锌避雷器正常运行的工况下，极小的相位测量误差，会引入极大的阻性电流测量误差，并造成对避雷器运行情况的误判。因此，相位的正确测量是阻性电流精确测量的必要条件。

参考相位校准接线方式如图4-8所示，将被校测试仪补偿角设置为0°，标准功率源的电压输出设置为100V，标准功率源的阻性电流输出设置为1mA和5mA，相位设置为0°，读取被校测试仪相位测量值，以绝对误差计算。在这里值得强调的是，相位参考只选择了0°这一个点，这是因为电子式仪器的角度标定都是通过闭环算法得到，在任何标准角度，同一台仪器应有一模一样的相位误差。因此，为了简化工作，只需校准0°这一个点。

3. 全电流校准

全电流I可以判断氧化锌避雷器的性能，但不如阻性电流灵敏。理论计算可以表明，假定容性电流I_C不变，电压和电流的相位差Φ从85°减小到65°，阻性电流增加到4.8倍，全电流只增加到1.1倍。上文已经阐述，对于氧化锌避雷器阻性电流测试仪，测量基础物理量就是全电流I和电压、电流相位差Φ。

全电流校准接线方式如图4-8所示，在被校测试仪全电流测量范围内至少选取5个点，按式（4-2）计算被校测试仪全电流测量误差。

$$\gamma_I = \frac{I_x - I_s}{I_s} \times 100\% \tag{4-2}$$

式中 γ_I——全电流测量示值误差；

I_x——全电流测量示值（mA）；

I_s——标准全电流设定值（mA）。

4. 阻性电流校准

阻性电流是氧化锌避雷器带电测量的主要数据。阻性电流校准接线方式如图4-8所示，将被校测试仪补偿角设置为0°。标准功率源的电压输出设置为被校测试仪参考电压上限的1/2，标准功率源的容性电流输出设置为被校测试仪全电流上限的1/10、1/5和1/2。在给定容性电流下，改变标准功率源阻性电流输出分别为当前容性电流分量值的1/10、1/5和1/2，按式（4-3）计算被检测试仪阻性电流测量误差。

$$\gamma_{IR} = \frac{I_{Rx} - I_{Rs}}{I_{Rs}} \times 100\% \tag{4-3}$$

式中 γ_{IR}——阻性电流测量示值误差；

I_{Rx}——阻性电流测量示值（mA）；

I_{Rs}——标准阻性电流设定值（mA）。

值得注意的是，避雷器的阻性电流校准需要设置与现场工况相似的容性电流比例，而不是仅仅校准纯阻性电流。而阻性电流相对容性电流比例越低，则对测试仪的考核越严苛。

5. 谐波的影响

在氧化锌避雷器运行时，其运行电压内普遍存在谐波分量，让氧化锌避雷器阻性电流测试仪测得的参考电压产生畸变。电力系统波形总是上下对称的，因此谐波中只包含奇次谐波分量，主要为 3、5、7 次谐波，不包含偶次谐波。仿真结果和试验结果均表明，电压波形畸变会影响阻性电流的测量结果，且电压谐波的影响与奇次谐波的比例和相位都有关。大部分氧化锌避雷器阻性电流测试仪都具备谐波分析功能，但为了简化起见，一般只处理 3、5、7 次谐波。测试仪把它们视为频率为 150Hz、250Hz、350Hz 的纯正弦波。各次谐波都有各自的 U_n、I_n、Φ_n（$n=3, 5, 7$），其阻性电流要单独计算。总阻性电流有效值 I_R 为基波和各谐波阻性电流分量的方均根值。

很多论文都探讨过氧化锌避雷器参考电压中的谐波分量，并建议在校准时模拟这个分量的电流、电压信号。目前，对于电压谐波分量的比例问题，还需要更多的现场数据积累。因此，部分计量机构采用在基波的基础上，加入 10% 的 3 次谐波，进行参考电压、全电流、阻性电流校准。

4.4.2　阻性电流在线监测装置的校准

阻性电流线在线监测装置如果没有安装在现场，可以参考 4.4.1 节的方法进行校准。然而，和实验室普通测试仪校准的情况不同，在线监测装置一旦安装到现场，很难拆卸，因此对其的周期校准需要采用其他方法。目前，较为成熟的校验方法是增量校验法，其原理如图 4-9 所示。

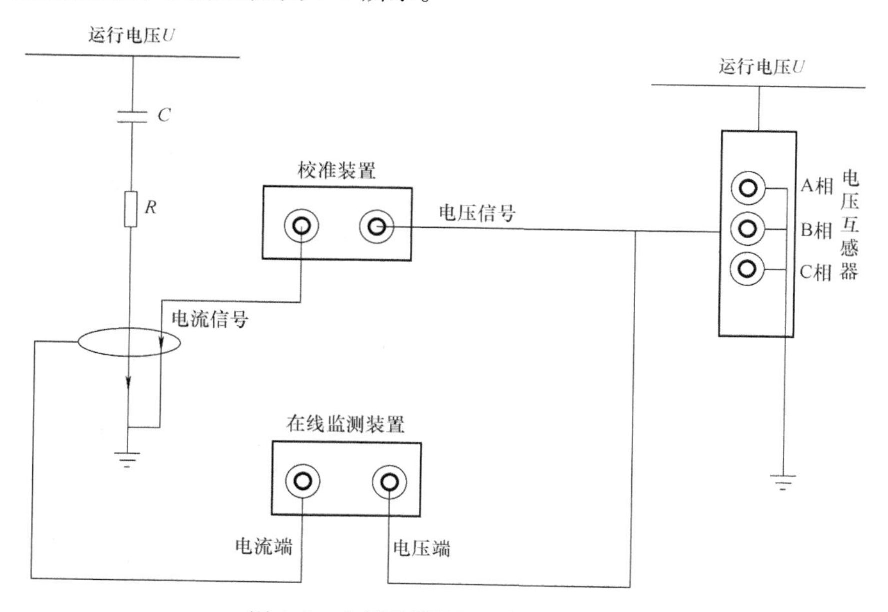

图 4-9　在线监测装置现场校准原理

图4-9中校准装置相当于一套标准信号源，一路提供电压信号，另一路提供电流信号到被校在线监测装置。电压信号是参考电压，相位定义为零。电流信号是模拟氧化锌避雷器设备在高压端加压，低压端产生的电流，且电流信号在相位上与参考电压相关。通过改变电流信号和电压信号的频率、幅值和相位，可以输出不同的全电流、阻性电流、容性电流、参考电压和谐波信号。利用校准装置可以对阻性电流在线监测设备的主要测量功能进行高准确度的校验。校准参量包括参考电压、相位、全电流、阻性电流。

在系统运行工况下，从校准装置的电流输出端，引出一根导线穿过预装在氧化锌避雷器（容性设备）末端接地线上的环形电流传感器中（电流传感器是监测装置的电流取样传感器）。从电压互感器二次侧取得的电压，通过校准装置内部锁相环电路，锁定电压的频率和相位。在校准装置不送电流值的情况下，先读取在线监测装置的相应参数值（全电流、阻性电流、容性电流、相位差）。然后由校准装置送出一个标准含有幅值、相位信息的电流值，计算两者的理论相量合成值（全电流、阻性电流、容性电流、相位差）。同时再读取监测装置的相应技术参数测量值（全电流、阻性电流、容性电流、相位差），通过比较在线监测装置读数与理论计算合成值得出的误差，判断在线监测装置的计量性能。

4.5 现场使用案例分析

由于氧化锌避雷器长期受系统电压、过电压、污秽和内部受潮等因素影响，使其绝缘性能下降，非线性特性失效，造成氧化锌避雷器老化，甚至爆炸，不但带来巨大的经济损失，也严重威胁到电网的安全运行。因此，采用氧化锌避雷器阻性电流测试仪对避雷器进行检测，可以及早发现和排除故障，防止事故的发生。氧化锌避雷器测试结果分析以历史数据纵向变化趋势为依据，不刻意追求测试值的绝对大小。以下两个案例是氧化锌避雷器阻性电流测试仪在现场使用的典型场景。

4.5.1 停电判断故障的案例

2015年某日试验人员在某110kV变电站进行例行避雷器带电检测工作，试验中发现某氧化锌避雷器C相全电流及阻性电流数据严重超过规程规定值。该避雷器投入系统运行一年半左右。现场试验人员采用氧化锌避雷器阻性电流测试仪对避雷器三相电压、电流进行测量。带电检测试验结果见表4-1。根据表中数据可以看到，避雷器C相的泄漏电流I_X约为A、B相的2.42倍和2.44倍，阻性电流I_K约为A、B相的34.46倍和37.33倍，同时避雷器C相的阻性电流I_R与泄漏全电流I_X的比值约为0.92，有功功率明显增大，说明避雷器的非线性特性发生了显著异常变化，而相位差Φ为22.80°，远低于77°~87°的正常范围，因此初步判断避雷器C相带电检测结果为不合格。

表 4-1　带电检测试验结果

相别	A	B	C
U/kV	20.78	20.72	20.72
I_X/mA	201	199	486
I_R/mA	13	12	448
I_C/mA	200.57	198.63	188.39
Φ/(°)	87.28	87.46	22.80

之后，为验证带电检测试验结果的正确性，确认避雷器的故障原因，试验人员对该故障避雷器的 C 相进行了外施电压下的阻性电流测试、直流 1mA 试验和工频参考电压试验，试验结果见表 4-2、表 4-3。根据表 4-2 试验数据，在无外部电场干扰的情况下故障相避雷器容性电流与带电检测的数据无明显差异，可以判断带电检测数据的准确性，同时可以排除氧化锌阀片老化的可能性。

表 4-2　避雷器 C 相阻性电流停电试验数据

相别	C
U/kV	20.72
I_X/mA	483
I_R/mA	442
I_C/mA	194.74
Φ/(°)	23.78

表 4-3　避雷器 C 相直流 1mA 和工频参考电压试验数据

相别	C
U_{1mA}/kV	20.6
$I_{0.75}$/μA	738.2
U_{AC}/kV	23.8

通过查阅该型号避雷器的铭牌得知：系统标称电压为 35kV，避雷器额定电压为 51kV，持续运行电压为 40.8kV，标称放电电流为 5kA，直流 1mA 参考电压不小于 73kV。根据表 4-3 试验数据，对比故障相避雷器直流 1mA 参考电压出厂试验值 80.3kV，初值差为 −74.34%，不满足 DL/T 393—2010《输变电设备状态检修试验规程》中不大于 5% 的要求，且参考电压值远小于出厂要求的 73kV，同时 75% 直流 1mA 参考电压下泄漏电流值达 738.2μA，远远超过了《输变电设备状态检修试验规程》规定的不大于 50μA 的要求。

为进一步查明故障相避雷器故障原因，试验人员对该避雷器进行了解体，如图 4-10所示。解体后发现，绝缘子内部烧伤，避雷器密封胶圈弹性明显变差，沿避雷器上部金具与绝缘子接触部位切开后发现接触部位有烧伤痕迹，沿避雷器内壁向下有闪络放电烧黑痕迹。

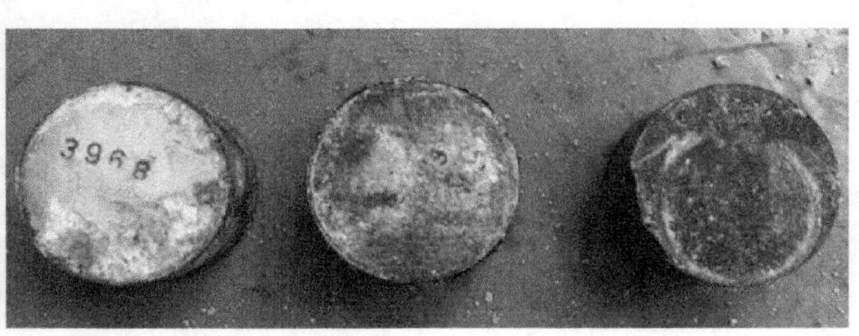

图 4-10　故障相避雷器解体后照片

结合停电试验结果和避雷器解剖后的内部检查，综合分析认为引起缺陷的主要原因是避雷器上部密封圈密封不良或上端盖板制造工艺存在缺陷，长期运行过程中潮气逐步侵入避雷器内部的空隙，附着在环氧树脂筒内壁与氧化锌阀片绝缘釉面之间，潮气聚集在阀片侧面致使绝缘强度下降，泄漏电流增大，引起避雷器局部发热。

氧化锌阀片与环氧树脂绝缘釉的热膨胀系数相差较大，在避雷器内部长期发热情况下，环氧树脂釉面剥落，避雷器内壁空隙增大，同时由于避雷器内部受潮，避雷器内部电压分布发生变化，受潮部分的阀片侧表面形成“通路”沿面闪络放电，而未受潮部分的阀片承受的电压增加至接近避雷器工作电压，在过电压的作用下最终使环氧树脂釉面高温碳化留下电弧烧伤痕迹。

4.5.2　带电判断故障的案例

2019 年，某 500kV 变电站日常巡视过程中，发现某 220kV 避雷器 B 相泄漏电流值为 1.05mA，是巡视记录初值 0.7mA 的 1.5 倍（该变电站运维管理规定，避雷器泄漏电流记录值大于巡视初值的 1.4 倍，即定性为严重缺陷）；而 A、C 两相泄漏电流值与巡视记录初值相比未见异常变化。该避雷器型号为 Y10W5 - 204/532W，采用瓷质外套结构，投运日期为 2010 年。该避雷器最近于 2016 年 9 月曾进行过停电例行试验，相关试验数据未见异常。为查明避雷器 B 相异常原因，开展了运行电压下氧化锌避雷器阻性电流带电检测、高频电流（HFCT）局部放电检测和红外精确测温。

现场采用氧化锌避雷器带电检测仪对该避雷器进行带电检测，检测数据见表 4-4。从氧化锌避雷器阻性电流带电检测数据中可以看出，2016 年至 2018 年 B 相全电流和阻性电流未见明显异常变化趋势，2019 年氧化锌避雷器阻性电流带电检测数据中 B 相全电流和阻性电流均明显偏大，怀疑避雷器 B 相因为电阻片受潮造成全电流及阻性电流偏大。

表 4-4　氧化锌避雷器阻性电流带电检测数据

相别	时间	Φ / (°)	全电流 I_X/mA	阻性电流基波 I_{R1p}/mA	基波功率 P_1/W
A 相	2016	86.20	0.665	0.062	5.868
	2017	86.61	0.641	0.057	5.503
	2018	86.12	0.639	0.061	5.732
	2019	83.82	0.655	0.099	9.412
B 相	2016	82.07	0.680	0.132	12.46
	2017	84.94	0.683	0.087	7.646
	2018	82.97	0.672	0.116	10.87
	2019	71.54	1.040	0.465	43.78
C 相	2016	86.17	0.512	0.048	4.547
	2017	86.99	0.492	0.046	3.388
	2018	86.17	0.495	0.046	4.364
	2019	83.93	0.509	0.076	7.121

在运行电压下，从避雷器 B 相接地端引下线处获取高频电流（HFCT）信号进行高频局部放电检测，结果如图 4-11 所示，发现高频局部放电图谱特征符合典型内部沿面放电特征，初步判断避雷器内部阀片沿面存在缺陷。

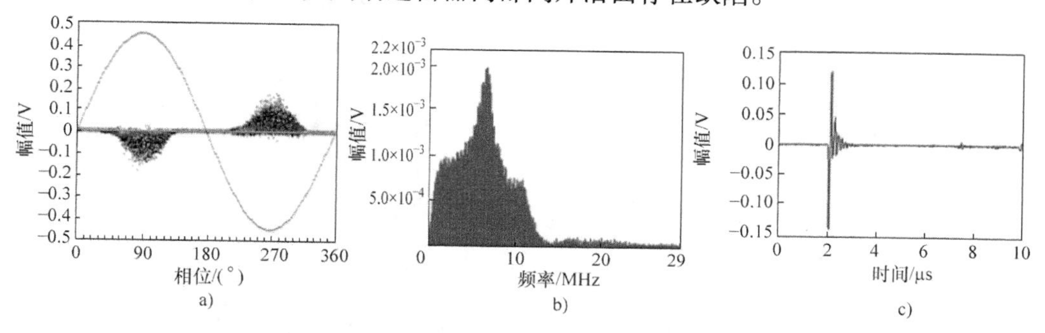

图 4-11　避雷器 B 相高频电流（HFCT）局部放电信号图谱

采用红外测温仪对避雷器 B 相下节进行精确测温，避雷器 B 相下节红外图谱特征如图 4-12 所示。从红外图谱特征中可以看出，该节避雷器发热区域位于避雷器中部（从上至下，第 9 片绝缘子到第 15 片绝缘子），最高温度区域为第 12 片绝缘子附近，最高温度为 17.4℃，正常区域温度为 5.6℃，温差为 11.8℃。依据 DL/T 664—2016《带电设备红外诊断应用规范》中对电压致热型设备缺陷等级进行判断，属于危急缺陷。

为进一步检查避雷器内部情况，验证试验结果，对避雷器进行了解体检查。打开避雷器 B 相下节顶部引弧板，用手可轻松向内按压防爆板，避雷器 C 相同部位则无法向内按压，说明避雷器 B 相下节内部微正压状态已被破坏。打开避雷器 B

相下节底部引弧板，发现防爆板破裂，防爆板外表面及其固定法兰严重锈蚀，法兰密封圈未见明显老化、破损，如图4-13所示。

吊出避雷器B相下节瓷套，对阀片芯组进行检查，发现氧化锌阀片及金属铝片表面存在明显受潮情况，阀片表面存在爬电痕迹，如图4-14所示。

该型号避雷器在厂内装配、检漏合格后需充入氮气，保持内部微正压为0.035MPa～0.05MPa，以保证外部潮气无法侵入避雷器内部。防爆板采用低压强材料制作，保证避雷器内部压力异常升高时可靠动作，同时也起到将避雷器内部环境与外部空气隔离、密封的作用，因此防爆板必须具有保证设备长期运行的机械性能。

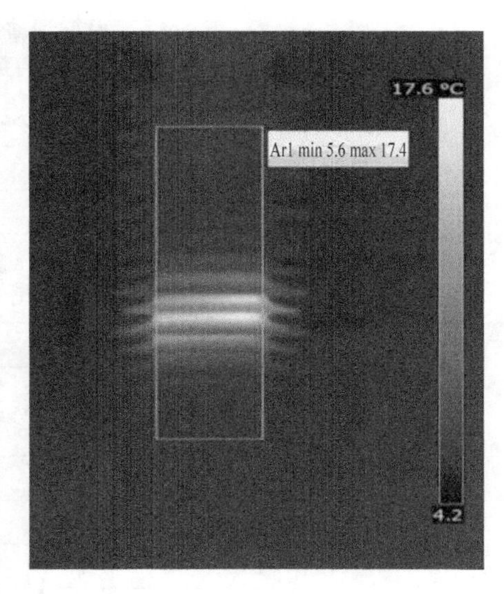

图4-12　避雷器B相下节红外图谱特征

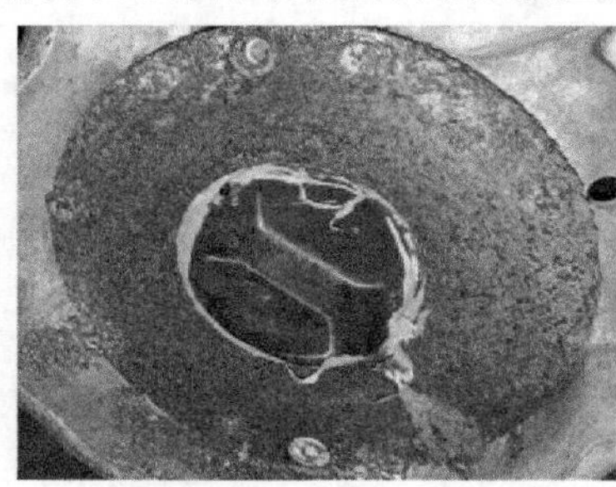

图4-13　避雷器B相下节底部检查

图4-14　阀片芯组检查情况

通过对避雷器B相下节进行解体检查，发现其底部防爆板向内破裂，防爆板表面存在多处磨损痕迹，并存在未贯穿的表面裂纹，分析判断异常原因为避雷器内部未充氮气或氮气不足造成内部形成负压，下端防爆装置承受向内应力，长期运行后防爆装置向内破裂，环境中的潮气大量进入避雷器内部，阀片严重受潮，绝缘性能下降，最终导致避雷器运行电压下泄漏电流明显增大并出现异常发热。

第5章　变压器有载分接开关测试仪

5

电压是电能质量的重要指标，供电网络的负载波动往往会引起电压的变化。为了确保电能质量，需要对变压器适时进行调压，有载分接开关能在不中断负载电流的情况下，实现变压器绕组中分接头之间的切换，从而改变绕组的匝数，即改变变压器的电压比，实现调压的目的。因此，从20世纪80年代初开始，有载分接开关在变压器中得到了广泛的应用。早期对有载分接开关试验，主要是通过光线示波器记录有载分接开关的过渡波形，再进行人工分析，这种方法测量困难，数据准确性低。到了20世纪90年代初期，根据多年的现场检修经验，开发了用于测量和分析电力系统中电力变压器及特种变压器有载分接（调压）开关电气性能指标的综合测量仪器——变压器有载分接开关测试仪。变压器有载分接开关测试仪能测量有载分接开关动作时的过渡时间和动作时的过渡电阻，保证变压器有载分接开关在系统运行中能在带负载的情况下进行输出电压的快速调整，使电网输送合理的电能。本章主要对目前最常用的直流法有载分接开关测试仪，从仪器的测量原理、计量方法、应用案例三个维度分别进行介绍。

5.1　变压器有载分接开关的应用及工作原理

5.1.1　变压器有载分接开关的应用

国产的有载分接开关开始大批量应用于各类变压器上。有载分接开关的结构分为复合式和组合式两种。复合式有载分接开关的特点是分接选择器和切换开关共为一体，分接开关油箱的油与变压器本体有隔离，在分接选择的同时完成切换操作，因此体积较大。由于调压是一次完成，故结构简单，造价低，动作过程简单，适用于电流不大、电压较低的变压器，一般用于电压分接级数较少的有载调压变压器上。组合式有载分接开关的结构特点是由独立的分接选择器和切换开关组合而成，分接选择器先动作，选择需要上调一级或下调一级的分接数。由于没有切换动作电流的影响，不会产生电弧，因此分接选择器一般安装在变压器本体油箱内，而切换开关由于存在负载电流切换过程，为防止切换时电流的火花对变压器油的污染，因此安装在一个单独的油箱内。由于选择调压级数与切换是先后进行的，因此适合电流大、电压高的变压器使用，同时调压级数范围可以大大增加，一般用在 110kV 电压等级以上。目前大中型变压器大多采用组合式有载分接开关。

随着电力系统的不断发展和完善，对电能质量的要求更加严格，对供电可靠性的要求更高，使得电力系统对带有分接开关的变压器需求更多。而分接开关的动作频度增大，对分接开关的安全可靠性要求也越来越高。为此，每年需要对带有有载分接开关的主变压器预防性试验时加入分接开关的例行检查及切换波形检测工作，既能检测出分接开关的静态特性，又能检测出分接开关的动态特性，从而显著提高故障检出率，为主变压器及电网的安全可靠运行提供更加有力的保障。

5.1.2 变压器有载分接开关的工作原理

前文已经提到，有载分接开关是由分接选择器、切换开关组成的。切换开关是有载分接开关的核心，承载了电流转换的功能。分接选择器是能承载电流，但无法接通和开断电流的装置，它实质上是个无励磁分接开关，仅与切换开关配套使用后达到有载调压的作用。复合式与组合式有载分接开关如图 5-1 所示。

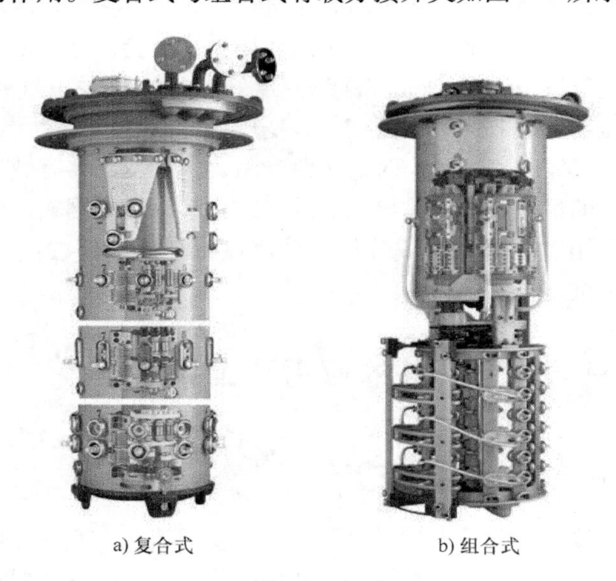

a) 复合式　　b) 组合式

图 5-1　复合式与组合式有载分接开关

无论是复合式还是组合式，有载分接开关内部的结构组成都是相似的。以组合式有载分接开关为例，其结构示意图如图 5-2 所示。从图 5-2 可以看到，变压器的分接开关，一般情况下在高压绕组上抽出适当的分接头。这样设计的主要原因有两个：高压绕组在最外层，引出分接头方便；高压侧电流较小，分接引线和分接开关所需的载流截面积小，开关接触部分的工艺制造也相对容易实现。

有载分接开关可以在变压器负载回路不断电的情况下，改变变压器绕组的有效匝数。为了实现这个功能，有载分接开关需满足两个条件：分接位置（抽头）的准

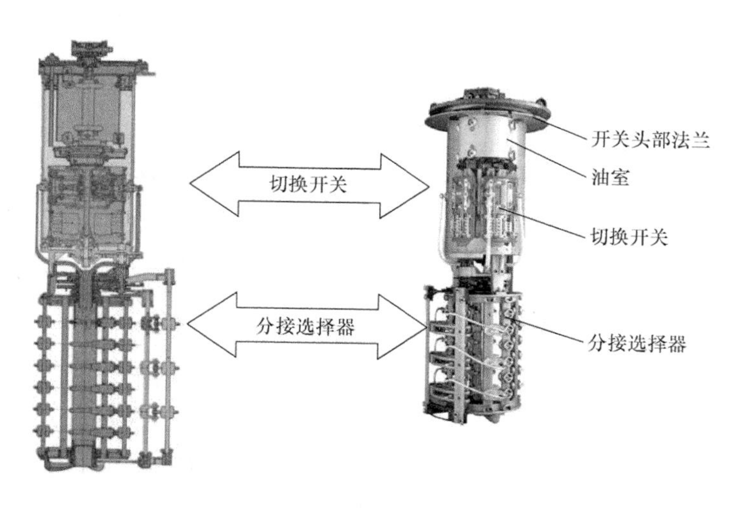

图 5-2　组合式有载分接开关结构示意图

确选择，不断电情况下对分接位置进行切换。

为了满足不断电情况下对分接位置进行切换，整个电气回路都不能出现短路或断路的情况。为实现不断路，变压器两相邻抽头必须有一个短（桥）接过程。为实现不短路，在变压器两相邻抽头之间串接合适的电阻（或电抗）。通常，工程人员将这个串入电阻的开闭电路称为过渡电路，该阻抗称为过渡电阻（见图 5-3 中 R_1、R_2）。

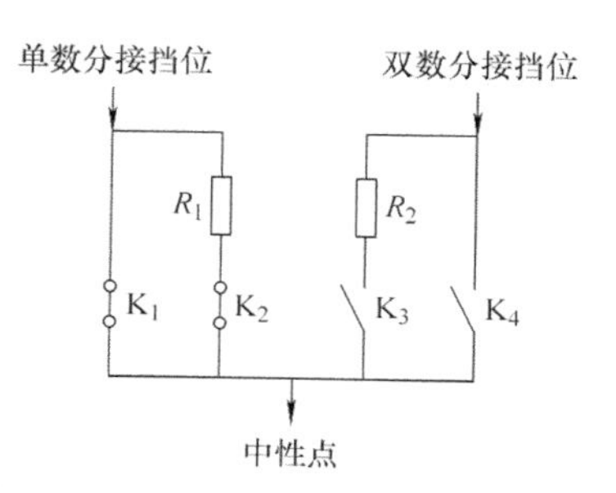

图 5-3　过渡电阻示意图

双电阻有载分接开关切换过程的电路图如图 5-4所示，其等效的电路如图 5-5 ~ 图 5-7 所示，其中 R_u 为变压器绕组的等效电阻，R 为过渡电阻。

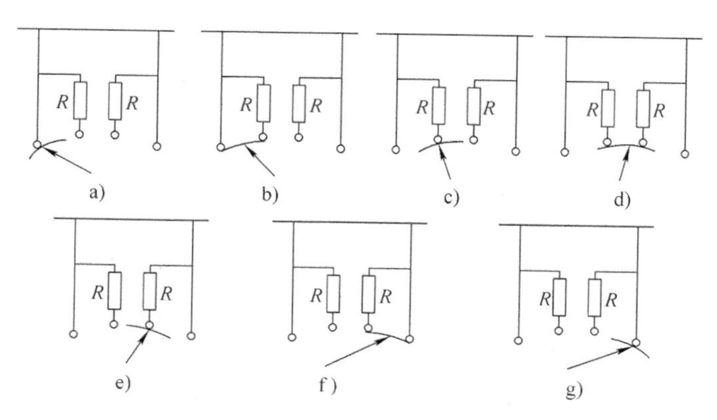

图 5-4　双电阻有载分接开关切换过程电路图

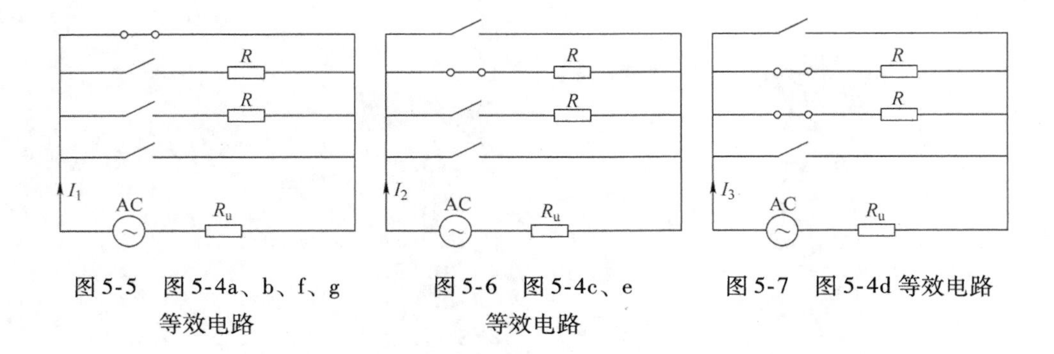

图 5-5　图 5-4a、b、f、g 等效电路　　图 5-6　图 5-4c、e 等效电路　　图 5-7　图 5-4d 等效电路

从图 5-4 ~ 图 5-7 可以看出来，双电阻有载分接开关波形切换过程中的电流值依次为：$I_1 \to I_2 \to I_3 \to I_2 \to I_1$，$I_1$、$I_2$、$I_3$的计算公式如下：

$$I_1 = \frac{U}{R_u} \qquad I_2 = \frac{U}{R + R_u} \qquad I_3 = \frac{U}{R_u + \frac{R}{2}}$$

可以明显看出 $I_1 > I_3 > I_2$，画出双电阻有载分接开关切换的理想电流波形如图 5-8所示。

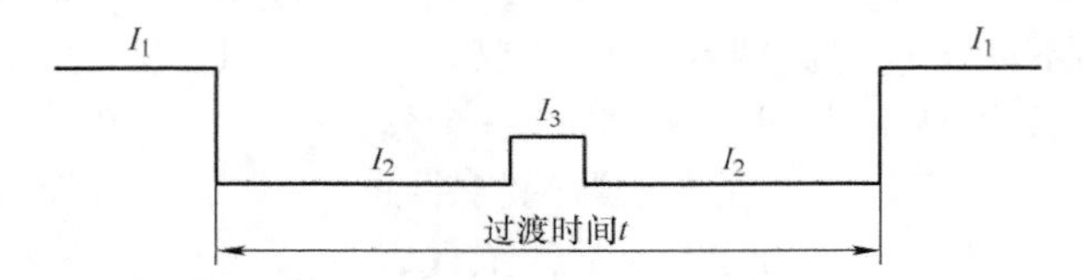

图 5-8　双电阻有载分接开关切换的理想电流波形

整个过程中，切换开关切换是实现整个分接过程的关键。而过渡电阻在切换分接的过程中有两个重要的作用，首先它同时连接两个分接以保证负载电流的连续性，使得整个切换过程不发生断路。而在中间的切换过程中，串入的电阻可以限制循环电流，防止发生短路。

5.2　变压器有载分接开关的检测方法及故障判断

5.2.1　变压器有载分接开关工作状态的检测方法

有载分接开关是变压器中唯一经常动作的部件，其可靠性直接影响变压器的安全稳定运行。变压器运行过程中有载分接开关频繁切换，容易造成触头切换不到位、过渡电阻烧坏断裂、切换开关卡滞等故障。切换动作的快慢，将会影响有载分接开关的断弧效果和过渡电阻的状况。如果过渡时间长，就无法断弧而烧毁过渡电阻，严重时会造成变压器线圈烧毁。根据中国电力科学研究院统计，1990 年至 1994 年 5 月，全国因有载分接开关故障引发的变压器事故占变压器总事故数量的

18.5%。而根据国际上对变压器故障统计，有载分接开关引发的故障占总故障数量的 20% 以上，且故障率呈上升趋势。因此，对变压器有载分接开关工作状态的评估极为重要。目前，在电网检修中，直流法有载分接开关测试应用最多，也最为成熟。另外，还有交流法和振动法两种方法。目前这两种方法尚在研究阶段，有望在今后有更多应用。

目前最常见且最容易实现的检测方法，就是通过直流电流测试有载分接开关的过渡电阻和过渡波形。最常用的变压器有载分接开关测试仪就是基于直流法制造的。虽然变压器在运行时，内部通过的电流是工频交流电，但由于变压器绕组为感性元件，因此在测试时如果使用交流电流，会导致电路的阻抗产生变化，不利于过渡电阻波形的准确测量，而采用直流法可降低变压器励磁参数对测试结果的影响，得到理想而直观的波形。因此长期以来，直流法测试的仪器在电力系统中广泛被采用。这类仪器的原理，将在第 6 章进一步详细介绍。

除了直流法外，交流法也是一种检测有载分接开关状态的方法。电力行业标准 DL/T 265—2012《变压器有载开关现场试验导则》，对各类有载分接开关的试验都做出了相应规定。该标准表明交流法可以在“交接试验时、分接开关大修时、随同变压器检修试验周期”使用。因此，在此标准发布以后，采用交流法的有载分接开关测试仪得到初步的研发。由于分接开关制造商例行试验是对裸开关进行试验，而现场是变压器带绕组进行试验，两者差异很大。直流法试验受测试技术方法和技术能力限制，现场有载分接开关测试有时会出现波形无法判读等问题，主要表现在以下几个方面：

1）直流法仅适用于绕组中性点能抽出的有载分接开关测试，对绕组中性点以外其他位置（线端、中部等）处的有载分接开关以及单相变压器有载分接开关不能测试。

2）由于直流法测试原理、技术能力等原因，有时测试获取的波形与制造商给出的波形差异较大，无法给出准确的分析结论，有载分接开关反复吊出检查、试验，影响新设备或大修后设备的投运。

3）部分直流法测试波形异常，无法判定有载分接开关动作特性是否正常。

4）变压器设计上新技术的采用，以及电抗式分接开关、真空断路器式分接开关等使用，使直流法不能满足现场试验需要。

交流法测试使用的测试电流较高，没有直流法测试中有载分接开关跳跃（实质是过渡开关接触电阻的瞬间变化）直流反电动势影响，测得的波形反映了切换过程中每一瞬间的通流状态。当过渡开关接触不良或过渡电阻发生断续时，交流法测试波形清晰地反映其工作过程。采用交流法测试，试验方法更接近变压器有载分接开关的实际运行状态，从开关运行状态分析，试验结果更接近真实值。目前，生产交流法有载分接开关测试仪的厂家还比较少。可以预见的是，随着相关标准的规范和仪器更多地应用于工程实践，交流法有载分接开关测试仪在未来会得到较多的应用。使用交流法有载分接开关测试仪进行测试有望逐步成为一种补充的测试手段。

近年来，随着不停电检修技术的发展，大量在线监测的方法开始在电气设备状态诊断中开展应用。振动法在在线监测变压器有载分接开关中，被认为是一种相对有效的方法。它的基本原理就是对有载分接开关切换中，生成的振动信号进行捕捉，再利用算法判断其工作状态。理论上，这种方法可以同时检查出机械故障和电故障。由于变压器有载分接动作过程较为复杂，所产生的机械振动信号具有非线性、非平稳的特点，因此有很多不同的信号分析方法，例如小波奇异性检测、自组织映射法、经验模态分解和小波包等。这些方法大多是将非平稳信号分解为若干个简单的平稳信号之和，然后对每个分量进行处理，提取信号的时域、频域特征。目前，对于这些检测方法的相关研究较多，可以检索到的论文专利也很可观。然而，由于缺乏大量的工程实践，研究人员对振动信号处理没有一个公认、普适的算法。因此，这些方法并还不够成熟，相关仪器的制造还处于研究阶段，应用此类测试仪进行测试只能作为一种辅助判断的手段。

5.2.2 变压器有载分接开关检测的典型波形及处理

采用直流法对变压器有载分接开关进行的波形测试，是目前检测中最常见的方法。原理上它是一种动态直流电阻的测试，当有载分接开关从变压器的一个分接位置切换到下一个分接位置时进行测试。理想波形其实只是理论波形，反映了整个切换开关的过渡过程。但由于实际中一般带着变压器绕组进行测试，所得到的波形与理想波形有一定区别，从而给检修人员对有载分接开关的准确判断增加了困难。所以在实际生产中，判断波形是否正常，要掌握以下几个重点：

1）测试的波形应该与理想波形相近。

2）整个过渡时间及同期性应在厂家标准范围内。

3）过渡电阻的测试需对波形整体分析，不能以单点的幅值简单判定。

4）对疑似故障波形不要盲目判断，需要多测几次以确认波形的准确性。

装配完毕后的变压器和使用过程中的变压器所使用的测试方法原理差别较大，无论是站在变压器生产厂家的角度，有载分接开关的角度，还是电力变压器用户的角度，均很难有效地对测试方法全面掌握，也很难精确分析所得测试结果。只有有经验的专家，才能有效地评价有载分接开关波形图，提高工作效率。本节将会介绍有载分接开关发生异常时的典型波形和检测方法。

典型异常波形一：某110kV主变压器，有载分接开关某相测试波形如图5-9所示，该波形出现振荡与不规则的抖动。这种现象可能是触头闭合振动或绕组电感充放电导致。对这种类型的波形，可以不做处理，也可以对其进行滤波或采用更大的测试电流进行测试，复核结果。

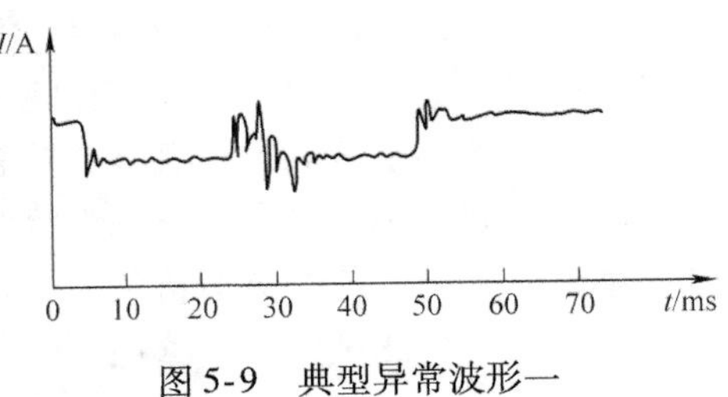

图5-9 典型异常波形一

典型异常波形二：某110kV主变压器，有载分接开关某相测试波形如图5-10所示。其测得的过渡时间过长，原因可能是储能机构弹簧压力不够或偏心轮挡块磨损值偏大。建议确认过渡时间是否超过有载分接开关厂家要求，如果未超标，可继续使用，但应缩短测试周期，且注意与原始波形的对比；若时间超标，需联系厂家处理或更换储能机构。

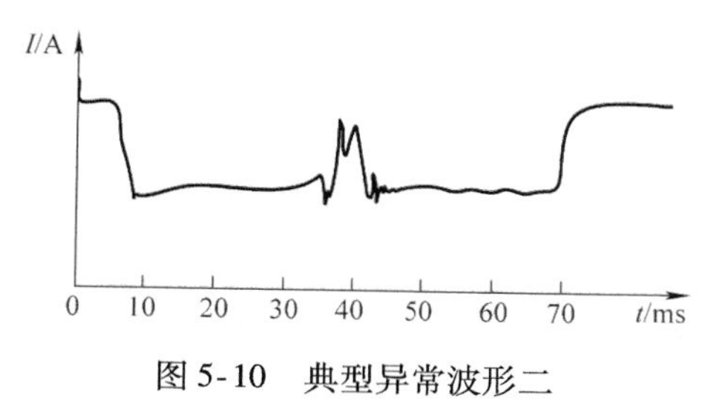

图5-10 典型异常波形二

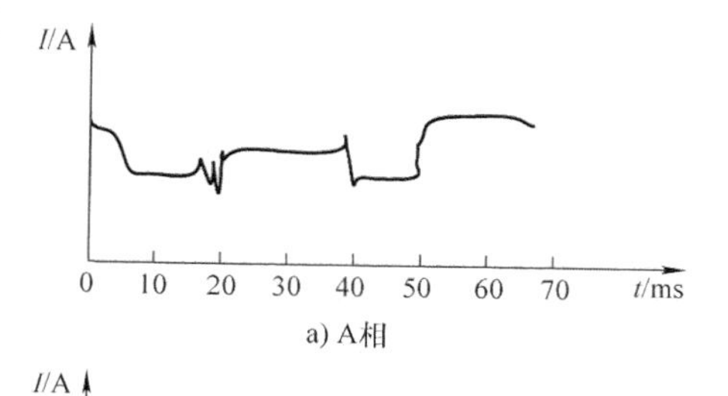

图5-11 典型异常波形三

典型异常波形三：某110kV主变速器，有载分接开关某相测试波形如图5-11所示，其测得波形有一长段“过零”。“过零”是指回路电阻很大，一般大于40Ω，仪器即视为开路。该波形为某一过渡电阻断裂或回路开路，导致回路无法完成桥接。此时，应吊出切换开关进一步检查，重点检查过渡电阻及其引线，确认问题所在，联系厂家更换或处理。

典型异常波形四：某110kV主变压器，有载分接开关三相测试波形如图5-12所示，该分接开关三相同期差别大。此时需要进一步分析，若是三个单相开关，说明为连轴调节问题，需要调整连接轴；若是三相一体开关，说明是机械间隙问题。若是三个单相开关，一般同期小于160ms；若是三相一体开关，一般同期小于5ms。若数据大于二者则要做相应处理。

典型异常波形五：某110kV主变压器，有载分接开关某相测试波形如图5-13所示。过渡电阻切入时，波形下探，这说明过渡触头切入时有接触不良的现象，有油膜、氧化、松动或烧蚀等可能。建议多操作几次有载分接开关，排查油膜或氧化的可能性。一般“过零”时间在2ms以内，不能轻易判断有问题，对于此种情况在以后的检测中应该注意对照，看其是否发展。

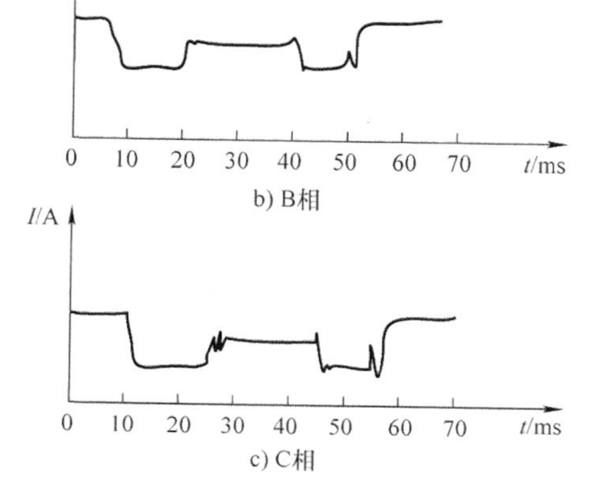

图5-12 典型异常波形四

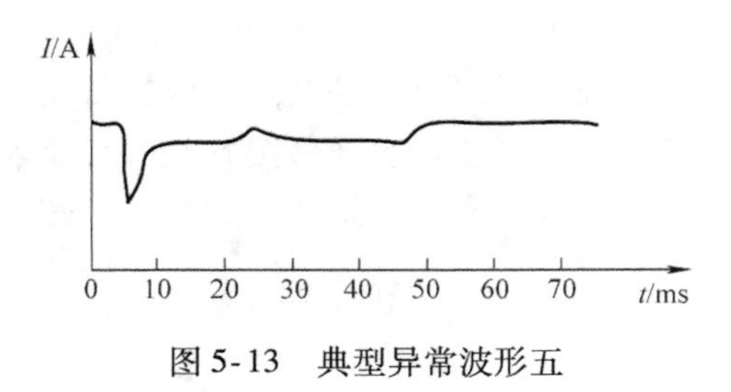

图 5-13　典型异常波形五

5.3　变压器有载分接开关测试仪的工作原理

由于交流法与振动法的测试仪技术尚不成熟，本节仅对直流法测试仪的原理进行详细阐述。有载分接开关测试仪的工作原理：先将交流 220V 电压送入测试仪，给主控制器和三相恒流源供电，主控制器通电后控制光屏显示器和 3 相恒流源的输出，同时输入时间基准，通过 3 恒流源的输出采样电路和 3 相电压输入采样电路将被试品的电压、电流信号输送到主控制器，完成对有载分接开关动作时间和过渡电阻的测试工作。目前生产的有载分接开关测试仪均采用微电脑控制，通过精密的测试电路，实现对有载分接开关的过渡时间、过渡波形、过渡电阻、三相同期性等参数的精确测量。有载分接开关测试仪工作原理框图如图 5-14 所示。

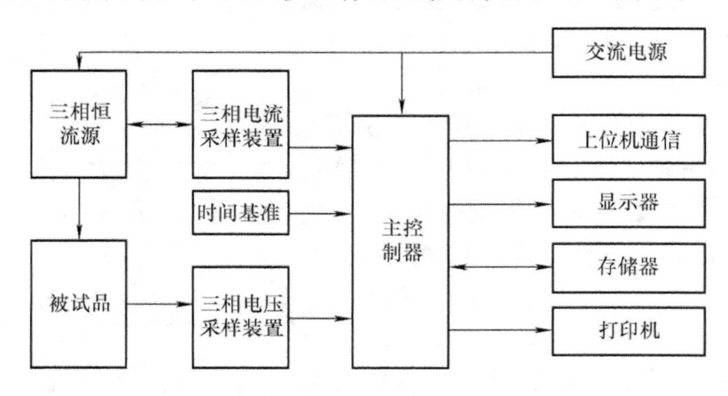

图 5-14　有载分接开关测试仪工作原理框图

从图 5-14 可以看出，有载分接开关测试仪（直流原理）是通过输出电流、反馈电压来进行测试的一种仪器。因此，内部恒流源的好坏直接决定了测量结果的准确性，一般要求内部恒流源的电流稳定度应优于 1×10^{-3}，纹波系数优于 1.0%，输出电流不低于 1A。市面上常见的直流法有载分接开关测试仪，通常使用 0.4A、0.5A、1A 的测量电流，少数有 3A 的测量电流。一般来说，仪器的充电电流较大时，能有效地补偿大电感设备电流惯性，加速铁心饱和，从而缩短充电时间，提高测试速度。当然，由于仪器容量限制，为了覆盖大部分过渡电阻的测量范围（通常为 0.1Ω～20Ω），仪器也不能使用过大的电流。

有载分接开关测试仪如图 5-15 所示。测试仪面板共有 8 个接口，分别为电压、电流的 ABC 相及公共端接口。其中电流端为信号输出端，电压端为信号测试端。实际现场测试时，根据变压器的接线方式，将这些测试端口对应连接到变压器的 ABC 相及公共端。

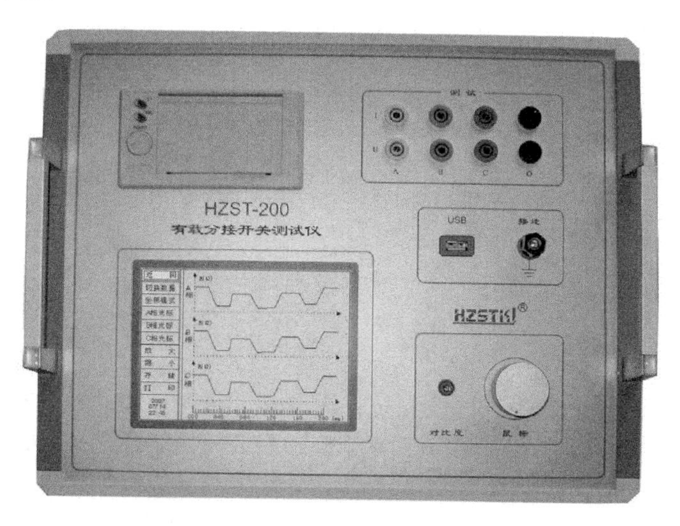

图 5-15　有载分接开关测试仪

典型的接线图如图 5-16、图 5-17 所示。有载分接开关的测试分为无绕组和有绕组测试两种，即不带负载（变压器）和带负载测试。无绕组测试主要用于有载分接开关生产时出厂测试，有绕组测试则用于变压器（即有载分接开关已安装）检修时。由于有载分接开关使用时和变压器是连为一体的，测试时有载分接开关无法从变压器本体上拆卸，因此有载分接开关一旦安装在变压器上，就必须采用有绕组测试。有载分接开关测试大多是伴随着其他变压器试验进行的，有绕组测试通常更重要。由于变压器绕组呈感性，在切换过程中会阻碍回路电流的变化，产生振荡，使测得的电压和电流信号不准确。对有绕组测试，为消除开关切换时变压器绕组电感对测试的影响，可在回路中加入滤波电路，以防止开关切换的开始和结束瞬间在变压器绕组上产生振荡。

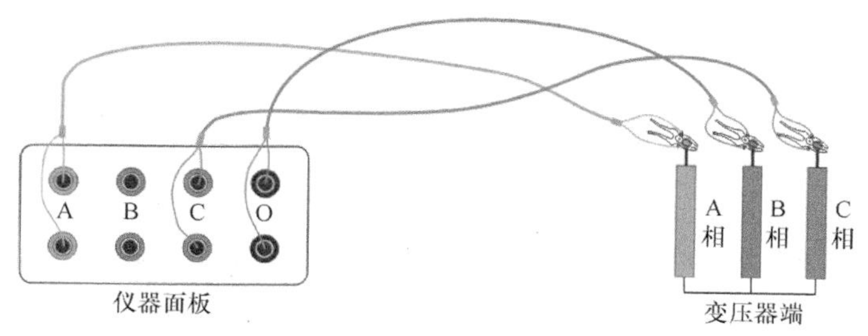

图 5-16　有载分接开关测试仪现场接线图（无中性点）

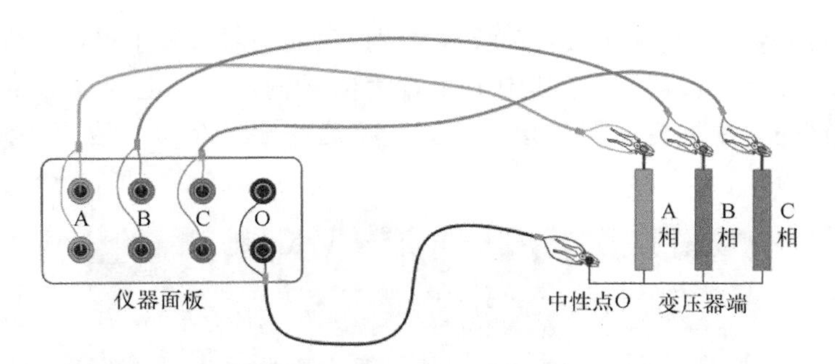

图 5-17　有载分接开关测试仪现场接线图（有中性点）

5.4　变压器有载分接开关测试仪的计量方法

由于变压器有载分接开关测试仪（直流法）在电力系统中的广泛应用，针对它的计量方法和仪器质量评价也成为研究热点，工程人员、高校及科研院所在最近二十年做了大量的工作，发表了很多关于校验装置开发及校验方法的论文、专利。在标准规范编制上，也有许多成果。据不完全统计，目前普遍采用的计量标准规范有 JJF（机械）1019—2018《有载分接开关测试仪校准规范》、JJF（浙）1084—2012《变压器有载分接开关测试仪校准规范》、JJF（冀）113—2012《有载分接开关测试仪校准规范》、JJG（粤）036—2017《变压器有载分接开关测试仪检定规程》等。下面结合这些标准及研究成果，对仪器校准的方法进行介绍。

目前市场上对于绝大多数直流法变压器有载分接开关测试仪，各参数测量范围如下：过渡电阻测量范围能覆盖 0.1Ω ~ 20Ω，准确度等级一般为 1 级或 2 级；过渡时间测量范围能覆盖 0 ~ 240ms，准确度等级一般为 0.1 级或 0.05 级。这个测量范围和准确度等级与现场的使用要求相适应。与之相关的，变压器有载分接开关测试仪计量装置应覆盖测试仪的过渡电阻、过渡时间等主要参数的测量范围，且能显示标准器内部的切换波形，方便与测试仪的波形对比。从本质上看，该类仪器的计量是模拟现场有载分接开关的切换过程，标准器内部通过延时切换电阻来模拟现场有载分接开关切换信号，产生标准切换波形，对仪器进行计量。本节对直流法测试仪的校准进行详细说明，并对交流法测试仪的计量方法进行简单介绍。

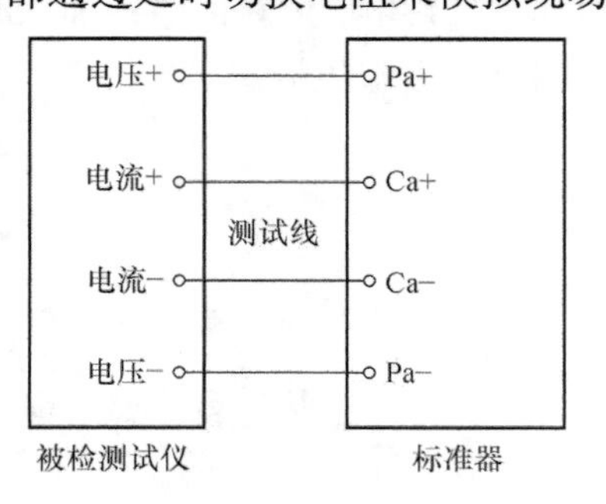

图 5-18　直流法有载分接开关测试仪校准接线图

5.4.1　直流法测试仪的计量

直流法有载分接开关测试仪的主要计量项目是过渡电阻、过渡时间和同期性。目前，各计量机构主要采用基于虚拟法的整体校准装置。整体校准装置测量范围广，可方便实现三相同期性校准、操作方便，其接线图如图 5-18 所示。也有部分计量机构采用分离标准设备的校准方法，主要采用实物电阻和可控信号源的方式。分离标准设备的实物电阻稳定性好，不受被校准设备工作原理的限制，可适应交直流环境并方便向上量值溯源。但是，分类标准设备可校准阻值少，不便于三相同期性校准，实验操作不够便捷，因此应用相对比较少。

1. 过渡电阻

从 5.2 节可以知道，过渡电阻的正确量传对评估变压器有载分接开关的状态有重要意义。计量使用的标准器应使用能够同时模拟过渡电阻和过渡时间切换过程的标准装置，标准装置的过渡电阻范围应能覆盖被校测试仪的量程，最大允许误差应不超过 ±(2% rd + 2mΩ)。在测试仪过渡电阻测量范围内选择过渡电阻值进行校准，所选择的校准点不得少于表 5-1 中规定的值，测试仪工作电流设定为额定值，然后起动被校测试仪进行测量，记录示值并按式（5-1）计算示值误差，测量结果应满足仪器出厂技术指标或相关行业标准要求。

表 5-1　过渡电阻示值误差校准点

过渡电阻量程	标准器过渡电阻设定值/Ω			
20Ω 及以下	0.1	0.2	0.5	1
	2	5	10	20
100Ω 及以下	30	40	50	60
	70	80	90	100

$$\Delta R = R_x - R_0 \tag{5-1}$$

式中　ΔR——过渡电阻示值误差（Ω）；

R_x——被校测试仪过渡电阻示值误差（Ω）；

R_0——过渡电阻示值（Ω）。

2. 过渡时间、过渡波形

过渡时间是指有载分接开关从一个分接挡位转入另一分接挡位过渡过程的时间。监控变压器有载分接开关的切换过程，实际上就是观察测试仪测得过渡波形的情况。因此，对于过渡时间、过渡波形的计量是仪器计量的核心部分。实际计量时，对过渡波形以过渡时间为计量指标以方便检测人员操作。当然值得一提的是，以过渡时间为计量项目仅仅是一种简便的方法，大部分仪器也没有自动分析波形、显示过渡时间的功能（尤其是当切换时间很短的时候），实际计量时，也需要对仪器显示波形进行一个综合评价，根据波形读取实际的切换时间。

计量使用的标准器应使用能够同时模拟过渡电阻和过渡时间切换过程的标准装置，标准装置的过渡时间范围应能覆盖被校测试仪的量程，最大允许误差不超过 ±(0.01% rd + 0.02ms)。值得注意的是，很多仪器标称的测量时间非常长，大大超过了开关切换的实际时间。结合该仪器的行业标准规定，最高的校准点推荐选择 250ms。

在测试仪过渡时间测量范围内选择过渡时间值进行校准，所选择的校准点不得少于表5-2中规定的值，测试仪工作电流设定为额定值，然后起动被校测试仪进行测量，记录示值并按式（5-2）计算示值误差，测量结果应满足仪器出厂技术指标或相关行业标准要求。

表5-2　过渡时间示值误差试验点

过渡时间测量范围	标准器过渡时间设定值/ms			
1ms～250ms	1	2	5	10
	20	50	100	200
	250	—	—	—

$$\Delta T = T_x - T_0 \tag{5-2}$$

式中　ΔT——过渡时间示值误差（ms）；

T_x——被检测试仪过渡时间示值误差（ms）；

T_0——过渡时间示值（ms）。

3. 同期性

对变压器有载分接开关而言，同期性就是指三相同期性（有别于多断口的同相同期性），即三相间各量最大与最小之差，不同品牌的有载分接开关其性能指标是有差别的，但同期一般不会超过10ms。部分有载分接开关测试仪只有切换时间显示，同期数据需要自己计算。测量同期性可及时有效地判断其是否存在潜在缺陷和故障，当三相分合时间差距较大时，说明设备存在潜在故障。因此，为了防止现场的误判，也需要在计量时对同期性进行考核。一般要求同期性的误差不超过仪器时间测量最大误差的1/3。

5.4.2　交流法测试仪的计量

在交流法测试时，串入回路的过渡阻抗有规律地变化，测试回路中电流亦有规律改变，将这一变化波形记录下来，同时测量出动作参数，并与理想波形、设计要求进行比较，则能判断出有载分接开关的动作是否存在异常。在有载分接开关动作特性测试时，由于其存在空气间隙，交流测试只能使用零序法接线测试，试验电流较大，级差电流被淹没在测试电流中，不能显示过渡电阻桥接处的变化。因此，对测试仪的计量主要关注波形分析功能。

目前，由于交流法测试仪出现时间不长，因此对此类仪器的计量尚在研究阶段。对于此类仪器的计量规范也没有出台。

5.5　现场使用案例分析

本节提供一个案例，说明变压器有载分接开关测试仪结合其他电气试验手段，对有载分接开关故障诊断的作用。

某110kV变电站2号主变压器在有载分接开关切换过程中，有载开关重气体保护继电器动作，主变压器三相开关跳闸，主变压器退出运行。2号主变压器为2013年4月出厂，于2013年11月投运，有载分接开关为VMⅢ500－72.5/B－10193W型，于2013年2月出厂。现场检查发现主变压器有载分接开关已损坏，漏油严重，初步判断为有载分接开关故障引起主变压器跳闸，决定对有载分接开关及主变压器本体进行诊断性试验。本次故障有载开关及变压器运行期间按规定的周期进行油色谱分析，结果一直正常。主变压器所带负载较小但变化频繁，导致AVC（自动电压控制）的有载分接开关自动调压频繁。

根据现场检查情况，有载分接开关内部油所剩不多，开关本体损坏严重。现场对主变压器本体油样进行色谱及简化分析，对主变压器本体进行绕组变形、绕组连同套管的直流电阻测试，绕组各分接位置电压比测试及变压器本体绝缘电阻测试，电容量及介质损耗试验。变压器本体绕组变形测试显示，高压绕组（额定分接）对中压绕组（额定分接）短路阻抗相间最大相对互差为2.694%，高压绕组（最大分接）对中压绕组（额定分接）短路阻抗相间最大相对互差为2.667%，超出Q/GDW 1168—2013《输变电设备状态检修试验规程》规定的“容量100MV·A及以下且电压等级220kV以下的变压器三相之间的最大相对互差不应大于2.5%”这一标准。变压器所做其他试验，结果均符合规程要求。

试验人员在变压器油样中发现乙炔。初步分析有两种可能，一是有载分接开关故障后油泄漏进入变压器，造成变压器油样被污染；二是有载分接开关故障时放电，导致分接选择器上引线或接头发热、拉弧，产生乙炔。检修人员决定更换有载分接开关，并注入新油。更换后对有载分接开关油样及过渡电阻、时间、同期性测试。待变压器油过滤、重新注入、静置后，再次取油样进行色谱、简化分析，油样合格，乙炔体积分数为0mL/L，有载开关油样耐压值为50.6kV。对有载开关进行过渡电阻测试，试验结果如图5-19、图5-20所示。由图5-19可以看出，波形在切换过程完成后出现不规则抖动，但切换时间满足要求，波形基本无异常，现场采用3A电流测试高压B相，其过渡电阻为8.6Ω，与铭牌值2.9Ω相比初值差达到+16.55%。图5-20中，波形出现过零点现象，未体现切换过程。

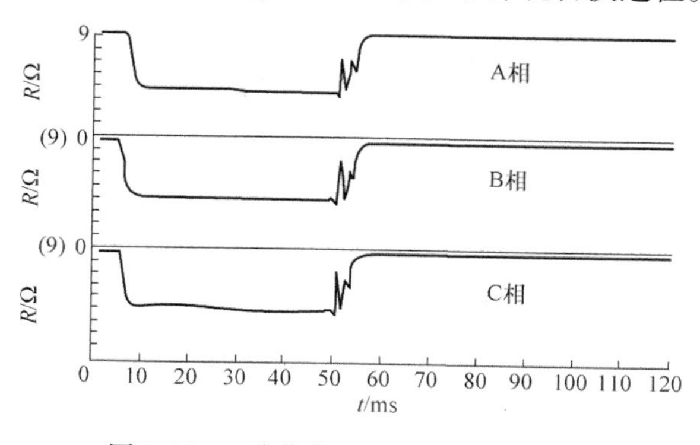

图5-19　2分接位置到1分接位置波形

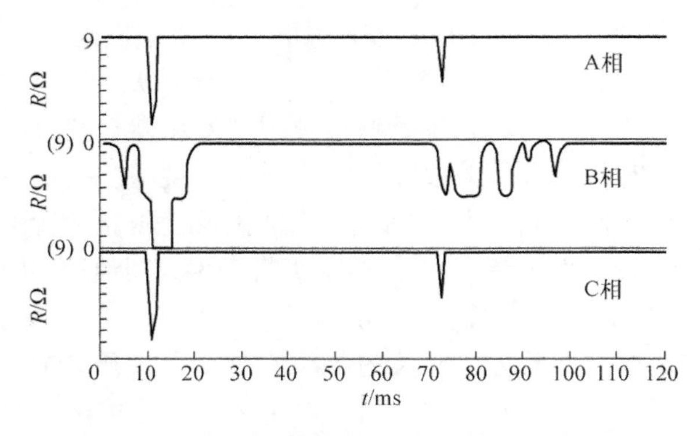

图 5-20　13 分接位置到 14 分接位置波形

切换开关在切换过程中有异常，多次切换测试波形存在“未切换”现象，并且过渡电阻值与铭牌值相差较大，故障点应该在有载分接开关未更换的分接选择器上，很可能是分接选择器动触头与中心绝缘筒间接触不良导致的绝缘损坏。技术人员决定对变压器进行返厂吊芯检查。

经吊芯检查发现，位于变压器内部的有载分接开关分接选择器 B 相的转换开关 K_1 连接线熔断，B 相导电接触环与中心绝缘柱连接处有烧灼痕迹，如图 5-21 所示。根据吊芯检查情况推断，有载分接开关的分接选择器中心绝缘柱绝缘材料工艺欠佳，B 相导电接触环在多次动作后，中心绝缘柱变形，造成放电并损伤局部绝缘。

图 5-21　B 相导电接触环与中心绝缘柱连接处有烧灼痕迹

第 6 章　变压器绕组变形测试仪

6

电力变压器是电力系统中重要的电气设备之一，其安全运行直接影响供电安全性和可靠性。近年来，我国电力事业发展极快，电网容量不断增大，对电力系统安全运行和供电可靠性都提出了更高要求。随着电网容量的日益增大，短路故障造成的变压器损坏事故发生率呈上升趋势。在短路电流产生的强大电动力作用下，变压器绕组可能失去稳定性，导致局部扭曲、鼓包或移位等永久变形现象，严重时将直接造成突发性损坏事故。

若变压器绕组变形情况不及时发现，累积效应会使变形进一步加剧，进而导致绝缘损坏，出现匝间短路、饼间击穿、主绝缘放电或完全击穿等故障，甚至会在正常运行电压下，因局部放电的长期作用发生绝缘击穿。另一方面，绕组变形将导致绕组力学性能下降，抗短路能力降低；当再次遭受短路电流冲击时，绕组的变形现象加剧，甚至将无法承受巨大的电动力作用而发生损坏。及时有效地采取检测手段进行变压器绕组变形测试，能有效防止变压器已有变形的进一步恶化，最大限度地保证变压器安全稳定运行。目前，诊断变压器绕组变形的方法主要有常规试验法、低压脉冲法、频率响应法和低电压短路阻抗法。

变压器绕组变形测试仪是用于测试、判断电力变压器绕组变形的仪器。其中，应用短路阻抗法和频率响应法原理的变压器绕组变形测试仪技术较为成熟，应用较为广泛。本章将针对这两种方法从检测原理、检测方法、仪器校准方法和案例分析等方面展开阐述。

6.1　变压器绕组变形概述

6.1.1　变压器绕组变形的定义

电力变压器绕组变形是指在电动力或机械力的作用下，绕组的尺寸或形状发生不可逆的变化。它包括轴向和径向尺寸的变化、器身位移、绕组扭曲、鼓包和匝间短路等。一般情况下，具体表现形式为绕组发生鼓包、位置发生转移或局部扭曲等，其中最常见也是最典型的形式就是伴随着绝缘破坏而出现的绕组匝间短路、主绝缘放电或完全击穿。

变压器在运输过程中遭受冲撞或受到短路电流冲击时，都有可能发生绕组变形，直接影响变压器的正常运行，甚至威胁整个电网的安全运行。

6.1.2　变压器绕组变形的原因

1. 变压器绕组在运行过程中受到来自短路电流的冲击

变压器在运行过程中受到各种短路电流的冲击是不可避免的。尤其是在近距离短路和出口故障时，绕组会受到来自短路电流带来的巨大冲击力，使绕组温度升高，削弱变压器有关导线的机械强度，最终变压器绕组在电动力的作用下产生变形甚至完全报废。一般而言，变压器受到的电动力有两种，一种是径向（横向）力，一种是轴向（纵向）力。

2. 变压器绕组本身承受力有限

由于变压器绕组自身的承受能力有限，不能很好地承受变压器出现短路带来的短路电流冲击力，导致绕组发生变形。近几年，我国 110kV 电力变压器事故统计分析表明，变压器安全运行的最大隐患在于变压器绕组变形，但是绕组变形在一定程度上是不可避免的，因此对于变压器绕组的检验工作显得尤为重要。

3. 保护系统存在一定的死区或者动作失灵

死区或动作失灵将延长变压器承受稳定短路电流作用的时间，最终导致绕组发生变形。根据数据统计，在受到外部短路故障时，因未及时跳闸而导致变压器损坏的情况约占短路故障的 30% 。

4. 变压器绕组受外力的撞击

变压器在运输、安装过程中，受外力影响而产生变形的情况难以避免。例如，在安装过程中受到机械或者其他物体的猛烈撞击导致变形。

6.2　变压器绕组变形测试仪工作原理及诊断方法

目前，诊断变压器绕组变形的方法主要有常规试验法、低压脉冲法、频率响应法和低电压短路阻抗法。

采用常规检测方法如变压器电压（电流）比、直流电阻或油色谱分析等，对变压器绕组变形进行检测和诊断是较为困难的，只有当绕组变形的情况严重到发生断股、断线或匝间短路等程度时，这些常规方法才能进行有效检测。因此，常规检验方法一般只做绕组变形的辅助性诊断。采用吊芯方式虽然很直观，但花费大量的人力、物力和财力，且不易观测内侧绕组的状况。

自 1966 年波兰学者 Lech 和 Tyminski 提出用低压脉冲（LVI）法确定变压器是否通过短路试验以来，国内外陆续研发了多种变压器绕组变形的无损检测方法：根据变压器两次短路阻抗测试结果判断绕组变形情况的低电压短路阻抗法，比较变压器频率响应变化的频率响应分析（FRA）法，根据不同频率电源激励下短路阻抗测试结果判断的扫频阻抗法，根据变压器箱体振动信号来判断绕组状态的振动带电检测法，以及超声波法、发散系数法、在线短路电抗法和基于暂态过电压特性的频率响应法。

DL/T 596—2021《电力设备预防性试验规程》中推荐使用油中溶解气体分析、绕组直流电阻、短路阻抗、绕组的频率响应、空载电流和损耗等 5 项作为变压器发生短路故障后诊断绕组有无变形的试验项目。短路阻抗法和频率响应法经过多年应用，已经有成熟的应用经验，且相关标准已颁布。

6.2.1　基于低电压短路阻抗法的变压器绕组变形测试仪

变压器短路阻抗试验是判断运行中变压器受到短路电流的冲击，或变压器在运输和安装时受到机械力撞击后，其绕组是否变形的最直接方法。它对于判断变压器能否投入运行具有重要的意义，也是判断变压器是否要求进行解体检查的依据之一。

1. 基本原理

变压器的短路阻抗是指该设备负载阻抗为零时变压器输入端的等效阻抗，可分为电阻分量和电抗分量。对于大型电力变压器，电阻分量在短路阻抗中所占的比例非常小，短路阻抗值主要是电抗分量值，即绕组的漏电抗。变压器的漏电抗可分为纵向漏电抗和横向漏电抗两部分，通常情况下，横向漏电抗所占的比例较小。变压器的漏电抗值由绕组的几何尺寸所决定，变压器绕组结构状态的改变势必引起变压器漏电抗的变化，从而引起变压器短路阻抗值的改变。以圆筒型双绕组变压器为例，其绕组布置示意图如图 6-1 所示。

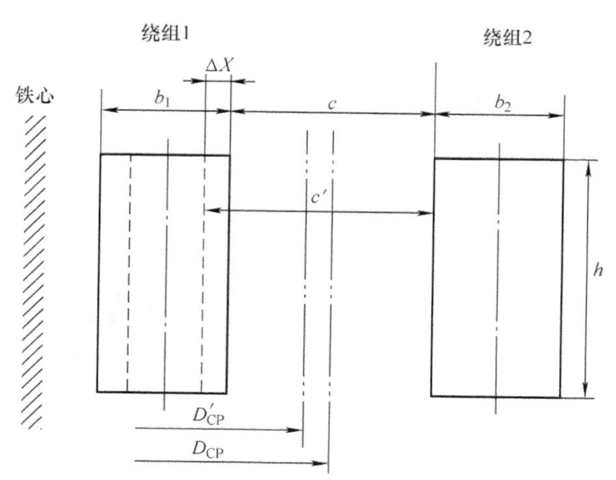

图 6-1　圆筒型双绕组变压器绕组布置示意图

ΔX—绕组 1 半径减小量　c、c'—变形前后两绕组间距　b_1、b_2—绕组 1、2 的直径

h—绕组高度　D_{CP}、D'_{CP}—变形前后主泄漏通道的平均直径

假设绕组高度等于其轴向配置的高度，按匝数均匀分布，忽略铁心的临近效应和绕组的直流电阻，则短路阻抗为

$$Z_k \approx X_k = \frac{2\pi f\mu_0\delta\omega^2 Q_1 D_{CP}}{h} \qquad (6\text{-}1)$$

式中　Z_k——短路阻抗（Ω）；

X_k——漏感抗（Ω）；

μ_0——真空磁导率（N/A^2），$\mu_0 = 4\pi \times 10^{-7} N/A^2$；

ω——绕组匝数；

Q_1——罗果夫斯基线圈互感系数；

h——绕组高度（m）；

D_{CP}——主泄漏通道的平均直径（m）；

δ——主泄漏通道的有效宽度（m），由于 $D_{CP} \gg b_1$、b_2，故 $\delta \approx c + (b_1 + b_2)/3$。

由式（6-1）可知，Z_k的变化实际上仅取决于绕组的变形，也就是绕组几何尺寸的变化。

假如变压器内部线圈在挤压力的作用下，其直径减小 $2\Delta X$（见图 6-1），在式（6-1）中用 $D'_{CP} = D_{CP} - \Delta X$ 代替 D_{CP}，$\delta' = \delta + \Delta X$ 代替 δ 即可求出 Z'_k。

因此，绕组变形引起短路阻抗 Z_k的变化量为

$$\Delta Z_k = Z'_k - Z_k \approx (m - n)\Delta X \qquad (6\text{-}2)$$

其中，$m = \dfrac{1}{c + \dfrac{b_1 + b_2}{3}}$，$n = \dfrac{1}{D_{CP}}$

由式（6-2）可知，短路阻抗的变化量 ΔZ_k 与变形量 ΔX 直接相关。

低电压短路阻抗现场测量一般采用伏安法。测试前将变压器的一侧出线短接，短接用的导线须有足够的截面积，并保持各出线端子接触良好，以减小引线的回路电阻。变压器的另一侧施加试验电压，从而产生流经阻抗的电流，同时测量加在阻抗上的电流和电压，此电压、电流基波分量的比值就是被试变压器的短路阻抗。典型测试接线图和测试仪外观如图 6-2 所示。图 6-2 a 中被测变压器为单相变压器，接线方式为低压侧短路，高压侧加压。

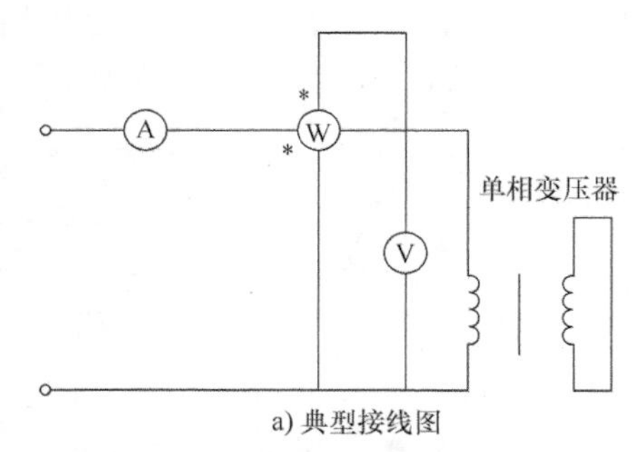

a) 典型接线图

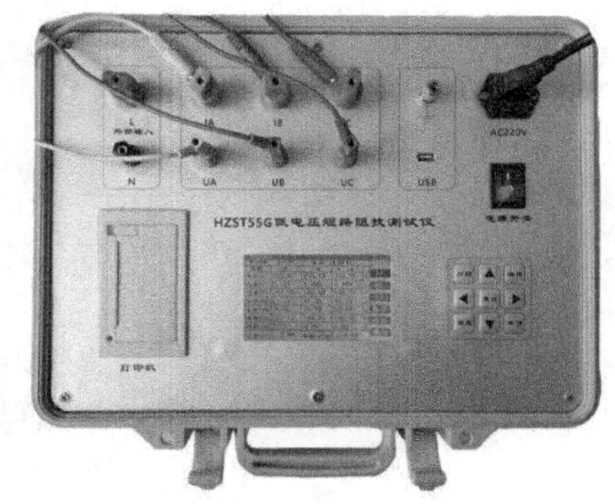

b) 测试仪外观

图 6-2　测试接线

2. 测试结果的影响因素

为保证测试精度，试验电流应在被试变压器绕组额定电流的 0.5% ~0.1%，即 2A ~ 10A 为宜，同时应消除以下因素对测试结果的影响。

（1）试验电源谐波的影响　试验用的电源，难免有各种各样的谐波存在，高次谐波对变压器短路阻抗的测试值有较大的影响。低电压短路阻抗测试仪必须具有优良的滤波性能，可进行硬件与软件相结合的滤波。

（2）试验电源电压的不稳定性影响　由于短路阻抗为感性阻抗，电流与电压之间具有一定的相位差，当测试周期内的电压基波分量发生变化时，电流不可能同步发生变化，从而会产生测量误差。低电压短路阻抗测试仪必须对测量周期内所采集到的信号进行分析与运算，较大程度地减小测试误差，同时不延长测试时间。

（3）试验现场的 50Hz 同频干扰　试验现场的同频干扰主要来自变电站运行设备的电晕干扰和试验仪器用的 220V 交流电源耦合到测试回路所产生的干扰。欲减小同频干扰对低电压短路阻抗测试结果的影响，测试仪必须采用硬件屏蔽、极性切换和适当提高被试变压器的试验电压、电流等方式。

3. 变形判断方法

低电压短路阻抗测试时，通常在变压器的高压侧加压，低压侧短路，必要时可采用低压侧加压、高压侧短路的方式。低电压短路阻抗法已具有较为明确的判据，可分析同一方式下三个单相值的互差（横比）和同一方式下与原始数据（铭牌值）以及上一次测量数据的相比之差（纵比）判断绕组情况，即根据横比和纵比判断绕组情况。

例如，某台 220kV OSFPSZ9 - 150000/220 型电力变压器的低电压短路阻抗法测量数据见表 6-1。低电压短路阻抗法测试时，高压侧加压，低压侧短路。从表 6-1 中可以看出，测试得到的阻抗电压百分比 U_k 与铭牌值 U_{ke} 差别明显，按照标准要求，低压绕组已存在明显变形。返厂解体结果与测量数据的判断一致，吊芯检查发现低压绕组确实已经发生了严重的扭曲和鼓包。

表 6-1　低电压短路阻抗法测量数据

分接开关位置	铭牌 U_{ke}（%）	实测 U_k（%）	误差 ΔU_k（%）
额定挡	32.54	34.495	+6.01

6.2.2　基于频率响应法的变压器绕组变形测试仪

用频率响应法检测变压器绕组变形，是通过工作在扫频模式下的仪器测试变压器各个绕组的幅频响应特性，并对测试结果进行纵向或横向比较，根据幅频响应特性的变化程度，判断变压器可能发生的绕组变形。

1. 基本原理

近年来国内外大量的研究成果及实测经验表明，当频率超过 1kHz 时，变压器的铁心基本上不起作用，变压器的每个绕组均可视为一个由线性电阻、电感（互感）和电容等分布参数构成的无源线性双口网络。设绕组单位长度的分布电感、纵向电容和对地电容分别为 L、K 和 C，并忽略绕组的电阻（通常很小），则绕组的等效网络可用图 6-3 表示，其内部特性可通过传递函数 $H(j\omega)$ 描述。如果绕组发生了轴向、径向尺寸变化等机械变形现象，势必会改变网络的 L、K、C 等分布参数，导致其传递函数 $H(j\omega)$ 的零点和极点分布发生变化，使网络的频率响应特性发生变化。

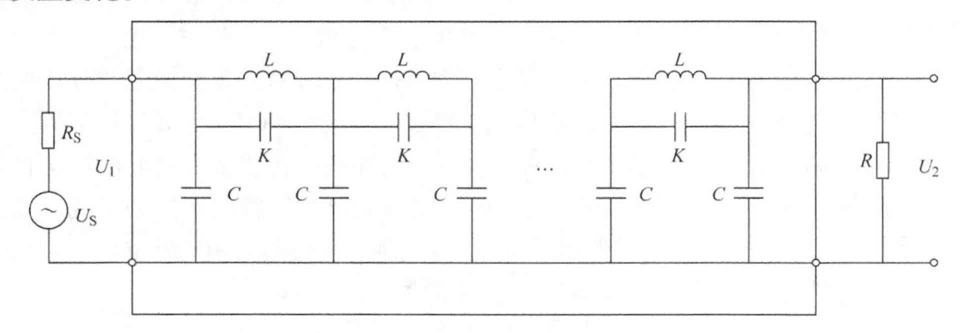

图 6-3　变压器绕组的等效网络

L—单位长度电感量　K—单位长度纵向电容量　C—单位长度对地电容量

U_1—等效网络的激励端电压　U_2—等效网络的响应端电压　U_S—正弦波激励信号源电压

R_S—信号源输出阻抗　R—匹配阻抗

频率响应法原理即通过测试变压器各个绕组的幅频响应特性，对测试结果进行横向或纵向比较，根据幅频响应特性的差异，综合判断变压器可能发生的绕组变形。

变压器绕组的幅频响应特性采用图 6-3 所示的频率扫描方式获得。连续改变外施正弦波激励源 U_S 的频率（角频率 $\omega=2\pi f$），测量不同频率下的响应端电压 U_2 和激励端电压 U_1 的信号幅值之比，获得指定激励端和响应端情况下绕组的幅频响应特性曲线。测得的幅频响应特性曲线常用对数形式表示，即对电压幅值之比进行如式（6-3）的处理：

$$H(f)=20\lg\frac{U_2(f)}{U_1(f)} \tag{6-3}$$

式中　$H(f)$——频率为 f 传递函数的模 $|H(j\omega)|$，即幅频响应；

$U_1(f)$，$U_2(f)$——频率为 f 时响应端和激励端电压的峰值或有效值 $|U_1(j\omega)|$ 和 $|U_2(j\omega)|$。

测试仪通过测试变压器各个绕组的幅频响应特性，根据幅频响应特性的差异，来判断变压器可能发生的绕组变形。测试仪的工作原理如图 6-4 所示。

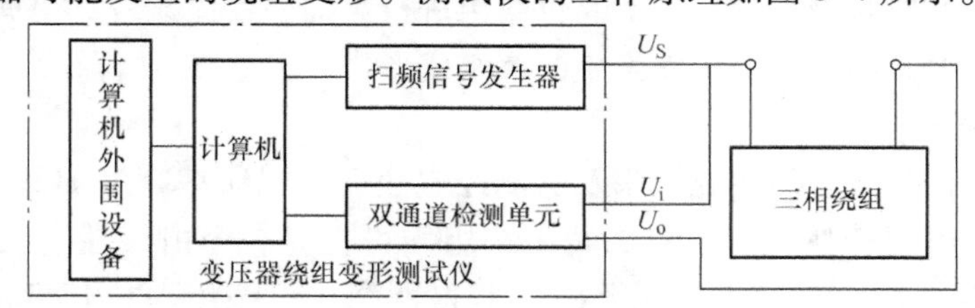

图 6-4　测试仪的工作原理

采用频率扫描方式，改变外施正弦波激励源 U_S的频率f，测量在不同频率下的测量端电压 U_o和输入端电压 U_i信号的幅值之比，获得指定输入端和测量端的情况下绕组的幅频响应特性曲线。

2. 测试结果的影响因素

频率响应法是基于比较的方法，改变测试条件对测试结果的重复性有一定的影响，其中包括测试系统和变压器本身对测试结果的影响。

（1）测试系统的影响

1）测试引线的长度。随着频率的升高，测试引线的杂散电容对测试结果造成明显的影响。为了保证得到最优的测试结果，测试引线的长度应尽可能短，并且在重复测量时长度必须相同。

2）测试仪接地线长度。两个信号测量端的接地线均应可靠连接在变压器外壳上的明显接地端（如铁心接地端），接地线应尽可能短且不缠绕。接地线的长度主要对谐振峰位置和响应幅值产生影响，同时对相间测试结果的相关性也有一定影响。

3）信号源位置。由于真实变压器的首尾两端不可能完全对称，故信号源位置对同一绕组的幅频响应特性曲线有一定影响。例如以 A 相为激励，以 B 相为响应，和以 B 相为激励，以 A 相为响应，它们的曲线有一定的差异，这种差异约在700kHz 以上。

4）并联电阻对测量频率范围的影响。在应用频率响应法测试时，响应端用一个并联电阻来测量响应电流。频率响应法测试覆盖了一个很宽的频率范围，当需要考虑高频段（>1MHz）才能反映出来的微小变形时，选用更小的并联电阻可以更好地反映更微小的绕组变形。

5）高、低压绕组各自对应相接地或不接地。高压绕组测试时，对应的低压绕组接地或不接地，其谐振峰数量基本没有变化，只是位置有不同程度的偏移和幅值大小变化。测试时，需要保证三相的测试接线是相同的。低压绕组测试时，高压绕组不宜采用对应相和中性点都接地，建议只是中性点接地。

6）接线人员的位置。在测试过程中，测试条件的改变对测试结果的重复性有一定影响。这些影响主要是高频段杂散电容的变化引起的。

（2）变压器本身的影响

1）与变压器套管端部相连的引线。有无引出线对测试结果影响很大，出线的长度对被测试绕组的幅频响应特性曲线影响也很大，影响的频率也很宽。测试前应拆除与变压器套管端部相连的所有引线，并使拆除的引线尽可能远离被测变压器套管。对于套管引线无法拆除的变压器，可利用套管末屏抽头作为响应端进行测试，但应注明，并应与同样条件下的测试结果进行比较。

2）分接开关位置。变压器分接开关挡位不同，决定了该绕组匝数的多少，直接影响到被测试变压器绕组的电感、电容量，从而引起该绕组幅频响应特性曲线的变化。故在绕组变形测试时必须记录分接开关的挡位，以便在同一挡位上进行比较。

3）变压器本体接地电阻。变压器本体接地电阻过大会影响到结果的准确性。为了保证测试的准确性，必须保证接地电阻较小，接地网电阻合格。

4）铁心的接地情况。大型变压器的铁心，在正常运行状态下是一点直接接地。实测表明，铁心的接地状态对绕组的幅频响应特性曲线有很大影响。所以，为了使变压器测试状态的相对稳定，幅频响应测试时以铁心直接接地为宜。

5）高压套管。高压套管电容量的差别对幅频响应特性曲线4MHz以上的高频端影响较大，为更有效地进行变压器三相间幅频响应特性曲线对比，必须明确套管电容量对本绕组幅频响应特性曲线的影响。

6）联结组标号。①YNd11及YNyn0d11的变压器各电压等级三相绕组的频谱非常相近，一致性很好，在没有预先获得变压器的原始幅频响应特性的情况下，通过比较三相的频谱图（即横向比较法）来判断绕组是否变形；②YNyn及yn00d11的变压器各电压等级三相绕组的频谱图的一致性差，没有任何可比性，必须在预先获得原始幅频响应特性的情况下，通过比较每相的频谱图（即纵向比较法）来判断绕组是否发生变形。

7）变压器油。在同一台SFF7－50000/24型变压器上，在被测试绕组无变形的情况下，产品内部有油与无油两种状态的实测表明，变压器内部是否充油对绕组的幅频响应曲线影响很大。

3. 绕组变形判断方法

绕组变形测试接线图如图6-5所示。接线步骤如下：

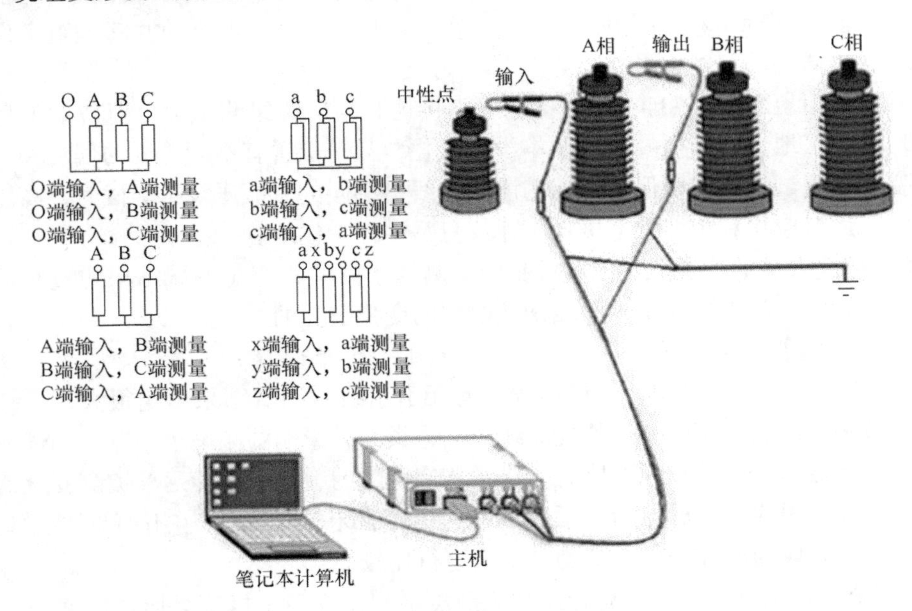

图6-5　绕组变形测试接线图

1）选定被测变压器的激励端（输入端）和响应端（测量端）。

2）通过两根裸铜线把输入电缆和测试电缆的GND端共同连接在变压器油箱金属外壳上，保证与外壳可靠连接（接触电阻不大于1Ω），接地线应尽可能短且不缠绕。建议连接在铁心接地引出端的接地铜排位置，严禁随意缠绕在油箱外壳的金属螺栓上。

3）通过接线钳将输入电缆和测试电缆分别连接到选定的激励端和响应端套管端头。

4）通过同轴电缆把输入单元的U_S、V2端对应地与测试仪U_S、V2端口连接，把检测单元的V1端对应地与测试仪V1端口连接。

5）启动计算机中的测试程序，操作“测量”菜单中的“启动测量”项或相应的快捷键启动测量。

变压器绕组的幅频响应特性曲线中通常包含多个明显的波峰和波谷。经验及理论分析表明，这些波峰和波谷的分布位置及分布数量的变化，可作为分析变压器绕组变形的重要依据。

幅频响应特性曲线低频段（1kHz～100kHz）的波峰或波谷位置发生明显变化，通常预示着绕组的电感改变，可能存在匝间或饼间短路的情况。频率较低时，绕组的对地电容及饼间电容所形成的容抗较大，感抗较小，如果绕组的电感发生变化，会导致其幅频响应特性曲线低频部分的波峰或波谷位置发生明显移动。对于绝大多数变压器，其三相绕组低频段的响应特性曲线应非常相似，如果存在差异，则应查明原因。

幅频响应特性曲线中频段（>100kHz～600kHz）的波峰或波谷位置发生明显变化，通常预示着绕组发生扭曲和鼓包等局部变形现象。在该频率范围内的幅频响应特性曲线具有较多的波峰和波谷，能够灵敏地反映出绕组分布电感、电容的变化。

幅频响应特性曲线高频段（>600kHz）的波峰或波谷位置发生明显变化，通常预示着绕组的对地电容改变，可能存在线圈整体移位或引线位移等情况。频率较高时，绕组的感抗较大，容抗较小，由于绕组的饼间电容远大于对地电容，波峰和波谷分布位置主要以对地电容的影响为主。

用频率响应法判断变压器绕组变形，主要是对绕组的幅频响应特性进行纵向或横向比较，并综合考虑变压器的短路情况、变压器结构、电气试验及油中溶解气体分析等因素。

（1）纵向比较法　对同一台变压器、同一绕组、同一分接开关位置、不同时期的幅频响应特性进行比较，根据幅频响应特性的变化分析绕组变形的程度。该方法具有较高的检测灵敏度和判断准确性，但需要预先获得变压器的原始幅频响应特性，并且应排除检测条件及检测方式变化所造成的影响。

图6-6所示为某台变压器低压绕组在遭受突发短路电流冲击前后的幅频响应特性曲线。比较遭受短路电流冲击以后的幅频响应特性曲线（LaLx02）与冲击前的

曲线（LaLx01），部分波峰及波谷的频率分布位置明显向右移动，可判定变压器绕组发生变形。

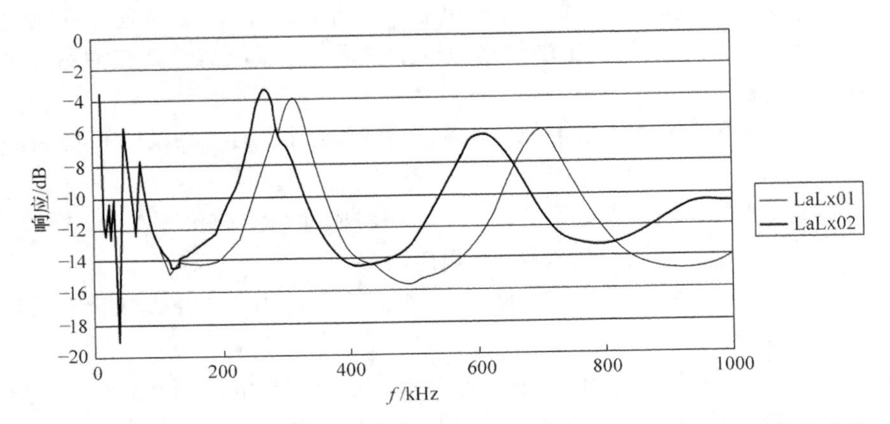

图 6-6　某台变压器低压绕组在遭受突发短路电流冲击前后的幅频响应特性曲线

（2）横向比较法　对变压器同一电压等级的三相绕组的幅频响应特性进行比较，必要时参考同一制造厂在同一时期制造的同型号变压器的幅频响应特性，来判断变压器是否发生绕组变形。该方法不需要变压器的原始幅频响应特性，现场应用较为方便，但应排除变压器的三相绕组发生相似程度的变形，或者正常变压器三相绕组的幅频响应特性本身存在差异的情况。

图 6-7 所示为某台变压器三相绕组在遭受短路电流冲击后的幅频响应特性曲线。图 6-7 中的曲线 LcLa 与曲线 LaLb、LbLc 相比，波峰和波谷的频率分布位置以及分布数量均存在差异，即三相绕组幅频响应特性的一致性较差。而同一制造厂在同一时期制造的另一台同型号变压器三相绕组的幅频响应特性一致性较好（见图 6-8），故可判定该变压器在遭受突发短路电流冲击后发生绕组变形。

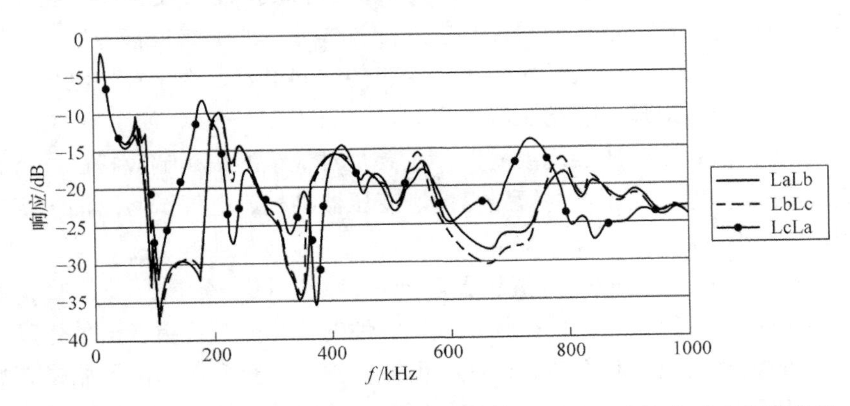

图 6-7　某台变压器三相绕组在遭受突发短路电流冲击后的幅频响应特性曲线

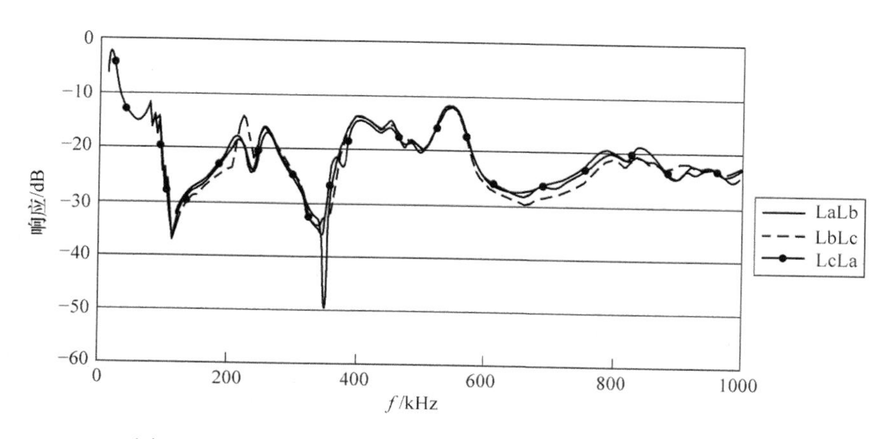

图 6-8　另一台同型号变压器三相绕组的幅频响应特性曲线

6.3　变压器绕组变形测试仪计量方法

6.3.1　低电压短路阻抗法原理测试仪计量方法

根据 JJF（浙）1083—2012《交流阻抗参数测试仪校准规范》，计量项目包括电压测量误差、电流测量误差、频率测量误差、相位差测量误差和计算参数测量误差。

1. 电压测量误差

电压测量误差的计量用交流阻抗参数测试仪校准装置，采用标准源测量法。在测试仪的测量范围内至少选取 5 个点，按图 6-9 接线，分别读取交流阻抗参数测试仪校准装置电压输出设定值和被校测试仪的电压示值，按式（6-4）计算电压的测量误差。

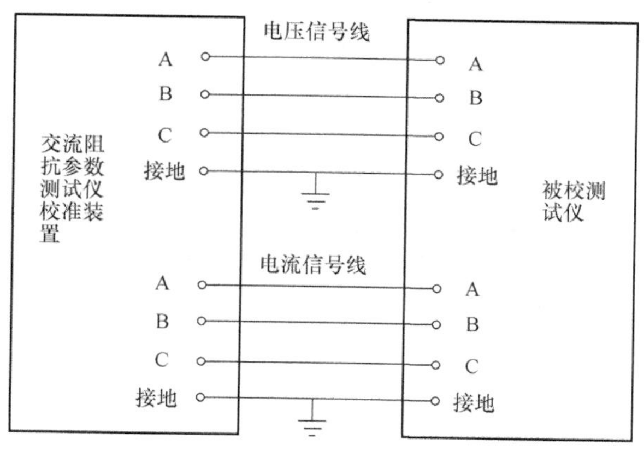

图 6-9　测试仪校准系统连接图

$$\gamma_U = \frac{U_x - U_N}{U_N} \times 100\% \tag{6-4}$$

式中 γ_U——电压测量误差；

U_x——被校测试仪电压示值（V）；

U_N——电压输出设定值（V）。

2. 电流测量误差

电流测量误差的计量用交流阻抗参数测试仪校准装置，采用标准源测量法。在测试仪的测量范围内至少选取5个点，按图6-9接线，分别读取交流阻抗参数测试仪校准装置电流输出设定值和被校测试仪的电流示值，按式（6-5）计算电流的测量误差。

$$\gamma_I = \frac{I_x - I_N}{I_N} \times 100\% \tag{6-5}$$

式中 γ_I——电流测量误差；

I_x——被校测试仪电流示值（A）；

I_N——电流输出设定值（A）。

3. 频率测量误差

频率测量误差的计量用交流阻抗参数测试仪校准装置，采用标准源测量法，在测试仪的测量范围内至少选取3个点，按图6-9接线，分别读取交流阻抗参数测试仪校准装置频率输出设定值和被校测试仪的频率示值，按式（6-6）计算频率的测量误差。

$$\gamma_f = \frac{f_x - f_N}{f_N} \times 100\% \tag{6-6}$$

式中 γ_f——频率测量误差；

f_x——被校测试仪频率示值（Hz）；

f_N——频率输出设定值（Hz）。

4. 相位差测量误差

接线方式如图6-9所示。标准功率源的电压输出设置为100V，电流输出设置为1A，相位差设置为90°，读取被校测试仪相位差，其测量误差以绝对误差计算。

5. 计算参数测量误差

计算参数测量误差的计量用交流阻抗参数测试仪校准装置，采用标准源测量法。在测试仪的测量范围内至少选取3个点，读取被校测试仪短路阻抗显示值，用交流阻抗参数测试仪校准装置输出的电压、电流和功率因数通过理论公式计算出标准值，按式（6-7）得出计算参数的测量误差。

$$\gamma_\tau = \frac{\tau_x - \tau_N}{\tau_N} \times 100\% \tag{6-7}$$

式中 γ_τ——计算参数测量误差；

τ_x——被校测试仪计算参数示值；

τ_N——计算参数标准值。

6.3.2　频率响应法原理测试仪计量方法

DL/T 1952—2018《变压器绕组变形测试仪校准规范》中推荐，测试仪输出正弦激励电压信号的频率范围一般为 1kHz ~ 1MHz，最大允许误差应不超过 ±0.1%。测试仪幅值比动态测量范围一般为 −80dB ~ 20dB。−80dB ~ 20dB 范围内的最大允许误差应不超过 1dB，测量示值重复性相对标准偏差应不超过 1%。

计量项目包括频率计量和幅值比计量。

频率计量接线如图 6-10 所示。

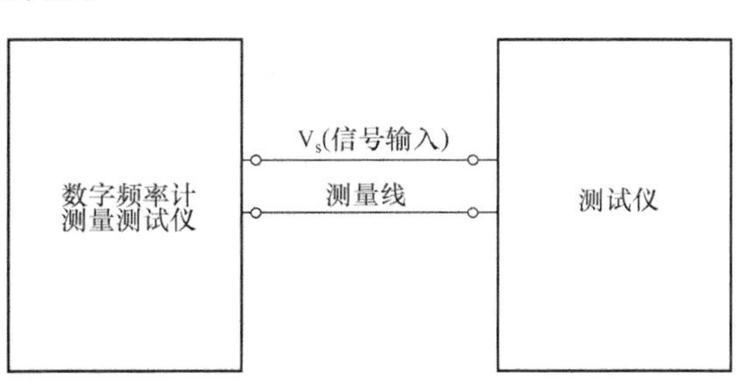

图 6-10　频率计量接线图

测试仪设为单频点扫描模式，用数字频率计测量测试仪输出信号的频率。频率计量点的范围覆盖测试仪的扫描频率范围，频率计量点一般设定为 1kHz、2kHz、5kHz、10kHz、20kHz、50kHz、100kHz、200kHz、500kHz、1MHz。测试仪频率相对误差为

$$\gamma_f = \frac{f_x - f_N}{f_N} \times 100\% \tag{6-8}$$

式中　γ_f——测试仪输出频率相对误差；

f_x——数字频率计示值（Hz 或 kHz）；

f_N——测试仪频率设定示值（Hz 或 kHz）。

幅值比计量接线如图 6-11 所示。采用长度不超过 2m、特征阻抗为 50Ω 的同轴屏蔽电缆连接。为保证阻抗匹配，在信号响应端就近加装 50Ω 的匹配电阻或将测试仪信号响应端输入阻抗设定为 50Ω。

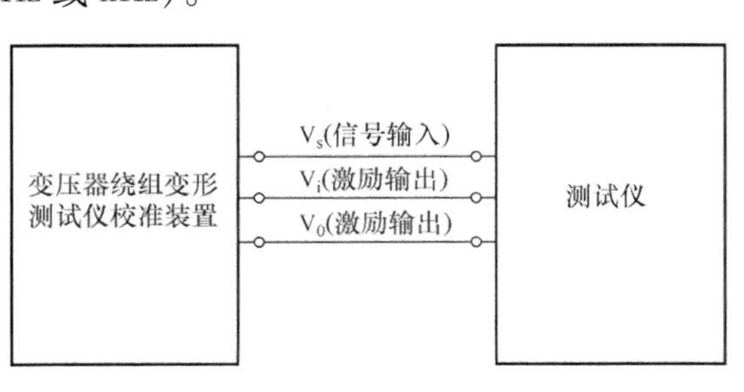

图 6-11　幅值比计量接线图

将测试仪设为扫频模式对幅值比进行计量。扫频范围设定为 1kHz ~ 1MHz，幅值比计量点一般分别设定为 −80dB、−60dB、−40dB、−20dB、0dB。根据测试仪各次存储的数据文件，按式（6-9）计算幅值比绝对误差最大值。

$$\Delta\delta = \max(|\delta_{Xmax} - \delta_N|, |\delta_{Xmin} - \delta_N|) \tag{6-9}$$

式中　$\Delta\delta$——幅值比绝对误差最大值（dB）；

δ_{Xmax}——幅值比最大值（dB）；

δ_{Xmin}——幅值比最小值（dB）；

δ_N——幅值比校准装置设定值（dB）。

6.4 现场检测案例分析

利用低电压短路阻抗法和频率响应法对一台存在绕组变形的110kV变压器进行检测，检测完成后进行返厂解体。

为保证检测时设备状态的一致性，上述两种检测方法在故障变压器的解体前同期进行，设备停役后，立即开展低电压短路阻抗法和频率响应法测试。

6.4.1 低电压短路阻抗法

短路阻抗测试时高压侧挡位为第10挡，中压侧为第3挡，测试结果见表6-2。从表6-2可以看出，高压－低压短路阻抗数据不满足标准要求。对比分析高压－中压和高压－低压数据，怀疑导致测试数据异常的主要原因在于低压绕组，认为低压绕组存在整体变形。

表6-2 短路阻抗测试结果

被测试绕组	连接方式		测试结果		初值差（%）
	测量/挡位	短路/挡位	测试值（%）	铭牌值（%）	
高压－中压	高压/第10挡	中压/第3挡	10.15	10.1	0.50
高压－低压	高压/第10挡	低压	18.14	17.7	2.49

6.4.2 频率响应法

频率响应法测试时，高、中压侧分接开关挡位与低电压短路阻抗测试结果一致，测试结果如图6-12所示。从图中可以看出，该变压器B相绕组高、中、低压侧绕组低频段幅频响应曲线与A、C相均存在差异，该差异与绕组设计时的阻抗差异有关；同时，该变压器A相中、低压绕组在高频段与B、C相差异较大，怀疑A相中、低压绕组对地电容改变，可能存在引线和绕组整体鼓包和移位。

6.4.3 返厂解体结果

该变压器返厂解体发现，变压器高、中、调压绕组无明显异常，低压绕组A、B、C均存在不同程度的变形。低压绕组的解体结果如图6-13所示，解体情况如下：

1）低压A相绕组内部沿低压出线存在明显股线扭曲，失稳，并向中压绕组鼓出，变形从绕组的首端贯穿至末端，但未见明显绝缘破坏痕迹；绕组的其他部分未见明显变形现象。

2）低压B相绕组发现某一撑条支撑处绕组股线存在扭曲，并向中压绕组鼓出，扭曲现象从低压绕组顶部至下方1/3处；同时该撑条对侧绕组从顶部至下方2/3位置处有12匝绕组存在局部鼓包，变形介于两撑条之间。

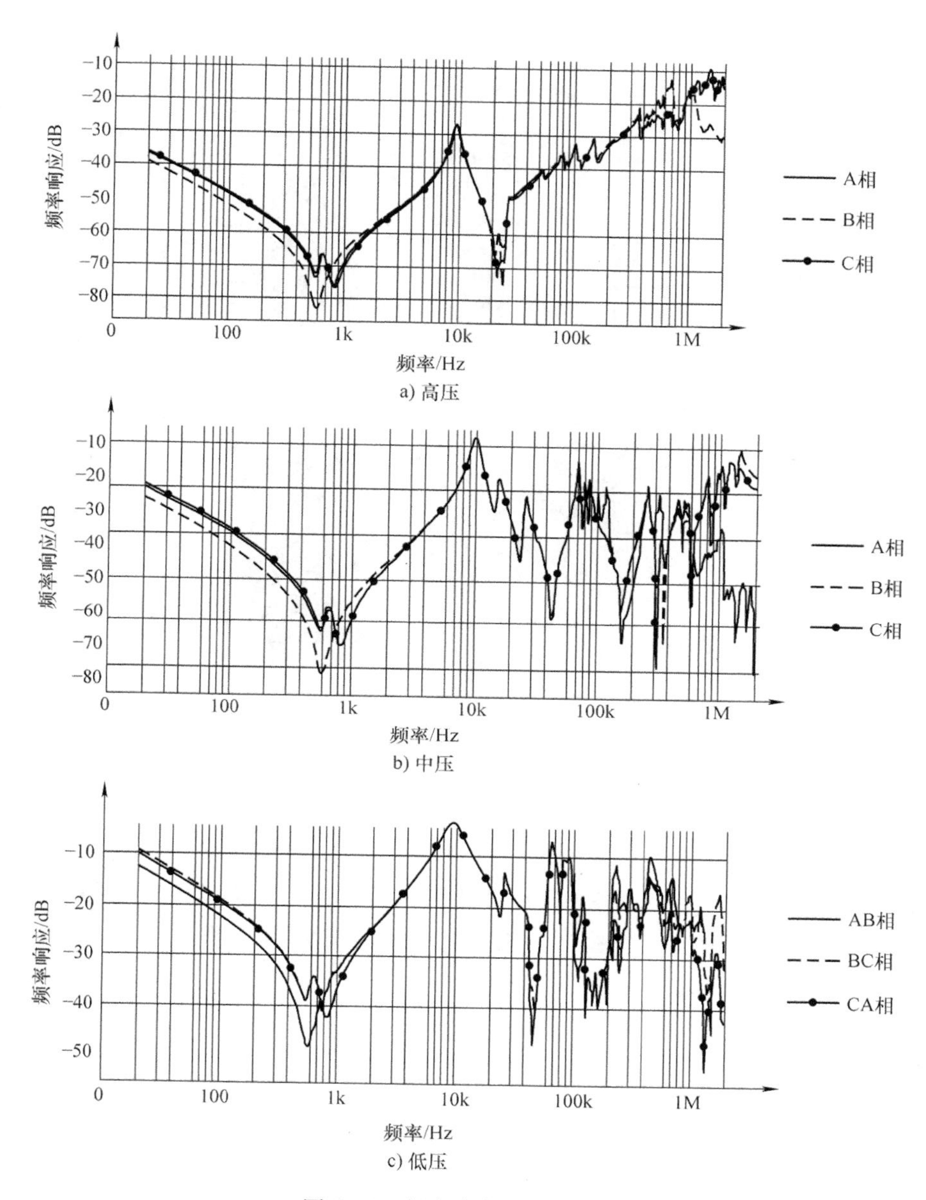

图 6-12 频率响应法测试结果

3）低压 C 相绕组中部存在 19 匝绕组股线存在明显扭曲，并向中压绕组鼓出，变形发生在撑条支撑位置，同时与相邻的第 2 根撑条之间的绕组也由于鼓出存在内扭迹象，而且相邻第 3 根撑条的 19 匝以下位置存在 12 匝线圈鼓包。

通过上述两种检测方法的分析结果与返厂解体结果对比可知：

1）返厂解体结果证实了上述各种检测方法对该变压器的绕组变形检测是有效的。

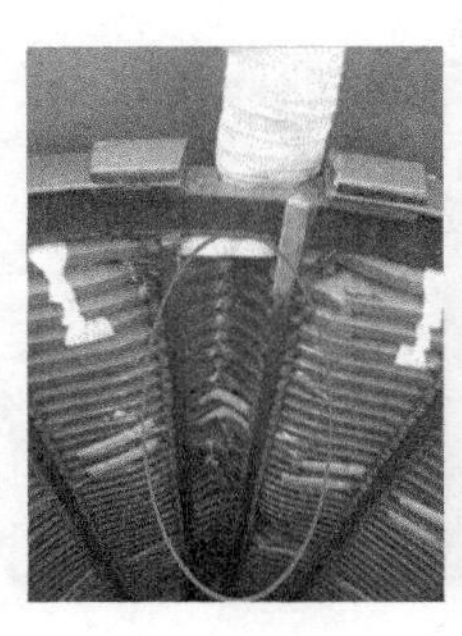

a) 低压A相绕组内部

b) 低压B相绕组内部

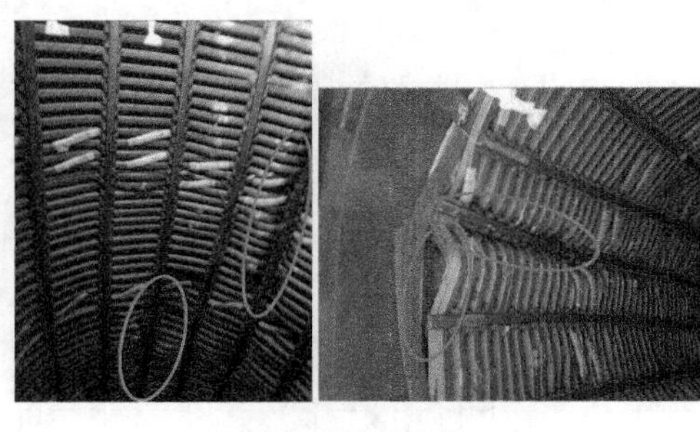

c) 低压C相绕组内部

图 6-13　低压绕组解体结果

2）频率响应法检测引线变形、绕组整体鼓包与移位效果较好，但对于局部扭曲等现象，较难检测发现。

3）对比返厂解体结果与各种检测方法的分析结果，认为低电压短路阻抗法与频率响应法对于不同形式的绕组变形检测灵敏度存在差异，两种方法相结合可有效提高变形判断的有效性。

第 7 章　变压器变比测试仪

7

变压器是电力系统中关键的电气设备，加强变压器产品的试验检测对电网的安全稳定运行有着重要意义。变压器试验项目较多，其中，变比测量[⊖]和联结组标号测试是电力变压器的例行试验项目，也是电网公司规定的变压器产品抽检必检项目。

变比测量目的是保证变压器绕组匝数及分压比在标准或技术要求规定的范围之内，确定并联绕组或线段（例如分接线段）的匝数是否相同，判定绕组各分接引线和分接开关的连接是否正确。联结组标号决定变压器一次电压和二次电压间的相位关系，与绕组的绕向和同名端标志有关。三相变压器在电力系统中具有特别重要的作用。随着电网容量的增大，常用多台变压器并联运行的供电方式，并联运行的变压器必须具有相同的联结组标号。

变压器变比测试仪可进行变压器变比测试与极性测试、三相变压器联结组标号测试，常用于变压器交接试验、诊断性试验中。对变压器变比测试仪进行检定校准，确认其是否满足实际工作的需要，是保障电气设备安全可靠运行的必要手段之一。

7.1　变压器变比测量及联结组标号测试

7.1.1　变压器电压变换基本原理

变压器是一种静止的电气设备，它利用电磁感应原理将输入的交流电压变换成同频率的所需输出电压，以满足高压输电、低压供电及其他用途的需要。变压器的主要部件是铁心和套在铁心上的两个绕组。两个绕组只有磁耦合，没有电的联系。在一次绕组上施加交变电压，产生交链一次、二次绕组的交变磁通，在两个绕组中分别感应电动势。

根据电磁感应定律，若一次侧输入电压 U_1 按正弦规律变化，则在绕组中产生的磁通也按正弦规律变化，交变磁通在绕组的一次、二次侧产生感应电动势 E_1 和 E_2，则

⊖　本章中涉及的变比均指变压器电压比。

$$E_1 = N_1 \frac{\Delta \Phi}{\Delta t} \quad E_2 = N_2 \frac{\Delta \Phi}{\Delta t} \tag{7-1}$$

变压器空载时，内部电压降及漏抗都很小，外加电压 U_1 和感应电动势 E_1 的数值基本相等，二次电压 U_2 也约等于二次感应电动势 E_2，则

$$\frac{U_1}{U_2} \approx \frac{E_1}{E_2} = \frac{N_1}{N_2} \tag{7-2}$$

若不计一次、二次绕组的电阻，忽略能量传递损失，$U_1 I_1 \approx U_2 I_2$，则

$$\frac{I_1}{I_2} = \frac{N_2}{N_1} \tag{7-3}$$

7.1.2 变压器联结组标号

绕组相对铁心柱的旋转方向有左绕向和右绕向。绕向不同时，绕组中通过电流时产生的磁场方向也不同；当磁场变化时，绕组中感应电动势的方向不同。

GB 1094.1—2013《电力变压器　第1部分：总则》规定，三相变压器的三相绕组或组成三相组的三台单相变压器同一电压的绕组联结成星形、三角形或曲折形，对于高压绕组应用大写字母 Y、D 或 Z 表示，对于中压或低压绕组应用同一字母的小写字母 y、d 或 z 表示，对于有中性点引出的星形或曲折形联结应用 YN(yn) 或 ZN(zn) 表示。

一台三相变压器，除了绕组间极性关系外，因三相绕组的连线方式和引出端子标号的不同，其一次绕组和二次绕组对应的线电压间的相位差也会改变，不同的相位差代表着不同的接线组别。采用“时针表示法”确定接线组别：高压边线电压作为长针始终指向“12”，低压边相对应的线电压作为短针，短针指向的数字称为三相变压器的联结组标号。Yd11 的绕组接线图和相量图如图 7-1 所示。

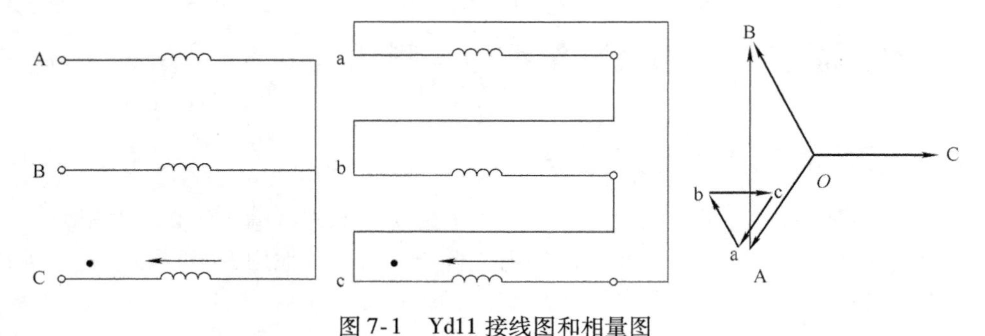

图 7-1　Yd11 接线图和相量图

7.1.3 变压器变比测量及联结组标号测试目的

变压器变比是指变压器空载运行时，一次电压 U_1 与二次电压 U_2 的比值，即

$$K = \frac{U_1}{U_2} \approx \frac{E_1}{E_2} = \frac{N_1}{N_2} \tag{7-4}$$

单相变压器的变比近似等于变压器的匝数比。三相变压器铭牌上的变比是指不同电压绕组的线电压之比。不同接线方式的变压器，变比与匝数的关系：一次、二次侧接线相同的三相变压器的变比等于匝数比；一次、二次侧接线不同（一侧为三角形联结、另一侧为星形联结）时，Y、d 接线的变比 $K=\sqrt{3}N_1/N_2$，D、y 接线的变比 $K=N_1/(\sqrt{3}N_2)$。

变压器变比测量和联结组标号测试的目的：

1）检验变压器绕组的匝数与绕向是否正确。

2）检查分接开关的位置与绕组的联结组标号是否正确。

3）总装后，检查变压器分接开关内部所处位置与外部指示位置是否一致，以及线段标志是否正确。

4）发生故障后，检查变压器是否存在匝间短路。

5）判断变压器是否可以并列运行。

7.2　变压器变比测试仪基本原理

变比测量和联结组标号测试是电力变压器重要的试验项目。变比测量的基本方法有双电压表法和变比电桥法，联结组标号测试的基本方法有变比电桥法、双电压表法和示波器法。目前，变压器变比测试仪大多采用自动测试技术，可同时测量变比和联结组标号，一般设计有分接绕组纵向测试功能，可自动判断分接位置、联结组组别、极性，可自动换算理论变比、实测变比、百分误差及进行相应变比值的存储。

7.2.1　变比测量原理

变比的测量方法，一般有双电压表法和变比电桥法。

1. 双电压表法

测量变比时，施加的电压最好接近额定电压，并应加在电源侧，对于升压变压器加在低压侧，对于降压变压器加在高压侧。三相变压器的变比可以用三相或单相电源测量。用三相电源测量比较简便，用单相电源比用三相电源容易发现故障相。

（1）直接双电压表法　在变压器的一侧施加电压，并用电压表在一次、二次绕组两侧测量电压（线电压或用相电压换算成线电压），两侧线电压之比为所测变比。

测量变比时，要求电源电压稳定，必要时需加稳压装置，二次侧电压表引线应尽量短，且接触良好，以免引起误差。测量用电压表准确度应不低于 0.5 级，一次、二次电压必须同时读数。

（2）经电压互感器的双电压表法　在被试变压器的额定电压下测量变比时，一般没有较准确的高压计量电压表，必须经电压互感器来测量。所使用的电压表准确度不低于 0.5 级，电压互感器准确度应为 0.2 级。对于 110kV/10kV 的高压变压器，如在低压侧用380V励磁，高压侧需用电压互感器测量电压。电压互感器的准确度应比电压表高一级，若电压表为0.5级，电压互感器应为0.2级。

2. 变比电桥法

可以利用变比电桥测出被试变压器的变比。电阻型变比电桥法的工作示意图如图7-2所示，测量原理如图7-3所示。

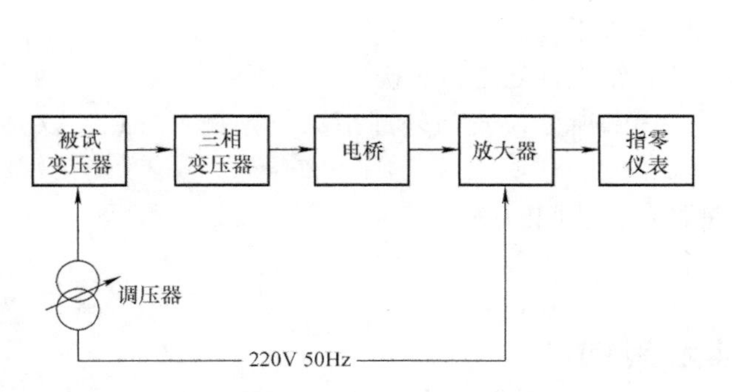

图7-2　电阻型变比电桥法工作示意图

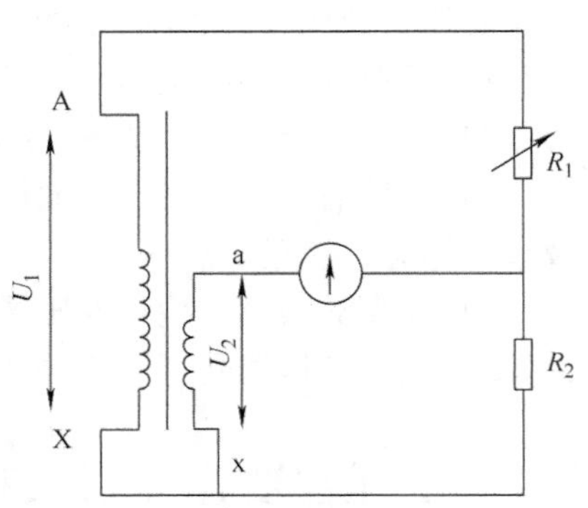

图7-3　电阻型变比电桥法测量原理图

在被试变压器的一次侧，施加一个电压U_1，则在变压器的二次侧有一个感应电压U_2，调整R_1的阻值，可以使检流计指零，这时变比K为

$$K=\frac{U_1}{U_2}=\frac{R_1+R_2}{R_2}=\frac{R_1}{R_2}+1 \tag{7-5}$$

为了在测量变化的同时读出这台变压器的变化误差，只要在电阻R_1和R_2之间串入一个可变电阻R_3（见图7-4），设滑杆和电阻R_3的接触点为C。

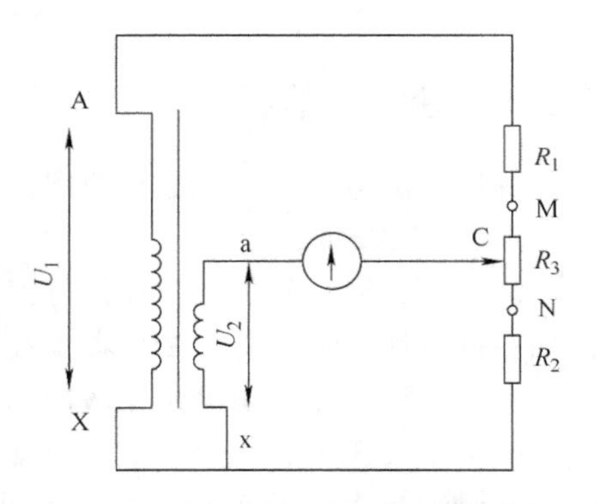

图7-4　变比电桥法误差测量原理图

假定$R_{MC}=R_C=R_3/2$，如果变压器的变比完全符合标准变比K，调整R_1使检流计指零，变比为

$$K=\frac{R_1+R_2+R_3}{R_2+\frac{1}{2}R_3}=1+\frac{R_1}{R_2+\frac{1}{2}R_3}+\frac{\frac{1}{2}R_3}{R_2+\frac{1}{2}R_3} \tag{7-6}$$

如果被试变压器的变比不是标准变比K，而是带有一定误差的K'，这时不必去改变R_1的电阻，只需改变滑杆C点的位置。如果被试变压器的误差在一定的范围内，则在R_3上一定可以找到使检流计指零的一点，这时被试变压器的实测变比K'为

$$K=\frac{R_1+R_2+R_3}{R_2+\frac{1}{2}R_3+\Delta R} \tag{7-7}$$

其中，ΔR 为 C 点偏离 R_3 中点的阻值。

被试变压器的变比误差（%）为

$$\begin{aligned}\varepsilon &=\frac{K'-K}{K}\times 100\% =\left(\frac{K'}{K}-1\right)\times 100\% \\ &=\left\{\left(\frac{R_1+R_2+R_3}{R_2+\frac{1}{2}R_3+\Delta R}\div\frac{R_1+R_2+R_3}{R_2+\frac{1}{2}R_3}\right)-1\right\}\times 100\% \\ &=\frac{R_2+\frac{1}{2}R_3-\left(R_2+\frac{1}{2}R_3+\Delta R\right)}{R_2+\frac{1}{2}R_3+\Delta R}\times 100\%\end{aligned} \tag{7-8}$$

因为 $R_2+\frac{1}{2}R_3>>\Delta R$，所以

$$\varepsilon=\frac{-\Delta R}{R_2+\frac{1}{2}R_3}\times 100\%$$

为了方便，取 $R_2+\frac{1}{2}R_3=1000\Omega$，若最大百分误差 $\varepsilon=\pm 2\%$，那么 $\Delta R=\frac{-\varepsilon\left(R_2+\frac{1}{2}R_3\right)}{100\%}=\frac{-(\pm 2\%)\times 1000\Omega}{100\%}=\pm 20\Omega$。

即误差在 ±2% 范围变动时，滑杆 C 点须在离 R_3 中点 ±20Ω 的范围内变动。如果从 X 点算起，那么 R_{XC} 为 890Ω ~ 1020Ω。

当滑杆 C 点在 R_3 上滑动时，C 点的电位也将相应变化，在一定的范围可与 U_2 达到平衡。

以上是以 QJ35 变压比电桥为代表的变比电桥法测量变比和误差的基本原理。此型号变压比电桥是用无源电阻比例臂进行电桥平衡，并根据比例盘位读取数据，数据相对稳定可靠。但该型号的变比电桥需要手动调节，自动化程度低。

随着电子技术和微处理技术的高速发展，国内外已推出多种全自动变比测量仪。全自动变比测量仪的基本测量原理仍为前述的电压测量法和电桥法。它一般采用单片机作为微处理器，接受面板键盘和开关量的输入，对量程、电桥平衡进行自动跟踪控制，并对测量结果进行数据处理，最后将测量结果存储、打印，快速完成变比的测量。

下面以常用的 BBC6638 变比测试仪为例，介绍全自动变比测试仪的工作原理。该仪器的外观、前后面板示意图如图 7-5 所示。

仪器根据双电压法原理设计，原理框图如图 7-6 所示。仪器测试过程由单片机

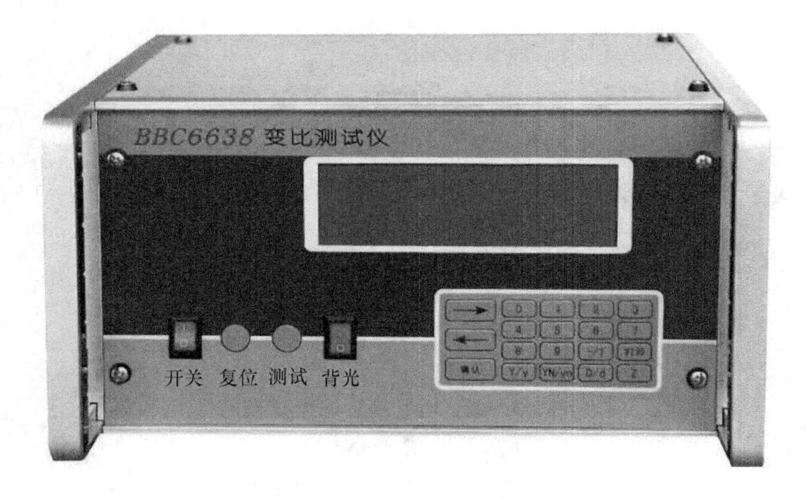

a) BBC6638变比测试仪外观

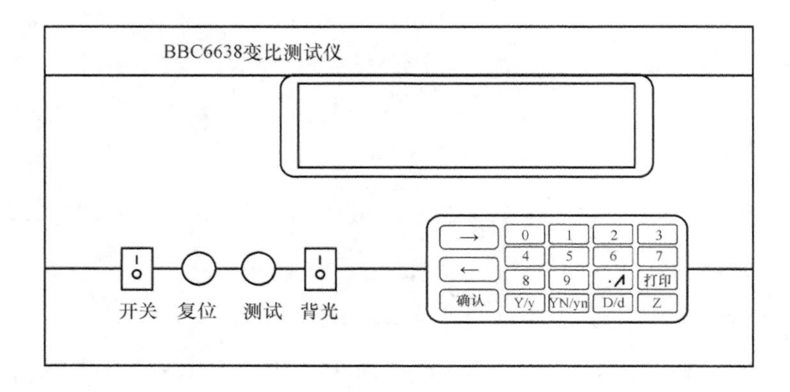

b) 前面板示意图

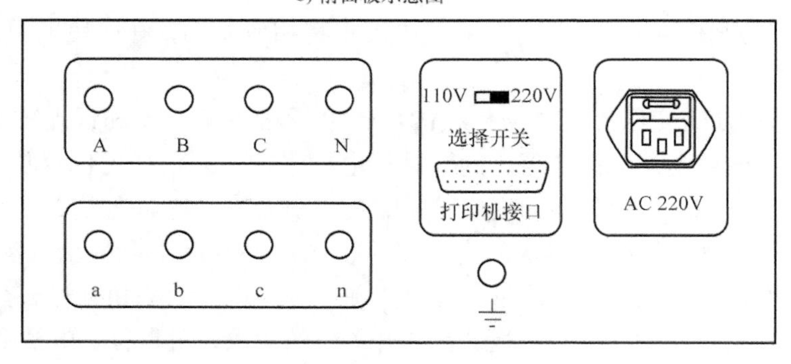

c) 后面板示意图

图 7-5　BBC6638 变比测试仪

控制完成。标准电源电压经继电器后，加到被测变压器的高压侧绕组上，低压侧感应电压经继电器后得到被试变压器的高压侧绕组和低压侧绕组电压，经过继电器、AD/DC 变换器后得到直流电压，再经过 A/D 转换后同时进入由单片机控制的微处理器。微处理器根据输入的额定变比、测得的高低压绕组电压等数据进行计算、处理，存储并显示变比测量值及与额定变比的偏差。

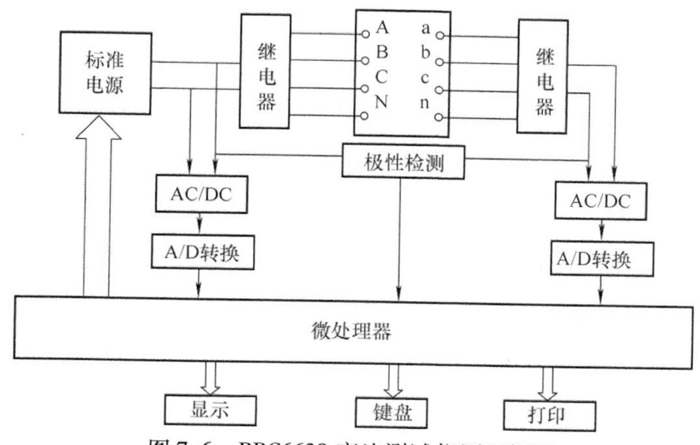

图 7-6　BBC6638 变比测试仪原理框图

变比自动测量仪的功能特点如下：

1）在测量过程中，被试变压器一次和二次绕组信号的采样同步进行，可以避免电源电压波动的影响。

2）微处理器的数字处理功能很强，一般都可在软件中加入消除噪声的算法、均值算法等处理程序，以提高数据的稳定性和抗干扰性能。

3）一般都有仪器工作状态和错误信息显示。

4）全自动变比测量仪由于采用了微处理器，可将 IEEE488 通用仪器控制接口安装于测量仪内部，与 PC 连接后，能实现遥控和数据交换，可组成多台仪器的自动测量系统。

全自动变比测量仪的测量原理实际上是传统双电压表法的扩展和延伸，但它强大的自动判断、计算、测量、存储和菜单式的人性化显示是双电压表法无法比拟的。全自动变比测量仪的出现改变了变比测量的现状，提高了工作效率。

7.2.2　绕组联结组标号测试原理

联结组标号测试通常有三种测试方法：变比电桥法、双电压表法和示波器法。其中，变比电桥法、双电压表法通常适用于电力变压器的联结组标号测试；示波器法在标准绕组联结组标号的检定中很少使用，一般仅用于特殊的绕组联结组标号的测试（如测定相位差）。

1. 变比电桥法

采用变比电桥法进行绕组的联结组标号检定时，按电桥正常接线，它可以检定单相变压器 II0 和 II6 两种联结组标号，以及三相变压器 Yy0（Dd0）、Yy6（Dd6）、Yd11、Yd5 四种联结组标号。当被试三相变压器的一对被试绕组的联结组标号与电桥内设定的以上四种联结组标号不相同时，适当地改变被试品与电桥间的连接相序，可以利用电桥设定的四种标号来测试其他联结组标号。

对于其他联结组标号，以 Yd1 为例，测试时可将被试品的 A 和 C 互换、a 和 c 互换，联结组标号由 Yd1 变成 Yd11，利用电桥的 Yd11 挡即可测试 Yd1 联结组标号的变压器。

2. 双电压表法

双电压表法的原理图如图 7-7 所示，Aa 用导线连接，从被试变压器高压侧输入三相平衡电压，通常为 100V 或 200V，然后用一块电压表测量高压输入电压且保持平衡不变，用另一块电压表测量 Xx 或 Bb、Bc、Cb 间的线端电压。测得电压 $U_{Bb}=U_{Cc}$ 与其他两个电压 U_{Bc}、U_{Cb} 三者间的大小关系随不同联结组标号电压间相量关系而变化，通过查表法（双电压表法测量变压器联结组对照表）可确定联结组标号。

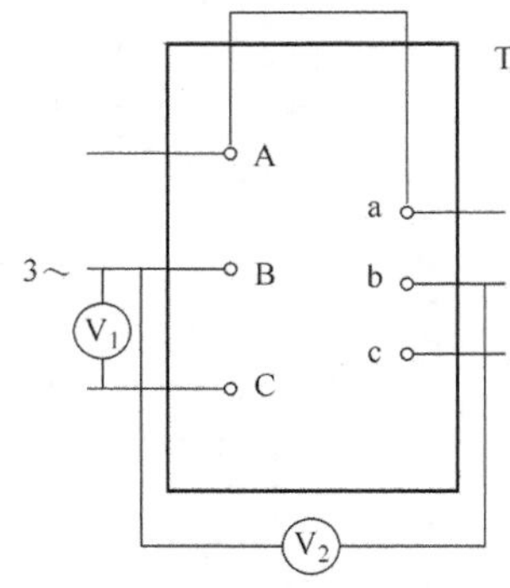

图 7-7　双电压表法原理图

3. 示波器法

被试变压器的联结组标号不是 0～11 组别时，变比电桥法和双电压表法都难以测试被试一对绕组间电压相量关系，此时可以用示波器拍摄波形，由示波图来判定两绕组间的电压相量角度。

从被试变压器一对绕组电压高的一侧输入三相对称平衡电压，将高、低压侧线电压对应分组引入分压箱（AB 对应 ab、BC 对应 bc、AC 对应 ac），使示波器波形能正确分辨高、低压绕组波形及两个波形之间的相位差。至少应拍摄三组对应线电压中任意二组的波形，二组波形及高、低压绕组间的相位差应相同。图 7-8 所示为示波器拍摄的波形图，则相位差角度 $\theta=\frac{l}{L}\times180°$。

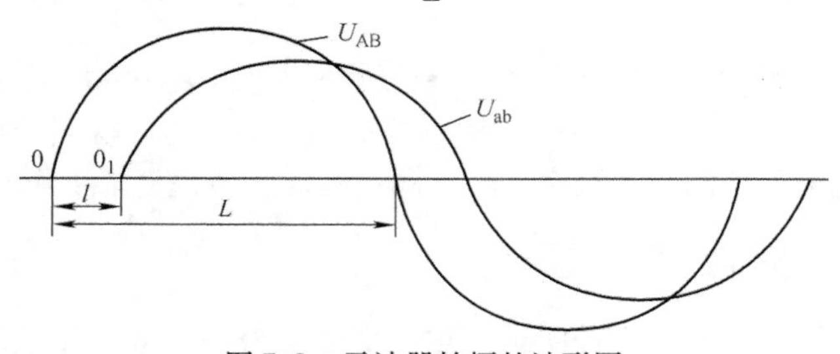

图 7-8　示波器拍摄的波形图

目前的变比自动测试仪通过微处理器控制和计算，可以进行三相变压器的变比测量和联结组标号测试。

7.3　变压器变比测试仪计量方法

根据 JJG 970—2002《变压比电桥检定规程》的要求，变压器变比测试仪的结构应牢固可靠，仪器面板和外壳无明显的机械损伤，各项功能的标志应齐全、清晰，所有的调节开关或触摸开关应接触良好、定位准确、操作灵活。仪器的面板或外壳上应有铭牌，铭牌内容应符合有关标准规定并有 CMC 标志。仪器测试端子与外壳接地端子间的绝缘电阻，用 1000V 绝缘电阻表测量时，不小于 20MΩ，并能承受 50Hz、2000V 正弦波 1min 的耐压试验。

变比测试仪的计量可分为单相和三相计量两部分。单相计量包括灵敏度、变比示值、误差盘示值误差、分接位置、标准偏差等的计量。三相计量包括相序、联结组等的计量。具体计量项目详见表 7-1。

表 7-1　计量项目

序号	检定项目	首次检定	后续检定	使用中检定
1	外观	+	+	+
2	灵敏度	+	+	+
3	变比示值	+	+	+
4	标准偏差	+	-，*	-
5	误差盘示值误差	+	+	+
6	分接位置	+	+	+
7	相序、联结组	+	+	+
8	绝缘电阻	+	+	+
9	耐压	+	-，*	

注：表中“+”表示检定，“-”表示不检定，“*”表示修理后须检定。

7.3.1　单相计量

用变比标准器（或感应分压器）对电桥进行单相误差的计量，可以用实物型的变压比电桥校验仪例如七盘感应分压器进行计量，如图 7-9 所示，也可以由上位机虚拟仪器设定标准变比值，去控制标准感应分压器（一种模拟实际变压器不同变比的分压装置）输出标准变比值考核变比测试仪测量精度。计量用变比标准器（或感应分压器）的最大允许误差绝对值应不大于被检仪器最大允许误差绝对值的 1/5，最小分度值不大于被检仪器最大允许误差绝对值的 1/10。

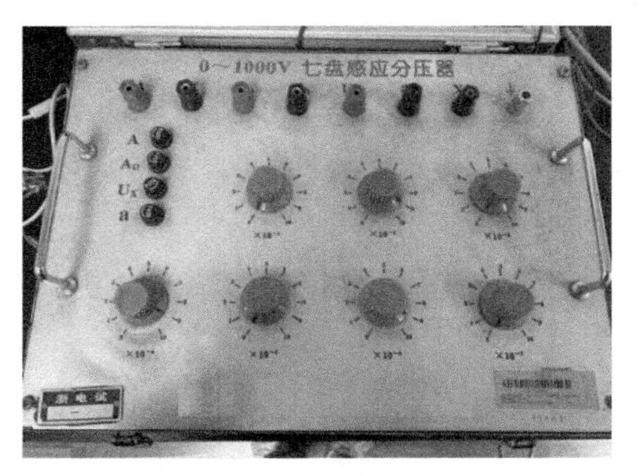

图 7-9　七盘感应分压器

通常情况下选择 AB 相进行计量。

1. 灵敏度

对于指针式变压比电桥，在额定工作电压下，将变压比电桥的灵敏度置于最大状态，并在被检电桥变比测量上限附近选取某一变比值。当电桥平衡后，调节被检电桥末位变比盘或误差盘，其指零仪灵敏度指标应满足如下要求：在电桥额定工作电压下和规定的测试范围内，当电桥平衡后，改变变比测量盘或误差盘的一个最小步进值时，指零仪指针偏离零位应不小于1mm。

对于数显式变压比电桥，在被检电桥变比测量上限附近选取某一变比值，启动电桥进行测量。待电桥稳定后，调节变比标准器示值，被检电桥变比和误差显示值应相应跟随变化。其指零仪灵敏度指标应满足如下要求：在用变比标准器对其进行校准时，当变比标准器改变相当于被检电桥最大允许误差的1/5量值时，显示值应有相应改变。

2. 变比示值

将被检电桥相序开关置于“AB”，联结组开关置于“0”或“12”，误差盘置于“0”，指零仪灵敏度调节旋钮调至最小。接通电源预热若干分钟（按说明书要求），然后将指零仪灵敏度调节旋钮调至最大，同时调节指零仪零位调节旋钮，进行零位平衡。

在指针式电桥计量时，用变压比电桥检定装置上的变比标准器计量被检电桥的变比测量盘（对于有倍率开关的被检电桥，应使用倍率开关，以保证在整个检定过程中，被检电桥变比测量盘的第一盘始终被使用）。平稳地增大电压至规定值，对于每个被测点，调节变比标准器示值，使指零仪指零，该点的示值相对误差为

$$\delta_x = \frac{K_x - K_n}{K_n} \times 100\% \tag{7-9}$$

式中 δ_x——被检电桥在计量点的相对误差；

K_n——变比标准器示值（标准变比值）；

K_x——被检电桥变比测量盘的指示值。

对于数显式电桥，调节检定装置上的变比标准器示值至计量点，被检电桥变比示值的相对误差可从其误差显示器上取“负”后读出，也可以直接从被检仪器变比显示器上读出变比值，然后按式（7-9）计算该点的相对误差。

计量点的选取应较全面地覆盖仪器的变比测量范围。

3. 标准偏差

对于指针式变压比电桥，标准偏差应小于最大允许误差绝对值的1/10。选出被测电桥变比示值误差最大点作为计量点，在其他条件都不变的情况下，反复转动被检电桥变比测量盘，重复5次以上。

对于数显式变压比电桥，则应重新启动5次，按式（7-10）计算被检电桥的标准偏差。

$$s = \sqrt{\frac{1}{n-1}\sum_{i-1}^{n}(x_i - \bar{x})^2} \tag{7-10}$$

式中 s——被检电桥的标准偏差；

x_i——单次计量实际值；

$\bar{x}$——n次计量实际值的平均值；

n——计量次数。

4. 误差盘示值误差

对于指针式变压比电桥，首先将电桥误差盘置零，变比测量盘置 10（$K=10$），调节变比标准器示值，使之平衡，记下变比标准器的读数 K_0；然后将被检电桥误差盘调整到需要的计量点，调节变比标准器示值使被检电桥平衡，记下变比标准器的读数 K_n。误差盘示值误差按式（7-11）计算，对误差盘应进行逐盘逐点计量。

$$\delta_q = \left(r - \frac{K_n - K_0}{K}\right) \times 100\% \tag{7-11}$$

式中　δ_q——误差盘示值误差；

K——被测电桥变比测量盘示值（$K=10$）；

K_0——误差盘示值置零时变比标准器示值（标准变比值）；

K_n——误差盘示值等于 r 时，变比标准器示值（标准变比值）。

对于数显式变压比电桥来说，误差显示器的显示值由单片机运算得出，为了验证其计算公式是否正确，可以抽查一二个示值误差进行验证。首先将被检电桥变比显示器设置为 10（$K=10$），调节变压比电桥检定装置上的变比标准器示值，使被校仪器误差显示器为零，记下变比标准器的读数 K_0；然后再调节变比标准器示值，使被检电桥误差显示器显示出需要的检定值，记下变比标准器的读数 K_n。误差显示器示值误差按式（7-11）计算。

5. 分接位置

对于带有分接抽头的被检电桥，要对其分接抽头进行检定。用变比标准器，对分接抽头进行逐点计量。分接抽头示值相对误差按式（7-9）计算。对于数显式变压比电桥来说，分接值由单片机运算得出，为了验证其计算公式是否正确，可以抽查一二个分接示值进行验证。

7.3.2　三相计量

用三相标准电压互感器对电桥进行相序和联结组的计量，可以用实物型的标准器（如 FA－200 型变压比电桥校验仪）进行计量，如图 7-10 所示，也可以经程序控制输出相序、联结组标号和标准变比信号进行计量。计量用三相标准电压互感器至少应包括 Yy0、Yy6、Dd0、Dd6、Yd5、Yd11、Dy5、Dy11 等常用联结组标号，其最大允许误差绝对值应不大于被检电桥最大允许误差绝对值的 1/50。

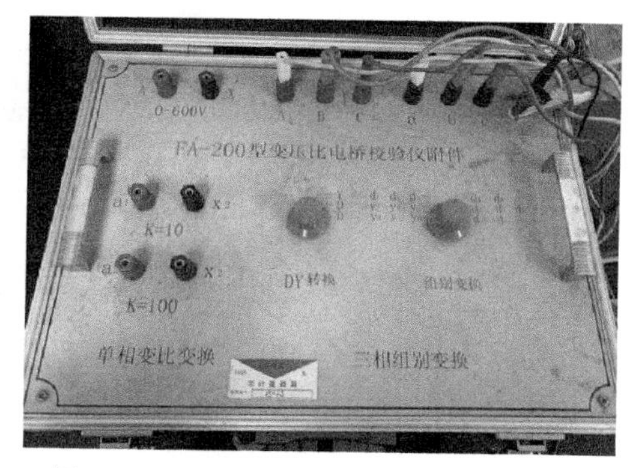

图 7-10　FA－200 型变压比电桥校验仪

在变压比电桥检定装置中，用三个单相标准电压互感器按不同组别方式组成一个三相标准电压互感器，对变压比电桥进行相序和联结组计量。在相序 AB、BC、CA 下分别对常用联结组 Yy0、Yy6、Dd0、Dd6、Yd5、Yd11、Dy5、Dy11 进行计量，在1或2个变比值下计量即可。示值相对误差由被测电桥误差指示器取“负”读出，也可以直接从被检电桥变比显示器上读出变比值，然后按式（7-9）计算该点的相对误差。

以被检电桥最大允许误差的1/10为单位，按数据修约规则进行修约。变比测试仪的检定周期一般不超过1年。

7.4 现场应用与案例分析

7.4.1 变压器变比、极性和联结组测量方法

1. 试验步骤

变压器变比、极性和联结组接线示意图如图7-11所示。

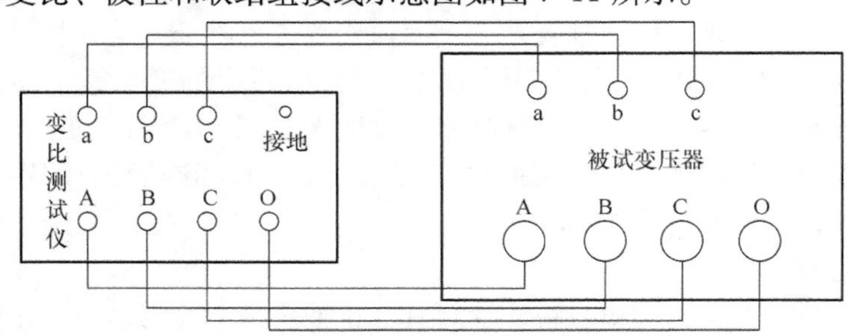

图7-11 变压器变比、极性和联结组接线示意图

1）用接地线将变比测试仪与变压器外壳接地线可靠连接。

2）将测试仪的高、低压测试线分别接到被试变压器的高、低压绕组的接线端子上，高、低压测试线禁止接反，高、低压两侧接线分开摆放，防止缠绕。

3）根据被试变压器的铭牌、型号对变比测试仪进行设置。

4）测量并记录：对于三相变压器，选择三相变比测量模式，按下测量键测量，记录测量实际变比、示值误差和联结组标号。

5）试验结束后，拆除测试线，清理现场，恢复被试设备试验前状态。

2. 注意事项

1）应该明确试验范围，做好安全防护措施，悬挂好工作标识牌，遮好安全围栏。

2）注意被试变压器的联结组标号，正确设置变比测试仪参数。

3）变比测试仪的高、低压端不可连接错误。

4）试验完毕后应进行充分放电。

3. 试验结果判断

（1）空载电压比　合格判断按GB/T 1094.1—2013《电力变压器　第1部分：总则》中空载电压比偏差的规定：

1）第一对绕组的主分接或极限分接（如果规定）：规定电压比的±0.5%或主

分接上实际阻抗百分数的 ±1/10，取两者中的较低者。

2）第一对绕组的其他分接：匝数比设计值的 ±0.5%。

3）其他绕组对：匝数比设计值的 ±0.5%。

（2）联结组标号与极性　检查变压器的三相联结组标号和单相变压器引出线的极性，必须与设计要求及铭牌上的标记和外壳上的符号相符。

7.4.2　现场案例分析

某变电站对一台额定电压为 110kV/10.5kV，联结组标号为 YNd11 的无载调压变压器进行大修后试验，发现在测量分接位置“2”“3”变比时，变比误差超过标准要求，高压绕组直流电阻误差也超过标准要求。其测试数据见表 7-2。

表 7-2　测试数据

分接位置	变比误差（%）			高压绕组直流电阻/Ω			
	AB/ab	BC/bc	AC/ac	AO	BO	CO	ΔR（%）
1	-0.05	-0.04	-0.04	0.3804	0.3820	0.3824	0.52
2	0.07	2.54	2.69	0.3711	0.3725	0.3639	2.33
3	-0.03	-2.88	-2.90	0.3620	0.3631	0.3733	3.09
4	-0.04	0.03	-0.05	0.3535	0.3543	0.3549	0.39
5	-0.03	-0.06	-0.05	0.3443	0.3452	0.3458	0.45

通过对变比、直流电阻数据进行分析，判断可能是将分接开关 C 相绕组的分接“2”“3”接反，造成误差超过标准要求。经重新吊检分析，缺陷判断正确。消除缺陷后重新测量，该台变压器变比误差、直流电阻误差均合格。

第8章　局部放电测试仪

8

设备绝缘损坏故障是造成电力停电事故的主要原因，而电气设备绝缘劣化是一个渐进的过程，发展时间与设备本身的运行状况、位置和结构等多种因素有关。因此，准确评估绝缘系统的好坏对保证电网正常运行至关重要。

局部放电是变电站内电气设备绝缘故障的前期征兆和重要诱因，开展局部放电检测对于及时发现设备缺陷、避免绝缘故障具有重要的意义。目前，局部放电试验分为停电试验和带电试验两大类，本章对停电试验及各类带电局部放电检测方法分别做了介绍。

8.1　局部放电及危害

8.1.1　局部放电发生原理

局部放电是指电场作用在绝缘材料上，其部分区域的场强因为达到了该位置的击穿强度而发生放电。电压施加在绝缘体两端时，绝缘体内部或者表面存在的气泡或间隙就会发生放电，而其余部分的材料介质依然存在绝缘的作用，这是形成绝缘局部放电最普遍的原因。产生以上问题的原因有很多，比如在电抗器生产过程中产生的间隙，绝缘材料的老化开裂，由不同材料组合而成的绝缘体由于性质的差异而逐渐产生裂纹等。

除气泡或间隙之外，如果绝缘材料中存在导电杂质，使得电场集中在杂质的边缘，严重时也会出现局部放电现象。若电抗器中存在金属颗粒、毛刺尖端或者导线之间连接点接触不良，当电抗器带电运行时，就可能在这些部位出现很大的电位差，容易引起局部放电。

对于电气设备的某一绝缘结构，多少存在着一些绝缘弱点，它在一定的外施电压作用下会首先发生放电，但并不随即形成整个绝缘贯穿性的击穿，这种导体间绝缘仅被局部桥接的电气放电即为局部放电。这种放电可以在导体附近发生，也可以不在导体附近发生。形成电场型局部放电的基本条件是：作用在一部分电介质上的电场强度，超过该部分电介质的耐受电场强度。作用电场强度超过耐受电场强度有三种可能：一是作用电场强度过高；二是耐受电场强度过低；三是二者同时出现。

通常二者同时出现的可能性更大。形成电流型局部放电的基本条件是：受电动力或机械力的作用，导体中的电流被迫进入电介质。

8.1.2　局部放电类型

局部放电既可能发生于两极板间的均匀电场中的某些薄弱环节，如固体绝缘的空穴中、液体绝缘的气泡中或不同介电特性的绝缘层间，也可能发生在极板边缘处电场集中的部位，如金属表面的边缘尖角部位。所以放电类型分为 3 类，即内部放电、表面放电及压晕放电。

1. 内部放电

绝缘材料中含有气隙、杂质、油隙等，这时可能会出现介质内部或介质与电极之间的放电，其放电特性与介质特性及夹杂物的形状、大小及位置有关。

当外施电压升高，直到空穴电压达到空穴的击穿电压值时，空穴开始放电，即发生局部放电。在交流电压下，局部放电原理及等效电路如图 8-1 所示，其中 R_a 代表 a 处的电阻，C_a 代表 a 处的电容。

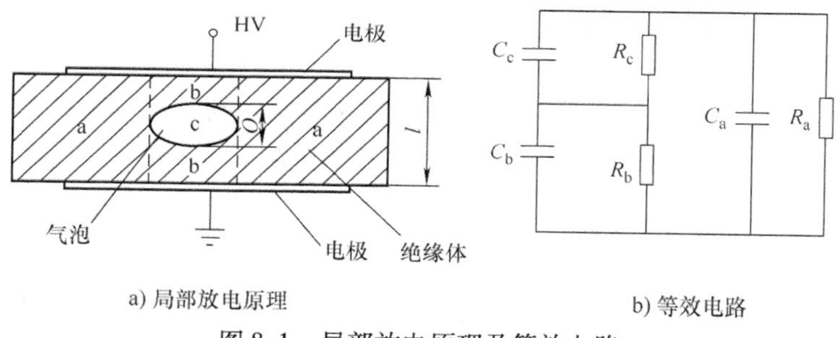

a) 局部放电原理　　b) 等效电路

图 8-1　局部放电原理及等效电路

2. 表面放电

在电场中介质表面的电场强度达到击穿电场强度时，则出现表面放电。表面放电可能出现在套管法兰处、电缆终端部、导体和介质弯角表面处。表面局部放电的波形与电极的形状有关，如电极为不对称时，则正负半周的局部放电幅值也不相等。

3. 电晕放电

电晕放电是在电场极不均匀的情况下，导体表面附近的电场强度达到气体的击穿电场强度时所发生的放电。在高压电极边缘，尖端周围由于电场集中造成电晕放电。电晕放电在负极性时较易发生，在交流时它们可能仅出现在负半周。电晕放电是一种自持放电形式，发生电晕时，电极附近出现大量空间电荷，在电极附近形成流注放电。

8.1.3　局部放电的危害

电气设备绝缘结构中的局部放电会伤害绝缘，严重时会引起绝缘击穿，而且由局部放电产生的热量、臭氧等气体会产生电化学作用，引起绝缘材料腐蚀损坏。

局部放电对电气设备绝缘的危害程度，一方面取决于局部放电的强度、放电量的大小和放电次数等，另一方面还与绝缘材料耐受放电的性能，在局部放电下受到的破坏程度有关。在局部放电作用下，电气设备绝缘受到伤害，虽然不是马上击穿损坏，但有累积效应，降低电气设备的使用寿命，影响其长期安全可靠运行。

8.2 局部放电试验目的及方法

8.2.1 试验目的

GB 50150—2016《电气装置安装工程 电气设备交接试验标准》规定，互感器的试验项目中包括对电压等级为35kV～110kV 互感器进行局部放电抽测，抽测数量约为10%；对于110kV 的变压器，当对绝缘油怀疑时，应进行局部放电试验。

DL/T 596—1996《电力设备预防性试验规程》规定，对20kV～35kV 固体绝缘互感器每1～3 年也要进行局部放电测量。

局部放电试验的目的，主要是在规定的试验电压下检测局部放电量是否超过规程允许的数值。如果放电量超过规程规定允许的数值，则要通过测试手段判别局部放电发生的部位和引起局部放电的原因，以便设法消除局部放电。

8.2.2 停电测量方法

局部放电电气试验方法可分为停电测量方法和带电测量方法。在停电测量方法中用得最多的是脉冲电流法。

1. 脉冲电流法检测局部放电

电气设备施加电压后，如果绝缘结构中出现局部放电，不仅发生局部放电的气隙上电压发生突然变化，而且这种电压变化会通过耦合传递到电气设备的出线端，产生脉冲信号。在被试品内部某处发生局部放电时，在被试品的两端会出现瞬时电压变化。如果接入检测仪器，就会有脉冲电流流过，从而判断是否出现局部放电，并根据脉冲电流的强弱和波形测量出局部放电的电荷量。

由于局部放电的信号十分微弱，因此局部放电的检测仪器都配有放大器。在实际使用时，根据不同的被试品、不同的要求和不同的外部干扰情况选择不同的测量系统和不同的测量频率范围。根据测量频率范围，放大器分为宽频带和窄频带。宽频带局部放电测试仪不仅能测量发生局部放电时的脉冲电压和视在放电量，而且能区分脉冲波形和极性。但是宽频带局部放电测试仪易受外部干扰，适用于干扰小的场合。窄频带局部放电测试仪抗外部干扰能力强，能测量脉冲电压和视在放电量，但所测量的脉冲波形易发生畸变，不能区分脉冲波形和极性。对于变压器应采用宽频带局部放电测试仪，工作原理如图8-2、图8-3 所示。

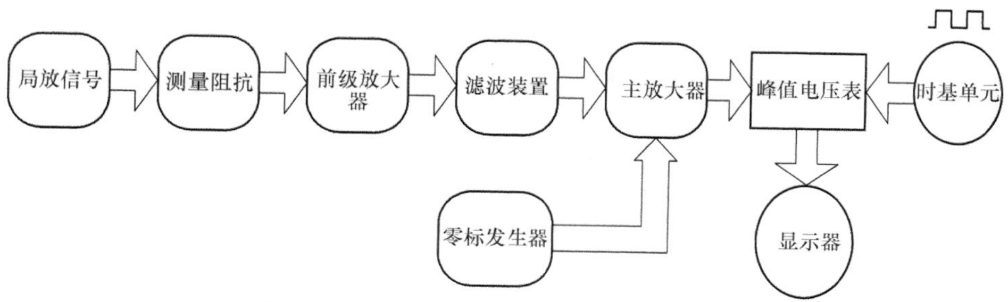

图 8-2　模拟型局部放电测试仪工作原理框图

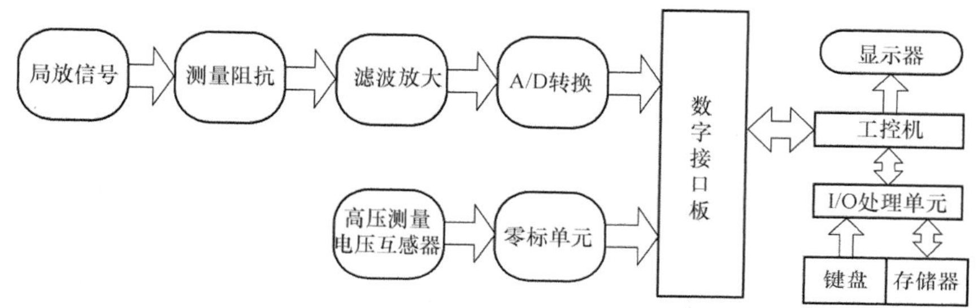

图 8-3　数字型局部放电测试仪工作原理框图

通常表征局部放电最通用的参数是视在电荷量（q）。局部放电的视在电荷是指在规定的试验回路中，非常短的时间内对被试品两端间注入一定电荷量，使测量仪器上所得的读数与局部放电端电压变化量相同。视在电荷量通常用皮库（pC）表示。一般视在放电量（视在电荷量）与被试品实际点的放电量并不相等，实际局部放电量无法直接测量，而视在电荷量是可以测量的。被试品放电引起的电流脉冲在测量阻抗端子上所产生的电压波形可能不同于注入脉冲引起的波形，但通常可以认为这两个量在测量仪器上读到的响应值相等。

2. 局部放电试验基本接线和试验方法

进行局部放电试验的基本测试回路通常分为直接法和桥式法（平衡法）两大类，直接法又有并联测试回路和串联测试回路两种。

图 8-4 所示为并联测试回路，多用于被试品电容 C_x 较大，试验电压下被试品的工频电容电流超出测量阻抗 Z_m 允许值，或被试品有可能被击穿，或被试品无法与地分开的情况。图 8-5 所示为串联测试回路，多用于被试品电容 C_x 较小的情况下，试验电压下被试品的工频电容电流符合测量阻抗 Z_m 允许值时，耦合电容 C_k 兼有滤波（抑制外部干扰）和提高测量灵敏度的作用，其效果随 C_x/C_k 的增大而提高。C_k 也可利用高压引线的杂散电容 C_s 来代替。这样，可使线路更为简单，从而减少过多的高压引线和联结头，

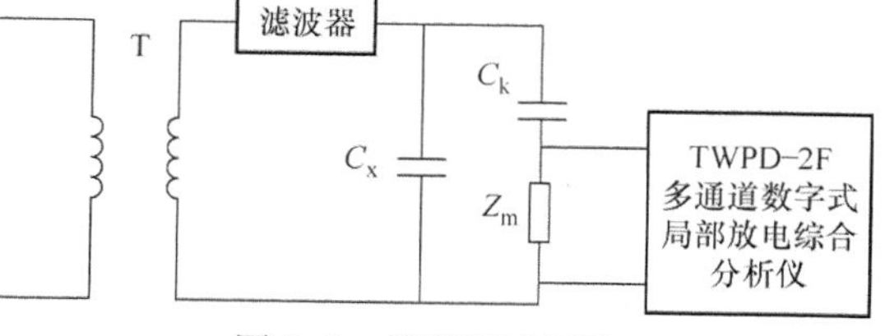

图 8-4　并联测试回路

避免电晕干扰。

变压器局部放电测量的加压方式，分为直接加压和感应加压两种方式，试验电压一般高于被试品的额定电压，电源频率一般采用 100Hz ~ 250Hz，最高不超过 400Hz。

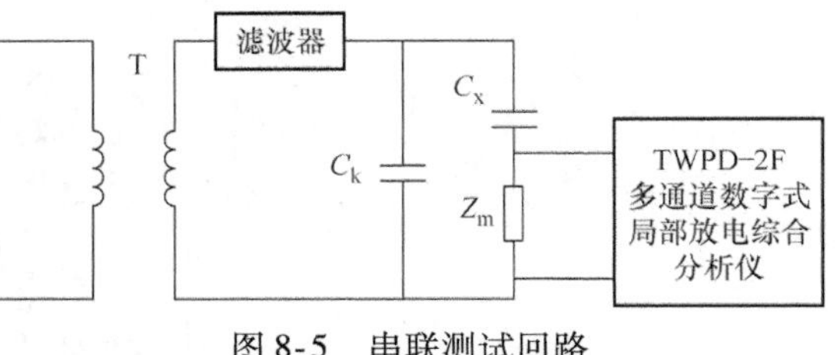

图 8-5　串联测试回路

局部放电测量应在全部绝缘试验完成后进行，根据变压器是三相还是单相决定其绕组由三相加压还是单相加压，电压波形尽可能接近正弦波，试验电压频率应在 100Hz ~400Hz 之间。

局部放电测量的加压方式如图 8-6所示，所有的干式变压器上都应进行局部放电试验。

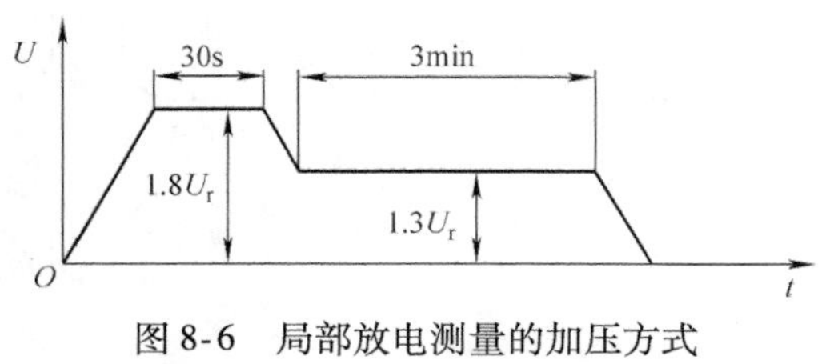

图 8-6　局部放电测量的加压方式

相间预加电压为 $1.8U_r$，其中 U_r 为变压器被试绕组的额定电压，加压时间为 30s。然后不切断电源，将相间电压降至 $1.3U_r$，保持 3min，在此期间进行局部放电测量。

8.2.3　带电测量方法

局部放电带电测量是利用电气设备产生局部放电时的各种物理、化学现象，如电荷的交换、发射电磁波、声波、发热、发光、产生分解物等进行测量。常见的局部放电带电测量有超声波法、超高频法和暂态地电压法。

1. 超声波法

利用超声波法检测技术来测定局部放电的位置及放电程度。超声波频率比通常人耳可听见的声波频率要高，用超声探头获得电气设备由局部放电引起的超声信号，进行局部放电的定位和程度的测量，如图 8-7 所示。

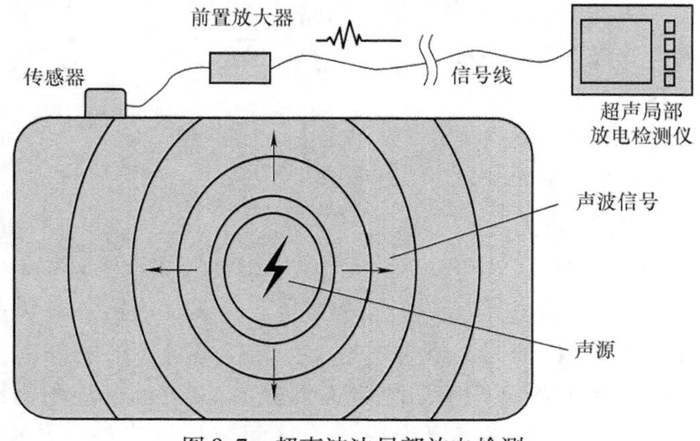

图 8-7　超声波法局部放电检测

超声波法测量简单，不受环境条件限制，但灵敏度低，不能直接定量测量，常用于放电部位确定及配合电测法的补充手段。超声波法可在被试品外壳表面不带电的任意部位安置传感器，可较准确地测定放电位置，且接收的信号与系统电源没有电的联系，不会受到电源系统电信号的干扰。因此进行局部放电测量时，常常结合超声波法同时使用，可得到很好的测量效果。

2. 超高频法

每一次的局部放电都会发生电荷中和，伴随一个陡的电流脉冲，在电力变压器内部局部放电的脉冲宽度为 ns 级，在变压器油中可激发频率达 1GHz 以上的电磁波，超高频法检测的频率范围为 300MHz ~ 3GHz（目前国内外局部放电的现场实测频率一般不超过 1.5GHz）。对于变压器的运行现场来说，通常的噪声频率低于 400MHz，而超高频传感器一般安装在变压器内部，变压器箱体厚度一般为厘米级，对外部噪声有很强的屏蔽作用，因而使得超高频法具有很强的抗干扰性。

3. 暂态地电压法

当配电设备发生局部放电现象时，带电粒子会快速地由带电体向接地的非带电体快速迁移，如配电设备的柜体，并在非带电体上产生高频电流行波，且以光速向各个方向快速传播。受趋肤效应的影响，电流行波往往仅集中在金属柜体的内表面，而不会直接穿透金属柜体。但是，当电流行波遇到不连续的金属断开或绝缘连接处时，电流行波会由金属柜体的内表面转移到外表面，并以电磁波形式向自由空间传播，且在金属柜体外表面产生暂态地电压（Transient Earth Voltage，TEV），而该电压可用专门设计的暂态地电压传感器进行检测，如图 8-8 所示。

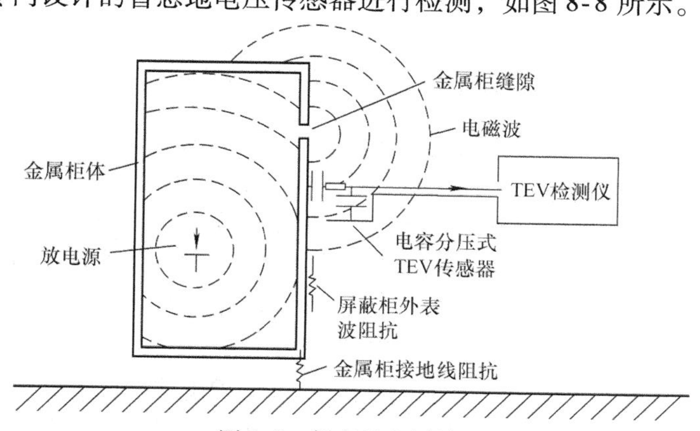

图 8-8　暂态地电压检测

由于配电设备柜体存在电阻，局部放电产生的电流行波在传播过程中必然存在功率损耗，金属柜体表面产生的暂态地电压也就不仅与局部放电量有关，还会受到放电位置、传播途径以及箱体内部结构和金属断口大小的影响。因此，暂态地电压信号的强弱虽与局部放电量呈正比，但比例关系却复杂、多变且难以预见，也就无法根据暂态地电压信号的测量结果定量推算出局部放电量的多少。

暂态地电压传感器类似于传统的 RF（射频）耦合电容器，其壳体兼作绝缘和保护双重功能。当金属柜体外表面出现快速变化的暂态地电压信号时，传感器内置的金属极板上就会感生出高频脉冲电流信号，此电流信号经电子电路处理后即可得到局部放电量的大小。由于脉冲电流信号的大小不仅取决于暂态地电压信号的强度，还与其前沿陡峭程度有关，因此基于暂态地电压检测技术的局部放电检测结果不仅取决于局部放电量大小，还取决于具体的放电类型和频谱分布，甚至与传感器的设计参数也有关系。

8.3 局部放电测试仪分类

8.3.1 停电局部放电测试仪

停电局部放电测试仪主要是指脉冲电流法局部放电测试仪（见图 8-9）。该仪器综合应用了计算机技术，模拟电子技术、高速信号采集、数字信号处理及图形显示技术和各种抗干扰技术。通过检测局部放电的脉冲电流信号，精确测定出高压设备的视在放电量、放电次数、放电重复频率等各种局部放电参数。

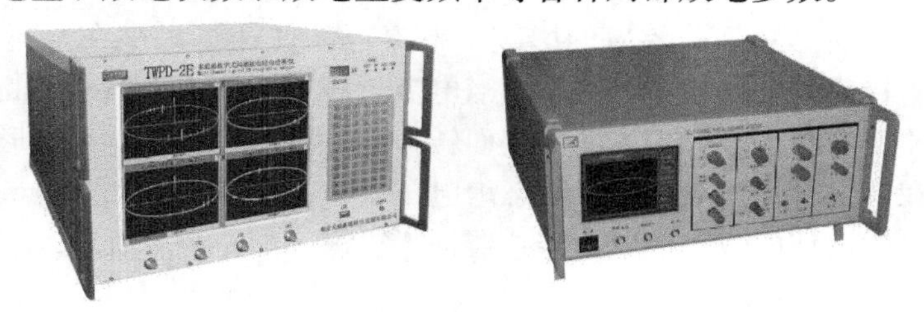

图 8-9 脉冲电流法局部放电测试仪

局部放电信号经传感器获取后，传输到局部放电测试仪的信号输入端，经信号调理单元放大、滤波后由高速 A/D 转换单元转换成数字信号，然后由计算机对数据进行处理，完成放电波形显示、数值显示、波形分析、报告生成等工作。

试验电压通过分（降）压电路，引入外同步电压输入端，然后分成两路信号，一路信号送到电压检测单元，完成被试品施加电压的检测；另一路信号送到同步脉冲形成电路，为确定放电相位提供相位基准。

目前局部放电测试仪为多通道同步检测，可选配阻抗匹配单元、高频宽带互感器、超声探测器、天线放大器等多种传感器。各通道通过选择合适的传感器可同时从被测设备的多个测试点获取信号，从而在检测放电量的同时能够分析放电性质并确定放电的空间位置。

8.3.2 带电局部放电测试仪

与测试方法对应，带电局部放电测试仪通常包含特高频局部放电测试仪、超声波局部放电测试仪与多功能带电局部放电巡检仪。

该类设备通过各类传感器检测局部放电时，电气设备内部和周围空间产生的一系列光、声、电等各种信号，来为电气设备内部绝缘状态判定提供参考。目前，该类设备的趋势是小型化、集成化。图 8-10 所示为特高频传感器与超声波传感器，图 8-11 所示为多功能带电局部放电巡检仪。

图 8-10　特高频传感器与超声波传感器

图 8-11　多功能带电局部放电巡检仪

8.4　局部放电测试系统的校准方法

8.4.1　脉冲电流法局部放电测试仪

根据 JJF 1616—2017《脉冲电流法局部放电测试仪校准规范》，计量项目包括频带与截止频率、线性度误差、量程开关换挡误差、正负脉冲响应不对称误差、低重复率脉冲响应误差、脉冲分辨时间和校准脉冲发生器。

1. 频带与截止频率

图 8-12 所示为频带校准接线图。

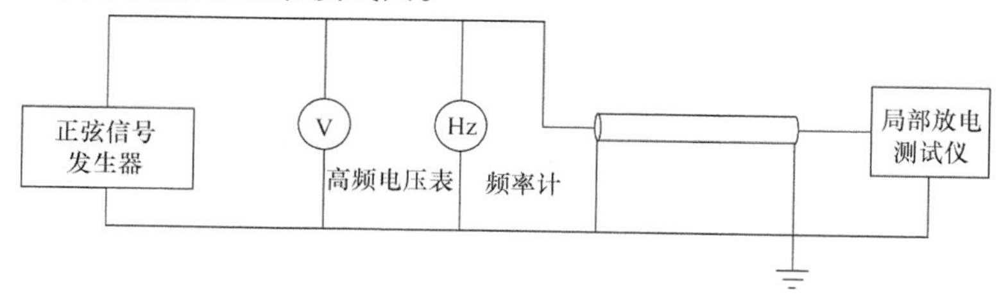

图 8-12　频带校准接线图

将正弦信号发生器输出信号幅值调至适当大小并维持不变，找出待测局部放电测试仪输出信号基本恒定区域中的频率 f_C，以此为基准频率。调整频率为 f_C 的正弦波幅值，保证被测局部放电测试仪的放大部分处于正常工作状态，记录局部放电测试仪的示值，并以此作为归一化的基准。降低正弦波信号的频率，并保证其电压幅值不变，找出被测仪器归一化输出降到 0.5 时的频率点（对宽带仪器为 -6dB 点），此点即为实测的下限截止频率；再升高正弦波信号的频率，同法找出实测的上限截止频率，上、下限截止频率的误差按式（8-1）计算：

$$\gamma_f = \frac{f - f_B}{f} \times 100\% \qquad (8\text{-}1)$$

式中 γ_f——上、下限截止频率的误差（%）；

f——被校仪器实测截止频率（Hz）；

f_B——被校仪器标称截止频率（Hz）。

2. 线性度误差

图 8-13 所示为线性度误差校准接线图。

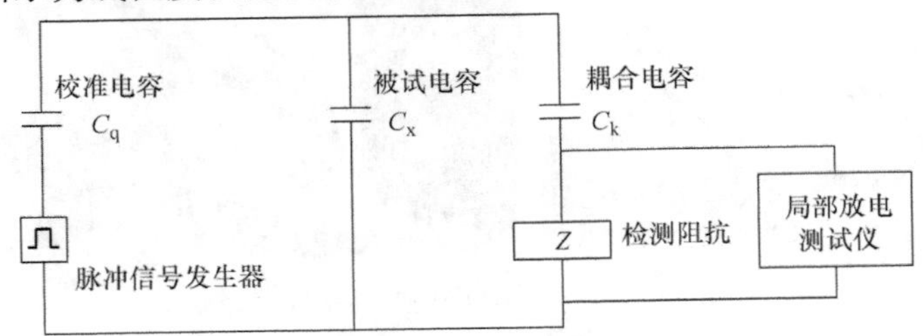

图 8-13　线性度误差校准接线图

将被测局部放电测试仪量程开关置于待测挡，改变校准脉冲发生器输出电压幅值 U，使被测局部放电测试仪的读数升到满度值，并以此作为局部放电基准。降压时记录 80%、60%、40%、20% 时局部放电测试仪的示值。局部放电测试仪每挡均应进行校准，线性度误差按式（8-2）计算：

$$\gamma_k = \frac{k_x - k_N}{k_N} \times 100\% \qquad (8\text{-}2)$$

式中 γ_k——幅值测量误差（%）；

k_N——标准刻度因数（pC）；

k_x——被校局部放电测试仪的示值（pC）。

3. 量程开关换挡误差

量程开关换挡误差校准接线如图 8-12 所示，改变校准脉冲发生器输出电压幅值，使被测局部放电测试仪的读数在满度值，记下此时被测局部放电测试仪的读数 D_{hi}。将量程开关向灵敏度较低方向变换一挡，记下此时被测局部放电测试仪的读数 D_{li}，量程换挡误差 γ_r 按式（8-3）计算：

$$\gamma_r = \frac{D_{li} - D_{hi}}{D_{hi}} \times 100\% \qquad (8\text{-}3)$$

4. 正负脉冲响应不对称误差

正负脉冲响应不对称误差的校准接线如图 8-12 所示。将局部放电测试仪放大器置于最宽频带，让校准脉冲发生器输出正（负）脉冲，使被测局部放电测试仪的读数在满度值附近，记下此时被测局部放电仪的读数 D_+。改变校准脉冲发生器输出负（正）脉冲并保持输出电压幅值与正脉冲时相同，记下此时被测仪器的读数 D_-。正负脉冲响应不对称误差 γ_S 按式（8-4）计算：

$$\gamma_S = \frac{2(D_+ - D_-)}{D_+ + D_-} \times 100\% \tag{8-4}$$

5. 低重复率脉冲响应误差

低重复率脉冲响应误差的校准接线如图 8-12 所示。将局部放电测试仪放大器置于最宽频带，量程开关置于合适挡位，用信号发生器注入 1000Hz 的信号，调整局部放电测试仪幅值调节器使幅值在 100%，记录此时的幅值 D_{1k}。调整信号发生器将频率变为 50Hz，记录此时的幅值 D_{50}。低重复率脉冲响应误差 γ_D 按式（8-5）计算：

$$\gamma_D = \frac{D_{1k} - D_{50}}{D_{1k}} \times 100\% \tag{8-5}$$

6. 脉冲分辨时间

图 8-14 所示为脉冲分辨时间的误差校准接线图。将局部放电测试仪放大器置于最宽频带，量程开关置于合适挡。双脉冲发生器脉冲时间间隔 Δt 置于 200μs，保持双脉冲发生器输出电压幅值不变，调节局部放电测试仪的读数使其在满度值的 70%，记下此时被测局部放电测试仪的读数 D。保持双脉冲发生器输出电压幅值不变，减小 Δt，寻找被测局部放电测试仪的读数变化为 $D \pm 10\%$ 的点，此时的 Δt 即为被测局部放电测试仪的脉冲分辨时间。

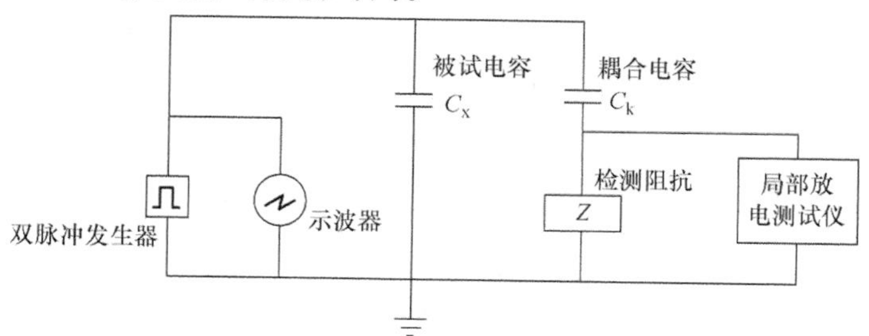

图 8-14　脉冲分辨时间的误差校准接线图

7. 校准脉冲发生器

（1）校准脉冲电压波形的校准　用频带不小于 100MHz 的示波器测量。示波器输入阻抗应足够高（不小于 10MΩ）。从示波器上读取校准脉冲电压波形的上升时间 t_r（取 10% ~90% 幅值的时间）。对校准脉冲发生器的每一个电压挡位都应测试其电压波形。

（2）电荷量误差的校准　电荷量误差的校准接线如图 8-12 所示。用标准脉冲发生器先根据被校准脉冲发生器测量点对局部放电测试仪进行标定，记录标准电荷量 q_0，撤出标准脉冲发生器，将被校准脉冲发生器接在标准脉冲发生器位置，用局部放电测试仪测量并记录电荷量 q_x。对校准脉冲发生器的每一个电荷量挡位都应进行测试，校准电荷量的测量误差 γ_q 按式（8-6）计算：

$$\gamma_q = \frac{q_x - q_0}{q_0} \times 100\% \tag{8-6}$$

8.4.2 带电局部放电测试仪

目前，针对各类带电局部放电测试仪国内并无成熟的计量校验方法，用户可参照最新的计量规范进行校准。以下仅参考 DL/T 1954—2018《基于暂态地电压法局部放电检测仪校准规范》，对暂态地电压局部放电测试仪的计量校验方法进行说明，主要检定项目和计量方法如下。

1. 上（下）限截止频率校准

图 8-15 所示为上（下）截止频率校准接线图。调节正弦波信号发生器输出信号幅值至被校局部放电测试仪满量程的 50% 并维持不变；改变正弦波信号发生器的信号频率，测出被校局部放电测试仪测量信号幅值最大点的频率，记录局部放电测试仪的幅值读数，并以此作为基准频率；降低正弦波信号的频率，并保持正弦波信号发生器输出电压幅值不变，被校局部放电测试仪幅值降到基准频率幅值最大点的 50%（示值降低 6dBmV）时的频率值即为下限截止频率 f；升高正弦波信号的频率，并保持正弦波信号发生器输出电压幅值不变，被校局部放电测试仪幅值降到基准频率幅值最大点的 50% 时的频率值即为上限截止频率。按式（8-7）计算示值误差。

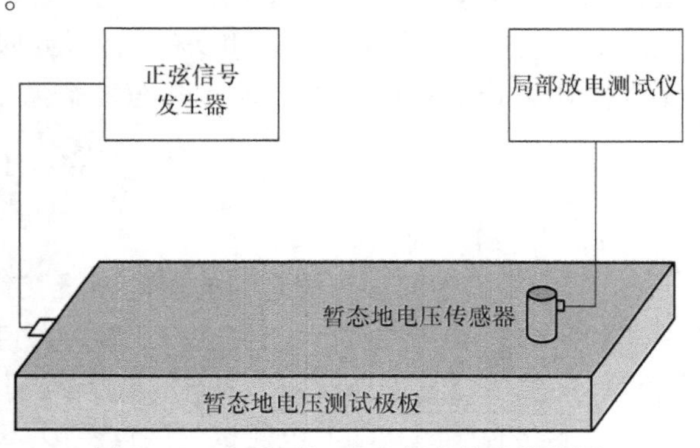

图 8-15　上（下）截止频率校准接线图

$$\gamma_f = \frac{f - f_B}{f_B} \times 100\% \tag{8-7}$$

式中　γ_f——上（下）限截止频率的误差（%）；

f_B——被校局部放电测试仪上（下）限截止标称频率（Hz）；

f——被校局部放电测试仪实测上（下）限截止频率（Hz）。

2. 幅值线性误差校准

图 8-16 所示为幅值线性误差校准接线图。设置暂态地电压校准脉冲发生器，使其产生不同频率的标准高频信号，在被校局部放电测试仪频率测试范围内均匀在 10 个频率点下进行幅值线性试验。在每个频率点下，被校局部放电测试仪测量暂态地电压校准脉冲发生器的高频信号幅值，幅值范围取点从 0dBmV 开始，每隔 6dBmV 测量一次，共测量 5 个点。记录幅值测量值变化量 V_x，幅值误差 ΔV 按式（8-8）计算：

$$\Delta V = V_x - 6 \tag{8-8}$$

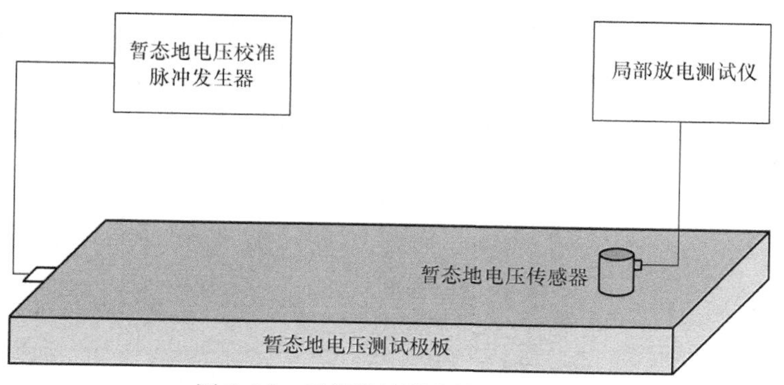

图 8-16　幅值线性误差校准接线图

8.5　案例分析

8.5.1　试验概况

某 110kV 1 号主变压器进行大修，更换密封垫。大修后使用多通道数字式局部放电综合分析仪做耐压局部放电试验，发现该主变高压侧 B 相局部放电量达 5515pC，同时 A、C 两相局部放电正常，见表 8-1。依据 DL/T 417—2019《电力设备局部放电现场测量导则》，初步判断 B 相局部放电量超标。

表 8-1　局部放电测量

检测位置	A 相	B 相	C 相
检测幅值/pC	89	5515	78
检测图谱	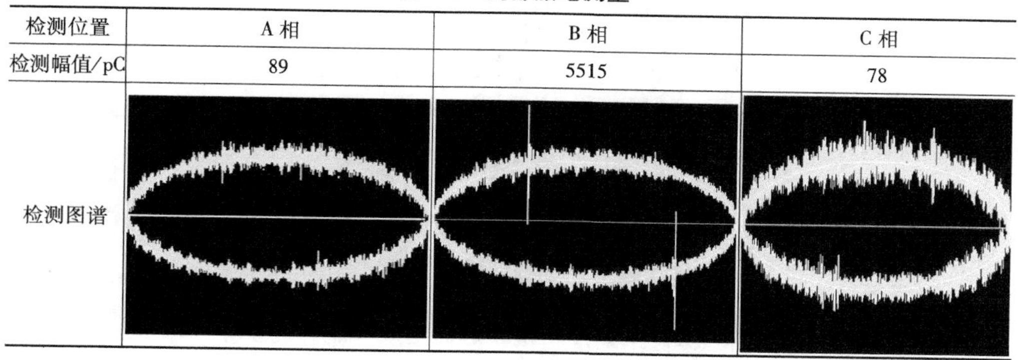		

8.5.2　故障定位及处理

根据表 8-1 中图谱分析，B 相内部可能存在悬浮放电。声电联合法是指利用声信号与电信号的一致性及相关性，判断局部放电的位置。如果声电信号一致，则说明是同一个信号源。以下采用声电联合法进行精确定位。

按图 8-17 进行超声检测定位。检测发现，在超声波传感器检测到的和电信号相对应的超声信号中，检测点 4 超声信号最强，此处超声信号滞后电信号 0.316ms，计算得出放电位置距检测点 4 的距离为 44cm。主变压器低压侧未检测到明显的超声波信号，说明放电位置不在主变压器低压侧。检测点 4 周围的检测点也能够接收到相似信号，但幅值稍小，和电信号对应关系比较好，为同一局部放电信号。综合以上数据及波形，放电点位置位于 B 相高压侧下箱沿 55cm 处，以检测点 4 为中心，往内部 40cm 球面范围内。部分超声检测定位波形见表 8-2。

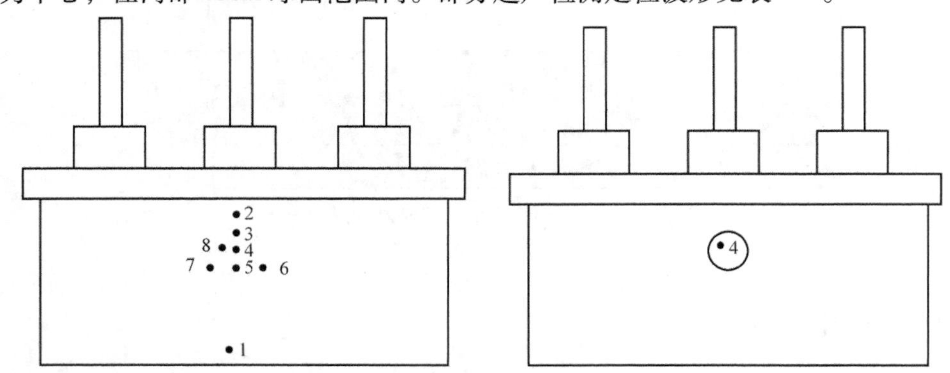

图 8-17　超声检测定位示意图

表 8-2　部分超声检测定位波形

检测位置	检测定位波形	备注
定位点 1		检测点 1，位于 B 相变压器下箱沿以上 20cm 处。基本没有超声波信号
定位点 2		检测点 2，位于 B 相上箱沿以下 15cm 处，能够检测到和电信号一致的超声信号。超声信号滞后电信号 0.557ms，计算出放电点与检测点 2 的距离为 80cm
定位点 4		检测点 4，位于 B 相上箱沿以下 55cm 处，能够检测到和电信号一致的超声信号。超声信号滞后电信号 0.316ms，计算出放电点与检测点 4 的距离为 44cm。该点超声信号幅值最强

（续）

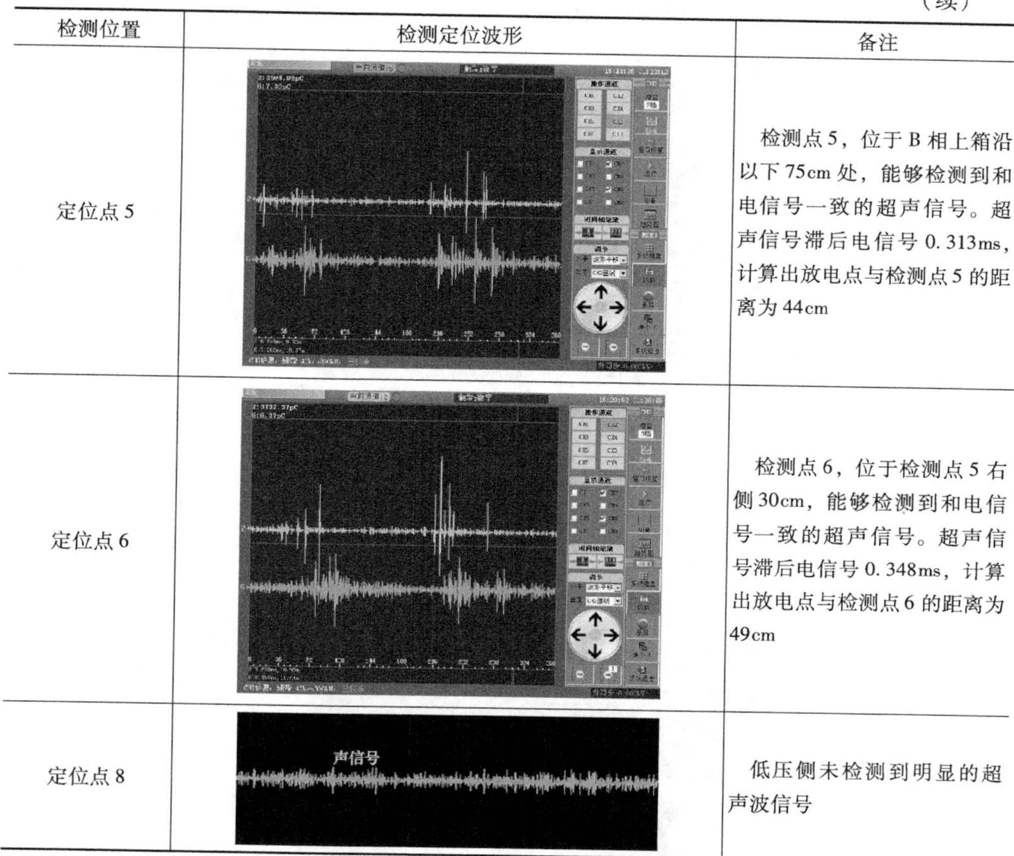

检测位置	检测定位波形	备注
定位点 5		检测点 5，位于 B 相上箱沿以下 75cm 处，能够检测到和电信号一致的超声信号。超声信号滞后电信号 0.313ms，计算出放电点与检测点 5 的距离为 44cm
定位点 6		检测点 6，位于检测点 5 右侧 30cm，能够检测到和电信号一致的超声信号。超声信号滞后电信号 0.348ms，计算出放电点与检测点 6 的距离为 49cm
定位点 8	声信号	低压侧未检测到明显的超声波信号

综上所述，通过对该 110kV 变电站 1 号主变压器 B 相进行局部放电耐压试验和声电联合定位，判断 1 号主变压器 B 相内部存在局部放电，放电位置位于 B 相高压侧下箱沿 55cm 处，以检测点 4 为中心，往内部 40cm 球面范围内，详见表 8-2，放电波形符合局部放电悬浮类放电典型特征。建议联系设备厂家，查阅相关资料图样，明确定位范围内部结构，判断放电原因。同时将该异常情况上报，并根据计划安排该变压器吊罩检修。

8.5.3　试验结果验证

对 B 相套管进行处理，把套管吊起后查找问题。在 B 相套管应力锥下方发现绕组引线位置发生偏移，与绝缘筒接触，如图 8-18 所示，造成悬浮放电。经现场测量，实际放电点位于主变压器下箱沿以下 40cm 处，放电点距油箱壁大概 30cm，靠近主变压器 B 相套管下部绝缘筒左侧（面向高压侧），绝缘筒半径 20cm，放电位置和检测点 4 距离约为 30cm。之前定位显示局部放电位置在以检测点 4 为中心、半径为 40cm 的主变压器内部球面上，与实际局部放电故障位置相符。

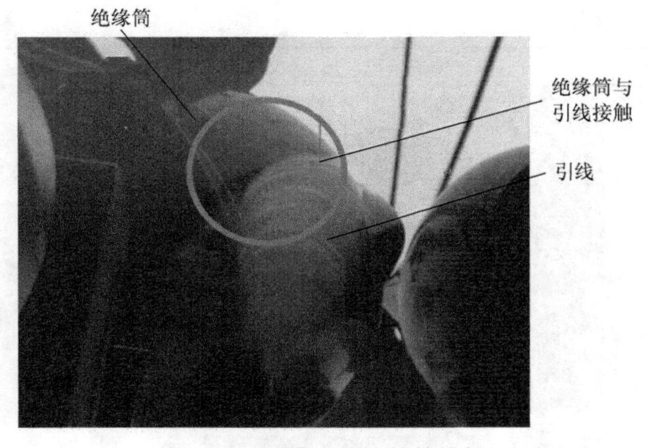

图 8-18　引线和绝缘纸筒接触

对该部位进行处理，使引线与绝缘筒保持一定距离，如图 8-19 所示。处理完成后重新做局部放电耐压试验，高压侧 B 相局部放电信号消失，A、B、C 三相数据正常。

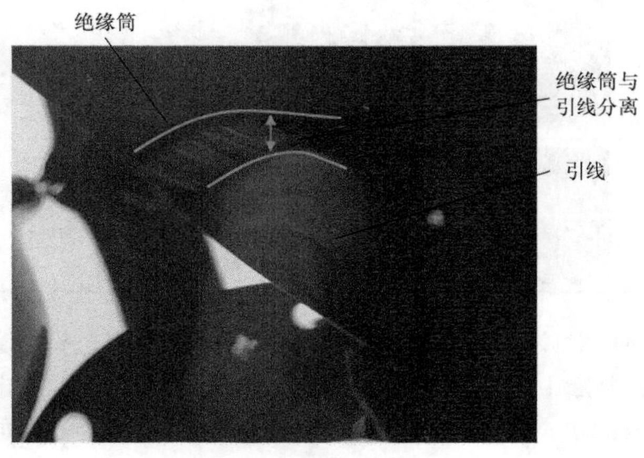

图 8-19　引线恢复正常位置

第 9 章　介质损耗因数测试仪

9

目前电力系统正朝着高电压、大容量的方向发展，高压电气设备是保证电力系统可靠运行的基础，而在实际运行中，由于电、热、机械力、环境等各种因素的作用，绝缘材料将会逐渐劣化。大量资料表明：电气设备发生故障的主要原因是其绝缘性能的劣化。一旦发生绝缘损坏故障必将引起局部甚至全部地区的停电事故，从而造成巨大的经济损失。

为了及时发现设备潜在的绝缘缺陷或隐患，需要每隔一定时间对设备进行预防性试验。DL/T 596—1996《电气设备预防性试验规程》推荐定期进行介质损耗角与绝缘油介质损耗因数试验。介质损耗角的正切值 $\tan\delta$ 是反映绝缘介质损耗大小的特征量，取决于绝缘材料的介电特性，对判断电气设备的绝缘性能有重大的意义。多年来，这对保证电气设备的安全、稳定运行以及减少和防止事故的发生起到了很好的作用。

9.1　介质损耗及介质损耗因数

9.1.1　概念定义

绝缘材料在交变电场作用下，由于介质极化的滞后效应，在其内部引起的能量损耗称为介质损耗。与之对应，介质损耗因数的定义为

$$介质损耗因数(\tan\delta) = \frac{被试品的有功功率\ P}{被试品的无功功率\ Q}$$

如果取得被试品的电流相量 $\dot{I}$ 和电压相量 $\dot{U}$，则可以得到图 9-1。

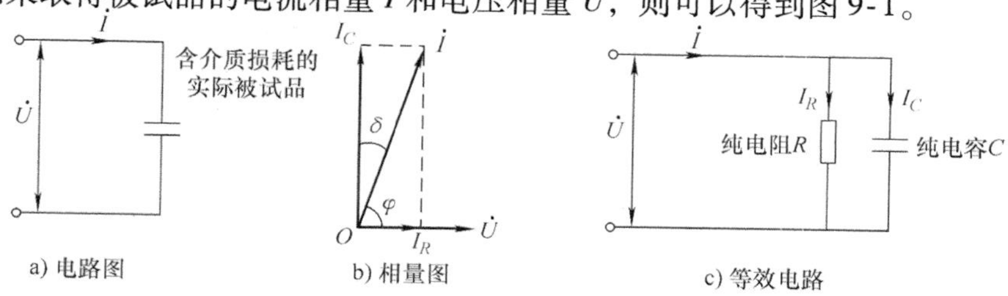

图 9-1　介质在交流电压作用下的电流相量图及等效电路

总电流可以分解为电容电流 I_C 和电阻电流 I_R，因此

介质损耗因数（$\tan\delta$）$=\dfrac{P}{Q}=\dfrac{UI_R}{UI_C}=\dfrac{I_R}{I_C}$

如图 9-1 所示，介质损耗因数即为介质损耗角 $\delta=(90°-\varphi)$ 的正切值。

9.1.2 介质损耗其他表示方法

介质损耗因数简称介损，是一个无量纲量。由于数值很小，习惯上用%表示。$\tan\delta$ 可以简记为 DF（dissipation factor）。工程上也可以用功率因数 $\cos\varphi$ 表示损耗大小。由图 9-1 可知，换算关系为

$$\cos\varphi=\frac{I_R}{\sqrt{I_R^2+I_C^2}}=\frac{\tan\delta}{\sqrt{1+\tan^2\delta}}$$

通常 $\tan\delta<0.1$（10%），这种情况下两者数值基本一致。$\tan\delta>1$（100%）时，被试品的有功损耗大于无功损耗，某些测试仪器会将该类被试品视为电阻试品。

9.1.3 介损的两种模型

介损的测量在实际运用中一般有并联模型和串联模型两种模型。

1. 并联模型

采用与理想电容 C 并联的理想电阻 R 产生有功损耗，如图 9-2所示。

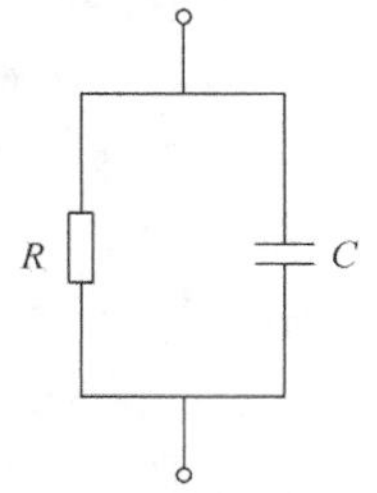

图 9-2　并联模型

有功功率 $P=\dfrac{U^2}{R}$，无功功率 $Q=\dfrac{U^2}{1/\omega C}=\omega CU^2$，因此

$$\tan\delta=\frac{P}{Q}=\frac{1}{\omega RC}=\frac{1}{2\pi fRC}$$

由上式可见，此时介损与测试频率 f 成反比。

2. 串联模型

采用与理想电容 C 串联的理想电阻 R 产生有功损耗，如图 9-3 所示。

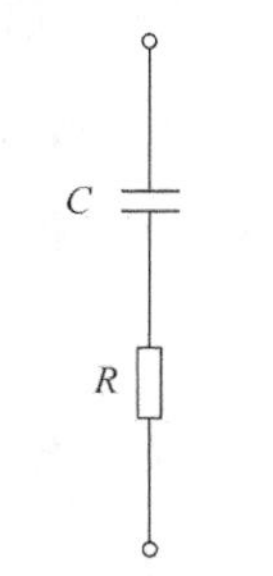

图 9-3　串联模型

有功功率 $P=I^2R$，无功功率 $Q=I^2\dfrac{1}{\omega C}=\dfrac{I^2}{\omega C}$，因此

$$\tan\delta=\frac{P}{Q}=\omega RC=2\pi fRC$$

可见，此时介质损耗因数与测试频率 f 成正比。

9.2 介质损耗试验目的及测量方法

9.2.1 试验目的

介损是反映绝缘特性的一个重要参数，它的数值能够反映绝缘的整体劣化或受

潮以及小电容被试品中的严重局部缺陷，但对大型设备（如大容量变压器）绝缘中的局部缺陷（如变压器的套管）却不能灵敏发现，这时应对其进行分解试验。

良好的绝缘材料和正常电气设备的介损都很小。处在高电压下，即使无功分量可能很大，但有功分量还是很小。如果用功率表来测量介损，要求用功率因数非常低的功率表。通常介质损耗角都在1°以内，即功率因数角在89°以上，此时相位上稍有误差，可使损耗的误差达到几倍甚至几十倍。这种高压功率表十分难做，目前普遍采用介质损耗因数测试仪来测量绝缘的介质损耗因数，简称介损仪。

9.2.2　电气设备介损测量

早期常用于介损测量的设备是高压电容电桥。高压电容电桥标准通道输入标准电容器的电流、被试品通道输入被试品电流。通过对比电流相位差测量 $\tan\delta$，通过对比电流幅值测量被试品电容量。

1. 正接线测量

现代介损仪所用的测量电路已经不再利用平衡或不平衡电桥原理，而是直接测量标准电容 C_n 和试品 C_x 的电流相量，常用测量接线为正接线，如图 9-4 所示，此时被试品整体与地面隔离。待测电流经过 I/U 转换器或低阻值采样电阻变为电压，然后经过高速 A/D 转换为数字波形，再经过傅里叶变换（DFT 或 FFT）得到电流相量。两个相量之间的相位差就是介质损耗角 δ，通过电容电流分量 I_C 与标准电容电流 I_n 的比值可以计算被试品电容量。介损仪从本质上讲是利用一个已知阻抗测量一个未知阻抗，除了测量电容型被试品，也能测量电感型或电阻型被试品。

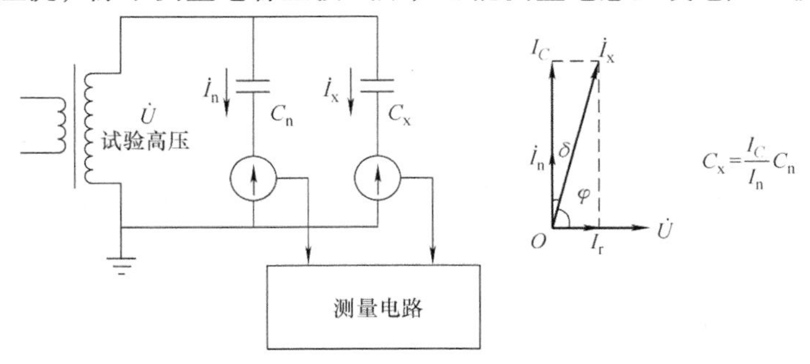

图 9-4　介损仪基本原理

2. 反接线测量

反接线适用于被试品一极接地的情况，此时高、低压电压端恰与正接法相反。早期介损仪反接线测量采用倒置法和侧接线，如图 9-5 所示。倒置法是在反接线时将整个测量电路倒置。侧接线方式则将被试品电流输入端接地（如美国 DOBLE 公司的 M4000）。

倒置法的主要问题是接线操作不够直观。侧接线的主要问题是需要复杂屏蔽，设备较重，精度不高。它们的共同特点是需要硬切换开关，安全性不够理想。

新型介损仪采用了独立的反接线高压电流检测单元解决了这些问题。仪器内部

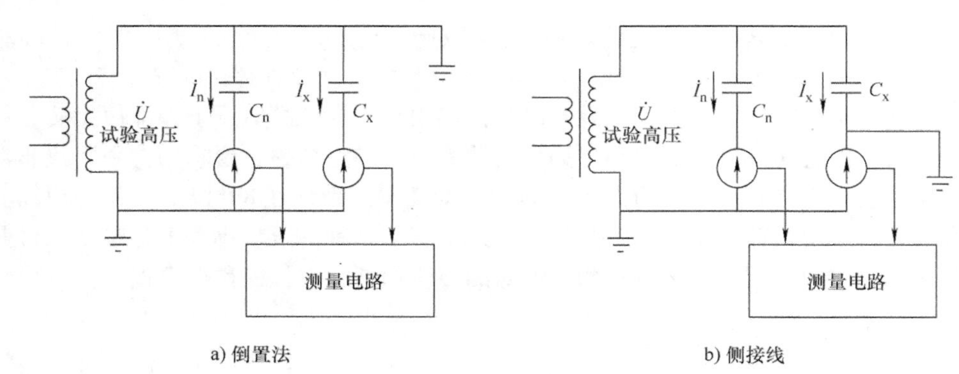

图 9-5　倒置法和侧接线

有 3 个电流测量电路，如图 9-6 所示。

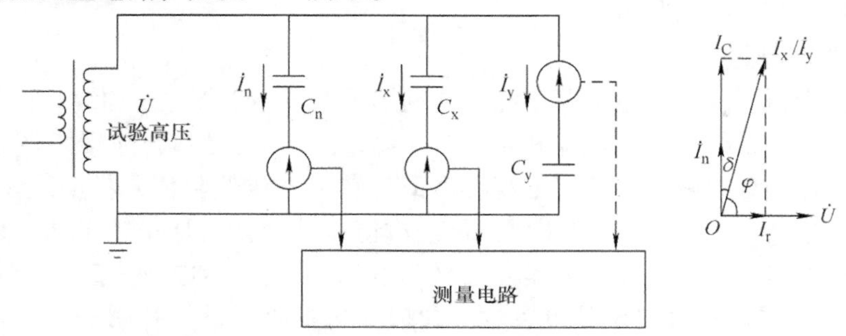

图 9-6　采用高压电流检测单元实现反接线测量

其中 $\dot{I}_x$ 和 $\dot{I}_n$ 电流通道固定接地用于正接线测量。高压输出端内置高压电流检测单元，高压输出同时兼顾反接线测量功能，正反接线无需开关切换。

高压电流检测单元包括量程切换、高速 A/D 转换和高速数字传输通路，将数字化的电流波形通过高压隔离装置送到低压侧的测量电路中完成计算。这个测量方案精度可以达到正接线的测量精度。

3. CVT 自激法测量

除了正反接线外，CVT 自激法测量是目前介损仪必备的功能。

（1）基本原理　CVT 即电容式电压互感器，是串联电容与电压互感器的结合体，利用电容串联分压的原理，从而达到可以用于高电压等级的目的。现场测试 CVT 介损和电容量使用自激法。测量 CVT 内电容 C_1 时，仪器内部标准电容 C_n 通过高压线接 C_2 下端 N，仪器 C_x 输入接 C_1 上端，仪器低压励磁电源接 CVT 二次输出 a/n（或 a1/n1，如果励磁电流较大，可以将 a/n 与 a1/n1 串联接励磁电源）。这里假定 C_n 足够小，使得 C_n 上端电压与 CVT 内部 A 点电压相同。这样通过 C_n 可以得到励磁高压 U，通过 C_x 引线测得 C_1 的电流，从而得到 C_1 的介损和电容量。测量 C_2 时只需将 C_n 接 C_1 上端，仪器 C_x 输入接 C_2 下端。

仪器自动调整低压励磁电源，使得励磁高压达到设定值（一般小于 3kV）。同时仪器可以限制低压端或高压端励磁电流，防止损坏 CVT 中间变压器。

（2）C_1/C_2 同步测量及误差补偿　图 9-7 所示为早期采用的测量方法，存在以下问题：

1）测量 C_2 时需要重新接线。

2）C_n 和仪器高压线的分压作用导致实测电压低于 A 点电压，使得被测电容量偏大。

3）即便吊起仪器高压线也不能根除 C_n 外表面和仪器高压面板的电阻性泄漏以及高压线对地介损，最终使得被测电容的介损偏大。

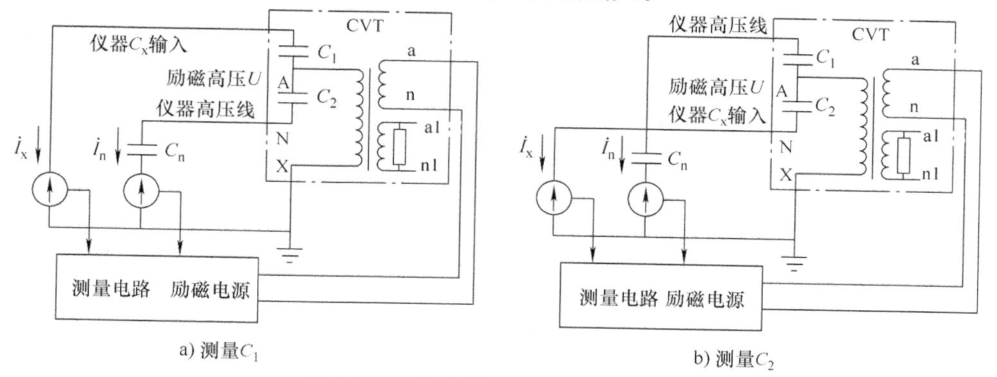

图 9-7　自激法测量 C_1 或 C_2 接线图

新型介损仪采用了下面的原理解决了这些问题，其测量原理如图 9-8 所示。仪器在测量 C_1 时接线与图 9-7 基本一致，此时开关 K 断开。仪器使用高压线的芯线连接 C_2 下端，借助于仪器内部高压电流检测单元，可以测量通过 C_2 的泄漏电流相量$\dot{I}_y$，通过校准计算可以消除 $\dot{I}_y$ 的影响从而获得 A 点的准确电压，因此测量 C_1 时完全消除了附加误差。第二步接通开关 S，利用 C_1 的已知阻抗作基准，测量 C_2 的电容量和介损。这个方法不需要换线就能通过一次测量得到 C_1 和 C_2 的数据，且数据准确，不受高压线是否拖地的影响。

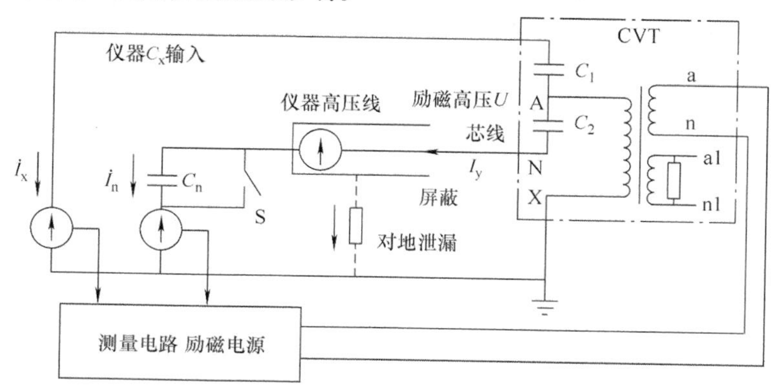

图 9-8　新型自激法测量原理

（3）110kV 母线接地的 CVT 自激法测量　110kV CVT 上端 C_1 只有一节电容，

按照规程要求停电时母线必须接地，而 C_1 上端接地导致仪器 C_x 输入对地短路而无法测量。

如图 9-9 所示，X 端的接地电流 I 是流过 C_1 的电流 I_{C1} 与流过 C_2 的电流 I_{C2} 之和，使用一个适配器取得 I 与 I_{C2} 之差即流过 C_1 的电流 I_{C1}，该电流连接仪器 C_x 输入端便可实现测量而不需要对原有仪器做任何改动。适配器采用精密电流互感器制作，在正常测试电流下应当具有足够小的幅度和角度误差。

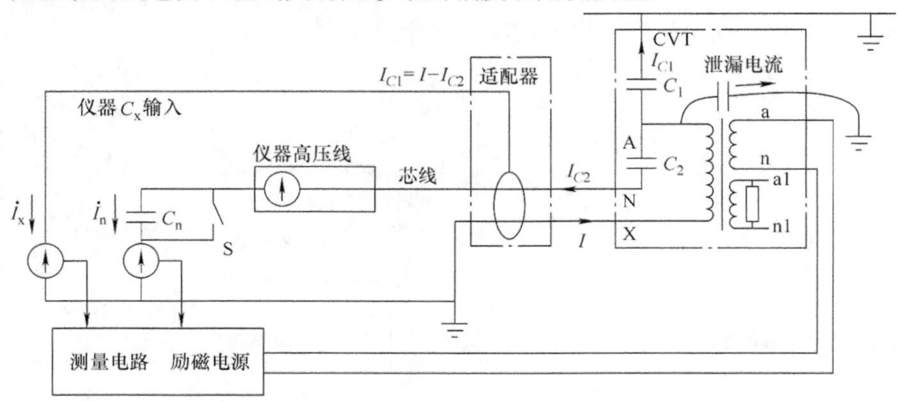

图 9-9 C_1 上端接地 CVT 测量

中间变压器高压绕组对地泄漏电流是 C_1 电流的一部分，会使 C_1 电容量增加 50pF 左右，介损增大 0.015% 左右，对现场测量来讲可以接受。该泄漏电流以及适配器的误差对 C_2 的测量没有影响，这是因为测量 C_1 时仪器使用 A 点电压和 $\dot{I}_x$ 计算 C_1 阻抗，然后在第二步使用 C_1 阻抗反测 A 点电压，同时利用 I_{C2} 计算 C_2 数据。即便 C_1 有误差，只要其误差不变，第二步仍能准确得到 A 点电压。

9.2.3 绝缘油介损测量

绝缘油在充油设备中起到绝缘、冷却和消灭电弧的重要作用，而绝缘油介损可以表明运行中油的脏污与劣化程度。对存在缺陷的油样，其电气和化学指标可能都在合格范围内，但通过绝缘油介损测量可以提前发现缺陷。

绝缘油介损即绝缘油的介质损耗角的正切值，大小取决于介质中有功电流和无功电流的比值。介损和电容量测量采用正接法，测量原理如图 9-10 所示。标准回路由内置高稳定电容标准器 C_n 和标准回路采样电阻 R_{sn} 组成；被试回路由被试油品（C_{x1}、R_x）和被试回路采样电阻 R_{sx} 组成。C_{x1} 是油的等效电容，R_x 是油产生各种损耗的等效

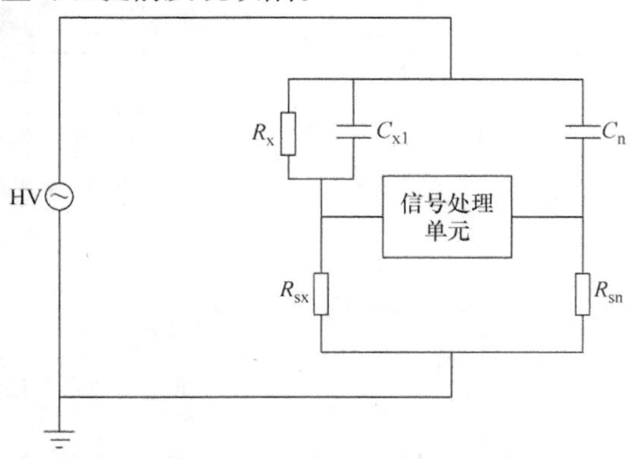

图 9-10 绝缘油介损和电容量测量原理

电阻。HV 为交流高压电源。

由于电气绝缘液体的电容率和介损在相当大程度上取决于试验条件，特别是温度和施加电压的频率，一般试验在 90℃下进行。

9.2.4　抗干扰措施

介损测量受到的主要干扰是感应电场产生的工频电流。无论何种测量方式，它都会包含在被试品电流当中。

1. 传统抗干扰方法

（1）倒相法　首先测量一次介损，然后将试验电源倒相 180°再测量一次，然后取平均值，如图 9-11 所示。

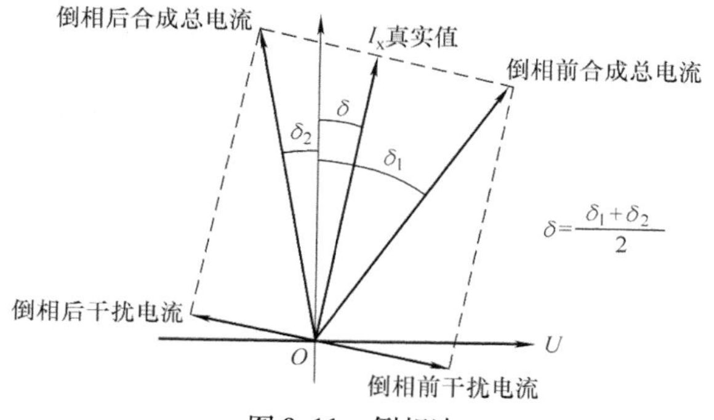

图 9-11　倒相法

倒相法是抗干扰最简单的方法，也是效果最差的方法。因为两次测量之间干扰电流或被试品电流的幅度、相位会发生波动而引起误差。一般干扰电流不超过试验电流 2% 时，倒相法是有效的。

（2）移相法　升压测量之前，在被试品电流的输入端注入一个相位、幅度可调的同频电流，使得该电流与被试品干扰电流相抵消，然后升压测量。由于干扰已被抵消，升压后仪器输入电流只有试验电压产生的电流。一般干扰电流不超过试验电流的 20% 时，移相法是有效的。

传统抗干扰都是在工频下测量，碰到的主要问题是测量过程中不能应对干扰的幅度和相位波动，另外谐波分量也使得桥体平衡难以调整。

2. 变频抗干扰方法

（1）基本原理　干扰十分严重时，变频测量能得到准确可靠的结果。例如在 55Hz 下测量时，测量系统只允许 55Hz 信号通过，50Hz 干扰信号和所有谐波成分被有效抑制，原因在于测量系统很容易区别不同频率。

变频测量时，仪器需要知道的唯一信息是干扰频率。因为仪器供电频率就是干扰频率，整个电网的频率是一样的。仪器在测量中可以动态实时跟踪干扰频率，将数字滤波器的吸收点时刻调整到干扰频率及其谐波上。而干扰信号的幅值和相位变化对这种测量是没有影响的。还有一个好处是，变频测量可以滤掉谐波只采用基波成分，测量数据十分稳定。一般干扰电流不超过试验电流 200% 时，这种方法是很有效的。

增加 A/D 位数减少量化误差，或者在移相法基础上再采用变频测量，可以抑制更高幅度的干扰。但是目前来讲，200% 抗干扰能力已能完全满足现场测量要求。

（2）频率选择　为了抗干扰需要使用工频之外的频率测量。为了得到工频下的数据，需要在工频两侧分别测量一次，然后用平均值代替工频时的数据。例如在

45Hz 和 55Hz 下各测量一次，然后用平均值代替 50Hz 下的数据。在被试品介损不随频率剧烈变化的情况下，这种测量方法没有明显误差。实验室用串联或并联模型的标准器校验时会有一些误差，而使用 49Hz 和 51Hz 变频的情况下，这种误差也可以忽略。

如图 9-12 所示，必须将干扰抑制点对准干扰频率才能实现抗干扰功能。其前提是仪器必须知道干扰频率，由于仪器采用工频电源供电，而工频频率就是干扰频率，因此仪器能够将滤波器的抑制点调整到工频频率上。由于这个原因，仪器无法在发电机供电时实现抗干扰测量，或者说在发电机供电时抗干扰能力大大降低。

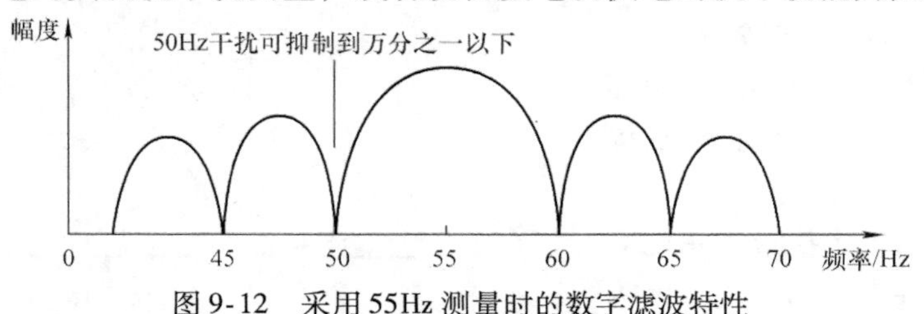

图 9-12　采用 55Hz 测量时的数字滤波特性

（3）负介损现象　采用变频测量时，经过过滤后的干扰信号已经很低但不为零。剩余的干扰信号与变频信号叠加使得变频信号相位产生周期性摆动，表现为介损数据波动。可以连续测量 3 次，如果介损数据有波动，则是干扰引起的，如果数据重复性很好则不是干扰引起的。在无干扰情况下出现负介损，一般是原理性误差。典型的情况是正接线测量小电容量无屏蔽被试品（如套管），或者是多个元件组成的被试品，如正接线测量 CVT。下面做简单分析。

1）T 型网络干扰。以套管为例，如图 9-13 所示，C 是待测电容，C_1 是高压端对中间物体的分布电容，R 是中间物体对地电阻，C_2 是中间物体对测量输入端的分布电容。这里说的中间物体可以是表面湿度较大的套管，也可以是放置在套管附近的木制脚手架，也可以是套管的木制包装箱，也可以是半干燥的地面、墙面、桌面等。

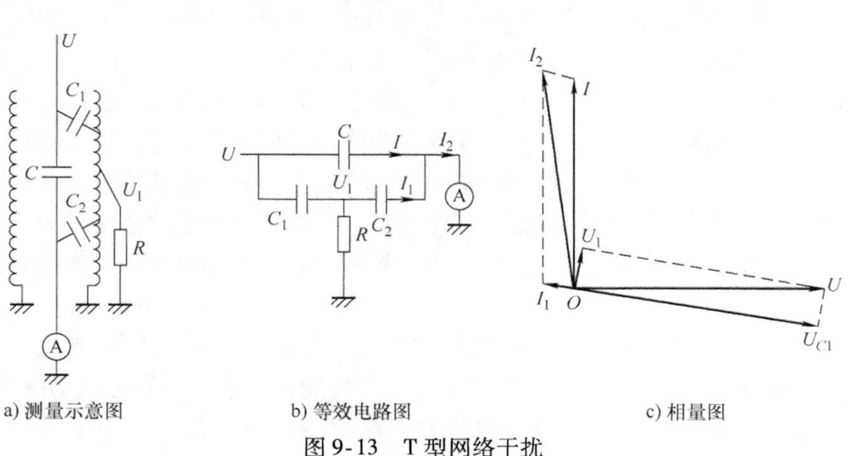

a) 测量示意图　　b) 等效电路图　　c) 相量图

图 9-13　T 型网络干扰

由于流过 C_1 的电流超前试验电压 U，因此电阻 R 上的电压 U_1 超前 U，因此通过 C_2 的电流 I_1 超前 U 的角度超过了 90°，I_1 与被试品电流 I 合成后的总电流 I_2 可能超前 U 超过 90°，造成负介损。反之，进行反接线测量时，R 的存在将引起介损增大。

测量套管时，其周围 2m 内不能有竹木制品，应该在空气湿度小的天气测量，或者吹干套管表面潮气。另外，没有屏蔽的高压线也不要贴近套管表面，以减小 C_1。

在检验介损仪时，仪器与标准器应该用全屏蔽插头连接，或者将外露的连接夹子放在屏蔽盒中，否则也会由于 T 型网络干扰产生误差。

图 9-14 所示为一个测试实例。放在木制椅子上数据严重失真，将电容吊起或者将电容放置在垫高的绝缘物体上数据正常。

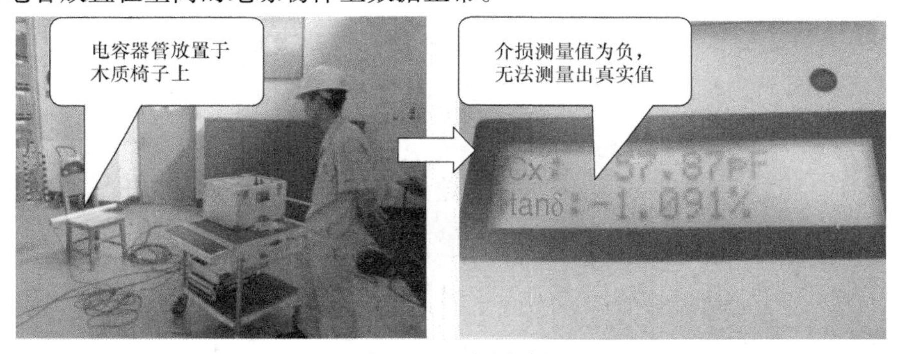

图 9-14　测试实例

2）正接线测量 CVT 整体电容（见图 9-15）。直接测量 CVT 介损时，一次绕组 X 端接地时，一般测量介损为 -1% ~ 2%。X 端不接地时介损为 -0.1% ~ 0.2%。原因如下：

一次绕组 X 端不接地时，绕组对地有一个损耗电阻 R，这个电阻较大。X 端接地时，R 还包含绕组自身的电阻，这个电阻较小。由于 RC 串联电路的超前作用，U_A 超前 U，且电阻 R 越小超前越大，流过 C_2 的电流超前 U_A90°，但是超前 U 则大于 90°，导致了负介损。

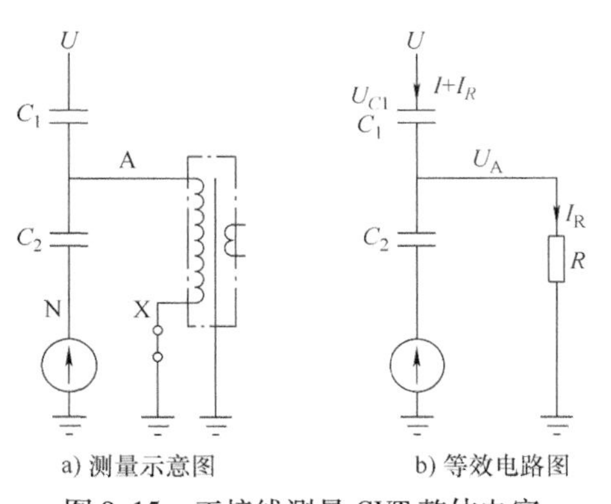

图 9-15　正接线测量 CVT 整体电容

9.2.5　现场试验注意事项

现场试验应该注意以下事项，以免测试数据明显不合理。

1. 搭钩接触不良

现场测量使用搭钩连接试品时，搭钩务必与被试品接触良好，否则接触点放电会引起数据严重波动。如高压挂在引流线上，因引流线氧化层太厚，或风吹线摆动，易造成接触不良。

2. 接地不良

接地不良会引起仪器保护或数据严重波动。应刮净接地点上的油漆和锈蚀，务必保证零电阻接地，如果测量接地试品，试品地和仪器地应共地连接，保持地电位一致。

3. 直接测量CVT或末端屏蔽法测量电磁式电压互感器

直接测量CVT的下节耦合电容会出现负介损，应改用自激法。

用末端屏蔽法测量电磁式电压互感器时由于受潮引起T型网络干扰出现负介损，吹干下面三裙瓷套和接线端子盘即可，也可改用常规法或末端加压法测量。

4. 空气湿度过大

空气湿度大使介损测量值异常增大（或减小甚至为负）且不稳定，必要时可加屏蔽环。因人为加屏蔽环改变了被试品电场分布，此法有争议，可参照有关规程。

5. 发电机供电

发电机供电时输入频率不稳定，可采用定频50Hz模式工作。

6. 测试线

1）由于长期使用和连接，易造成测试线芯线和屏蔽短路或插座接触不良，用户应经常维护测试线。

2）测试标准电容被试品时，应使用全屏蔽插头连接，以消除附加杂散电容影响，否则不能反映出仪器精度。

3）自激法测量CVT时，高压线应吊起悬空，否则对地附加杂散电容和介损会引起测量误差。

7. 工作模式选择

接好线后请选择正确的测量工作模式（正接线、反接线和CVT自激法），不可选错。干扰环境下应选用变频抗干扰模式。

8. 试验方法影响

由于介损测量受试验方法影响较大，应区分是试验方法误差还是仪器误差。出现问题时可首先检查接线，然后检查是否仪器故障。

9. 仪器故障

1）用万用表测量一下测试线的芯线和屏蔽是否短路；输入电源220V过高或过低；接地是否良好。

2）用正、反接线测一下标准电容器或已知电容量和介损的电容试品，如果结果正确，即可判断仪器没有问题。

3）拔下所有测试线，进行空试升压，若不能正常工作，仪器可能有故障。

4）启动CVT测量后测量低压输出，应出现2V~5V电压，否则仪器有故障。

9.3　常用介质损耗因数测试仪

9.3.1　高压介质损耗因数测试仪

目前高压介质损耗因数测试仪主要以国产型号为主，也有少量进口仪器，常见高压介质损耗因数测试仪如图 9-16 所示。

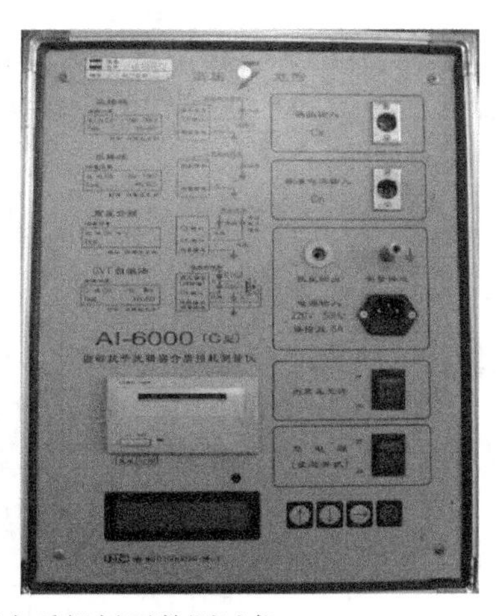

图 9-16　常见高压介质损耗因数测试仪

高压介质损耗因数测试仪测量功能及技术指标如下：

1. 电容量

现场测量要求电容量准确度不低于 1%。由于电容量测量受干扰影响较小，容易提高准确度。实际出厂电容量准确度可以做到 0.5% 甚至 0.1%。受电流采样元件精度影响，进一步提高准确度有一定困难。

2. 介质损耗因数

目前介损测量准确度多为 ±（1% ×读数 +0.0004）。该准确度应该是规定干扰下的。当读数为零时，0.0004 就是仪器的零点误差，该零点误差包含了干扰影响。为了测量新绝缘油或者薄膜电容的介损，无干扰下仪器的零点误差不宜超过 0.00005。一般仪器出厂时只校准无干扰下的零点误差，这是由于采用数字处理算法的介损仪测量相位采用纯软件算法，与硬件无关且具有极高的线性度。只要校准零介损，便可以保证大介损的精度。

3. 抗干扰功能

用于现场测量的介损仪，必须具备良好的抗干扰能力，抗干扰能力应当定量描述。一般现场测量碰到的最强干扰是局部停电时测量断路器均压电容量，干扰电流可以达到试验电流的幅度，即 100% 干扰。因此介损仪应该具备 100% 以上的抗干扰能力。

为了校验仪器的抗干扰能力，可以在仪器的电流输入端注入一个工频干扰电流。

4. 安全性

1）仪器应该有足够高的安全保护功能。

2）仪器待机时应该显示接地状态，在测量过程外壳带有危险电压能快速切断输出并报警。

3）仪器应该实时检测高压电流的快速波动，迅速切断输出，以保护操作人员的安全。

4）仪器可以实时检测待测阻抗的变化，并设置相应保护限，以保护待测设备的安全。仪器应能显示各种故障信息，以帮助操作人员检查可能存在的接线问题。

5）仪器应具有自身保护，以防止误操作损坏仪器。

6）仪器面板开关、端子应安排合理，高低压分明。应尽最大努力提高仪器安全性，减少误操作的可能性。即便发生误操作，也应将损失降到最低限度。

9.3.2 绝缘油介质损耗因数测试仪

目前绝缘油介质损耗因数测试仪成为绝缘油等液体绝缘介质的介质损耗及体积电阻率测试一体化的仪器。内部集成了介损油杯、温控系统、测量电路（信号处理单元及信号测量单元）、交直流高压电源、电容标准器、体积电阻率测量系统等。绝缘油介质损耗因数测试仪的内部功能构造如图 9-17 所示，常见绝缘油介质损耗因数测试仪如图 9-18 所示。

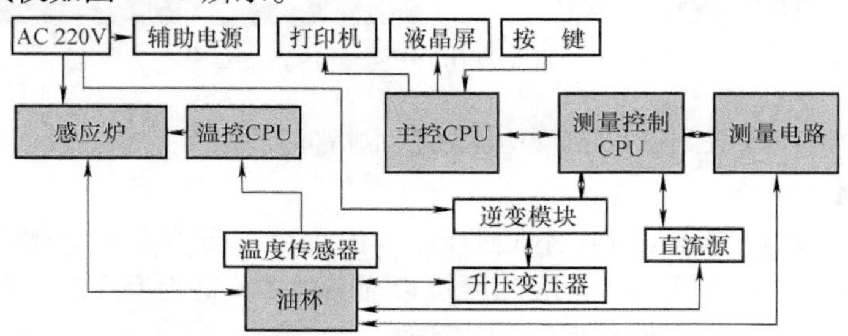

图 9-17　绝缘油介质损耗因数测试仪的内部功能构造

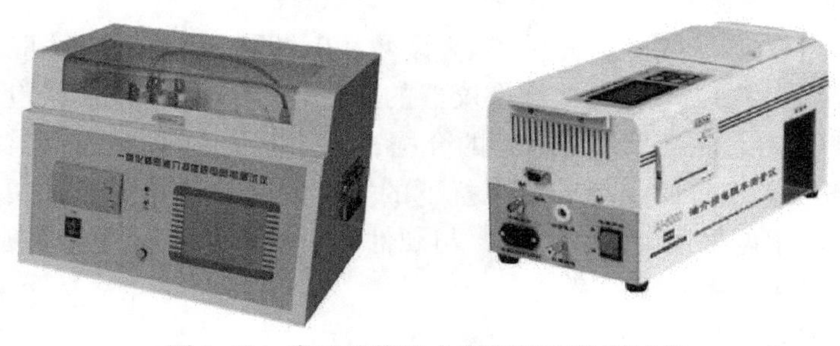

图 9-18　常见绝缘油介质损耗因数测试仪

绝缘油介质损耗因数测试仪原理如下：

1）仪器采用高频感应炉加热，启动加热后，温控 CPU 发出加热命令，同时采集油杯内部温度传感器的温度值，加热采用变功率控制和 PWM（脉冲宽度调制）

控制两者相结合的控制方式。在油样温度较低时，用大功率加热方式，这有利于缩短油样加热时间；待温度升至接近预设温度时，采用较小功率 PWM 加热方式，这样有利于油样加热均匀。

2）在实测温度接近预设温度时，温控 CPU 采用小功率 PWM 加热方式，采样温度值经 PID 运算，分析出最佳 PWM 控制占空比，使温度严格控制在预设温度误差范围以内。

3）试验电压同时加在仪器内部标准电容器及油杯加压极上，测量电路对这两路信号进行 PGA 等控制后对两通道信号进行同步 A/D 采样，将数字信号送入 DSP（数字信号处理器），DSP 对其进行滤波、FFT（快速傅里叶变换）等运算后计算出介质损耗因数、电容量等参数，传至主控 CPU。

9.4　介质损耗因数测试仪计量校验方法

9.4.1　标准介质损耗器

图 9-19 所示为标准介质损耗器。目前实验室校验主要采用 100pF 标准介质损耗器，这种标准介质损耗器采用一只 100pF 三端六氧化硫充气主电容按照 *RC* 串联模型配合不同阻值的电阻组成。标准介质损耗器在内部连接有多个电阻，在外壳上设置了多个插座，每个插座对应一个标准介损值。

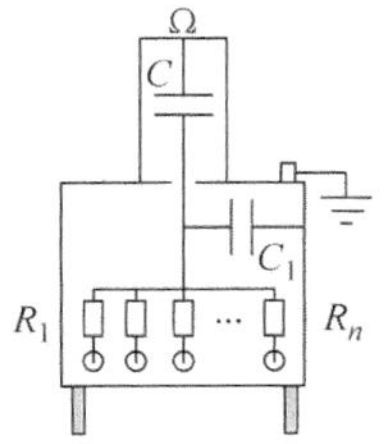

Ω
C
C_1
R_1　…　R_n

图 9-19　标准介质损耗器

这种标准介质损耗器最大问题是损耗值不稳定。由于 100pF 需要很大的电阻才能得到所需介损值，如 50Hz 下 10% 的介损需要的电阻为 3.18MΩ，而大电阻阻值易受表面泄漏影响。另外问题是，标准电容的低压引线对外壳存在一个分布电容 C_1，实际介损值为

$$\tan\delta = 2\pi fR(C + C_1)$$

C_1 的不稳定严重影响了标准介质损耗器的稳定性。后期的主要改进是在 C_1 两端并联大的稳定电容器（2000pF 左右），从而降低电阻阻值，同时使用继电器切换电阻网络，大大提高了标准介质损耗器的稳定性。

9.4.2　高压介质损耗因数测试仪

介质损耗因数测试仪采用与标准值直接比较校准的方式，标准介质损耗器电容量范围为 100pF ~ 500nF，介质损耗因数范围为 0.01% ~ 10%。根据 JJF 1126—2016《高压介质损耗因数测试仪检定规程》，按测试方法不同分为正接法和反接法。

如图 9-20 所示，正接线时 A 接高压输出端，N 接信号线地屏蔽，X 接信号输出端。反接线时 A 接地，N 接高压输出屏蔽，X 接高压电流输出。

仪器计量校验中先设定标准介质损耗器检定点，启动被检介损仪升压测量，被检介损仪完成测量后，记录被检介损仪电容量及介质损耗因数示值，然后进行下一个检定点测量，直至完成全部检定点测量。

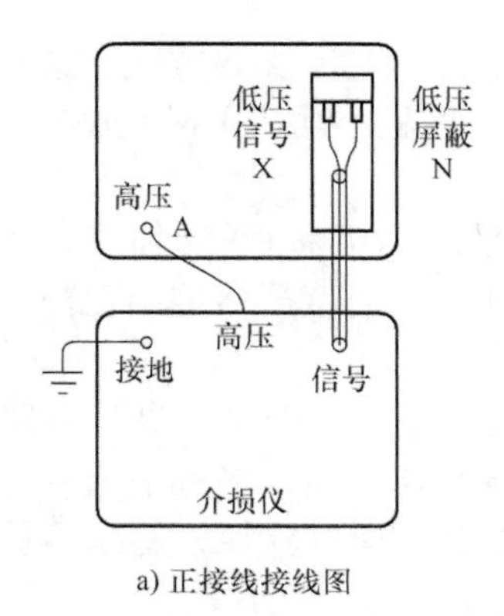

a) 正接线接线图

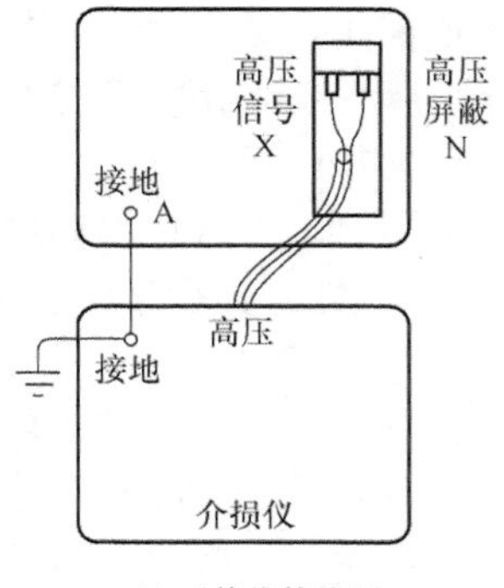

b) 反接线接线图

图 9-20　介损仪与标准介质损耗器接线图

9.4.3　绝缘油介质损耗因数测试仪

绝缘油介质损耗因数测试仪的计量校准与高压介质损耗因数测试仪类似，油介损仪的介质损耗因数测量方法仅采用正接法。根据据 JJF 1618—2017《绝缘油介质损耗因数及体积电阻率测试仪校准规范》，被校油介损仪与标准介质损耗器按图 9-21接线。

图 9-21　油介损仪与标准介质损耗器接线图

实际校准油介损仪时，会发现大介损的数值有波动，其原因在于介损仪的测量频率是跟随电网频率同步变化的，以 50.00Hz 下 10.000% 介损为例，当测试频率为 49.95Hz 时介损值变为 9.990%。

为了抗干扰，介损仪会在工频上下各采用一个频率测量，然后取平均值作为工频下的测量结果。以 45Hz/55Hz 双变频为例，仪器按照下式给出 50Hz 下的介损值。

$$\tan\delta_{50\text{Hz}} = \frac{2}{\dfrac{1}{\tan\delta_{45\text{Hz}}} + \dfrac{1}{\tan\delta_{55\text{Hz}}}}$$

平均值采用倒数平均而不是直接平均（除非介损仪设置为串联模型而采用直接平均）。这是因为标准介质损耗器大都采用 *RC* 串联模型设计，而介损仪大都采用并联模型进行测量。如果标准介质损耗器是并联模型的，这种平均没有误差。如果标准介质损耗器是串联模型的，测量值会减小 1%。以 5% 介损为例，45Hz 下介损为 4.5%，55Hz 下介损为 5.5%，按上式得到 50Hz 下介损为 4.95%。如果介损仪在 49Hz/51Hz 下工作，就能消除这种影响。

第 10 章 红外热像仪

10

自然界中一切温度高于绝对零度（-273.15℃）的物体，总是在不断地向外发射红外辐射，这种红外辐射载有物体表面的温度特征信息，为利用红外技术判别各种被测目标温度高低与热分布场提供了客观基础。收集并探测这些辐射能量，可以形成与物体表面温度分布相对应的热图像。热图像再现物体各部分表面温度和辐射发射率的差异，能够显示出物体的特征。

电气设备在运行状态下，都会存在正常的发热现象，并具有相应的热场分布规律，当出现故障或缺陷时，由于电流、电压效应或传热途径发生变化，必然伴随着异常的温升及热场分布。对于电气设备外部可见的载流导线、连接杆及裸露工作单元、部件，运行中受环境温度变化、污秽覆盖、有害气体腐蚀和风雨雪雾等自然力作用，加上人为设计和施工工艺不当等因素，会造成设备老化、损坏和接触不良，导致设备介质损耗、漏电流或接触电阻增大，引起局部发热面温度升高。绝缘介质、铁心和 GIS 内器件等处于设备外壳内部的各种电气单元、部件存在缺陷或发生故障时，也会产生各种异常热效应，以热传导和对流的方式影响和改变设备外壳表面的热场分布。因此，如果使用红外检测仪器探测到设备异常的温升及热场分布，就能发现设备（含内部）运行过程中存在的过热故障。由于红外测温是一种非接触测温方式，因此红外测温能够在不停电、不停机的情况下，实现不接触测温诊断。

10.1 红外辐射基础知识

10.1.1 红外辐射的基本特征

1800 年，英国天文学家赫歇尔（Herschel）在寻找新光学介质时意外发现了红外线。他用分光棱镜将太阳光分解成从红色到紫色的单色光，依次测量不同颜色光的热效应，发现当用墨水染黑的水银温度计沿着光谱上颜色缓慢移动时，温度计读数从紫色端到红色端逐渐升高，当把温度计移到红色端以外的区域，即人眼看不见任何光线的黑暗区时，温度反而比红光区域更高。到 1830 年，经大批研究人员的反复试验证明，在红光外侧，确实存在一种人眼看不见的“热线”，后来称为“红外线”，也就是“红外辐射”。

红外线是一种电磁波，通常把电磁波按波长或频率的不同划分为许多波段，总称为电磁波谱，如图10-1所示。红外波段位于电磁波谱中可见光和微波之间，波长范围为0.76μm～1000μm。通常把红外波段分为近红外（0.76μm～3μm）、中红外（3μm～6μm）、远红外（6μm～15μm）和极远红外（15μm～1000μm）4部分。红外波段的前3部分各包含一个大气窗口，分别为2μm～2.5μm、3μm～5μm和8μm～12μm。在大气窗口内，大气对红外线的吸收较少，红外线能基本完全透过，因此大多数红外系统都选用这些波段。

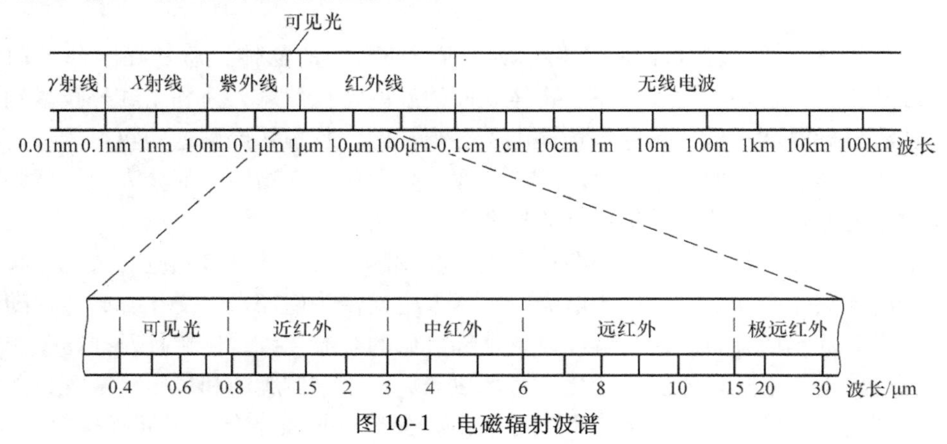

图10-1　电磁辐射波谱

红外辐射是自然界存在的一种最为广泛的电磁波辐射，一切温度高于绝对零度（-273.15℃）的物体，由于物质内部分子或原子的热运动，都会持续不断地向外辐射出红外线。分子和原子的运动越剧烈，物体温度越高，辐射的能量越大，红外辐射因此带有辐射物体的温度特征信息，也称为热辐射。任何具备热辐射条件的物体，在时刻向外辐射能量的同时也时刻接收外界向它辐射的能量，辐射换热就是这样一个动态过程不断进行的总效应。相对于传导和对流方式进行的热交换，辐射换热不需要物质互相接触，也不需要介质，是真空中唯一的传热方式。

10.1.2　红外辐射基本规律

1. 黑体的红外辐射

由于实际物体（如电气设备）的情况较为复杂，研究物体辐射规律时，首先从一种简单模型——黑体入手。所谓黑体，简单来讲就是在任何情况下对一切波长的入射辐射都全部吸收的物体，既不反射也不透射任何辐射。自然界实际存在的任何物体对不同波长的任何辐射都有一定的反射，所以黑体只是人们抽象出来的一种理想化物理模型。尽管如此，黑体辐射的基本规律却是红外科学领域中许多理论研究和技术应用的基础，揭示了黑体发射的红外辐射随温度及波长变化的定量关系。

（1）基尔霍夫定律　定义吸收比 α 为被物体吸收的辐射功率与入射的辐射功率之比，它是物体温度 T 和波长 λ 等因素的函数，代表物体的吸收本领。绝对黑体能够在任何温度下，全部吸收任何波长的入射辐射，因此对任意温度和波长其吸收比 $\alpha_b=1$。

1859 年，基尔霍夫指出，物体的出射辐射度和吸收比 $\alpha_{\lambda,T}$ 的比值与物体的性质无关，该比值对所有物体来说是波长和温度的普适函数，都等于同一温度下绝对黑体的出射辐射度 M_b，表达式为

$$\frac{M_{\lambda,T}}{\alpha_{\lambda,T}}=M_b$$

该定律表明，当物体处于红外辐射平衡状态时，它所吸收的红外能量恒等于它所发射的红外能量。吸收本领大的物体，其发射本领也大。不难推出：性能好的反射体或透射体，必然是性能差的辐射体。

（2）普朗克辐射定律　一个热力学温度为 T 的黑体，单位表面积在波长 λ 附近单位波长间隔内向整个半球空间发射的辐射功率（简称为光谱辐射度）$M_{\lambda,b}$ 与波长 λ 、温度 T 满足下列关系

$$M_{\lambda,b}=\frac{2\pi hc^3}{\lambda^5(e^{hc/\lambda kT}-1)}\times10^{-6}$$

式中　$M_{\lambda,b}$——波长 λ 的黑体光谱辐射度［W/（m^2 · μm)］；

c——光在真空中的传播速度，$c=3\times10^8$m/s；

h——普朗克常数，$h=6.6\times10^{-34}$J · s；

k——玻耳兹曼常数，$k=1.4\times10^{-23}$J/K；

T——黑体的热力学温度（K）；

λ——波长（μm）。

根据普朗克辐射定律绘制各种温度下黑体光谱辐射度曲线，如图 10-2 所示。

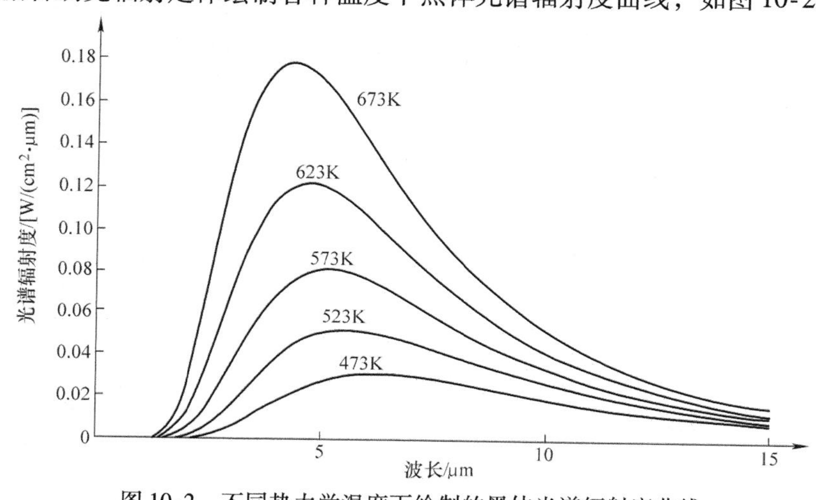

图 10-2　不同热力学温度下绘制的黑体光谱辐射度曲线

由图 10-2 所示曲线可以看出，黑体辐射具有以下基本特征：

1）一定温度下，不同波长处的辐射能量不同，存在一个峰值波长，此波长处

的辐射能量最大。

2）随着温度的升高，辐射峰值波长向短波方向移动，黑体辐射中的短波长辐射比重增加。

3）温度越高，曲线越高，辐射能量越大。

（3）维恩位移定律　将普朗克辐射定律公式对波长 λ 进行微分，求出极大值，得到峰值波长与温度关系为

$$\lambda_{max}T = 2898\mu m \cdot K$$

该关系称为维恩位移定律，表明黑体对应的最大辐射峰值波长 λ_{max} 与热力学温度 T 成反比，如图 10-3 所示，温度升高，峰值波长变短。

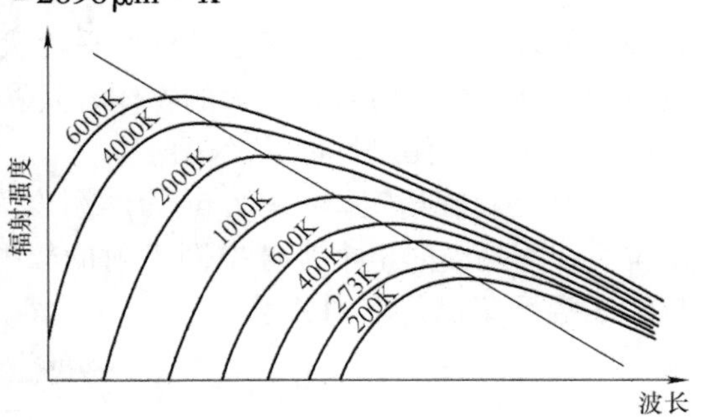

图 10-3　维恩位移定律

（4）斯特藩 - 玻尔兹曼定律　从 $\lambda = 0$ 到 $\lambda = +\infty$ 对普朗克辐射定律公式进行积分，得到特定温度普朗克曲线下包围的面积，即黑体单位表面积向整个半球空间发射的所有波长的总辐射功率 M_b，其随温度变化规律为

$$M_b = \sigma T^4$$

式中　M_b——总辐射功率（W/m^2）；

σ——斯特藩 - 玻尔兹曼常数，$\sigma = 5.6697 \times 10^{-8} W/(m^2 \cdot K^4)$；

T——热力学温度（K）。

斯特藩 - 玻尔兹曼定律表明，凡是温度高于绝对零度（−273.15℃）的物体，都会自发向外发射红外辐射。黑体单位表面积发射的总辐射功率与热力学温度的四次方成正比，只要探测物体单位表面积发射的总辐射功率，就能确定物体的表面温度值。

（5）朗伯余弦定律　朗伯余弦定律指黑体在任意方向的辐射强度与观测方向相对于辐射表面法线夹角的余弦成正比，如图 10-4 所示。

$$I_\theta = I_0 \cos\theta$$

式中　I_θ——与辐射表面法线夹角 θ 方向上的辐射强度；

I_0——辐射表面法线方向（$\theta = 0$）的辐射强度。

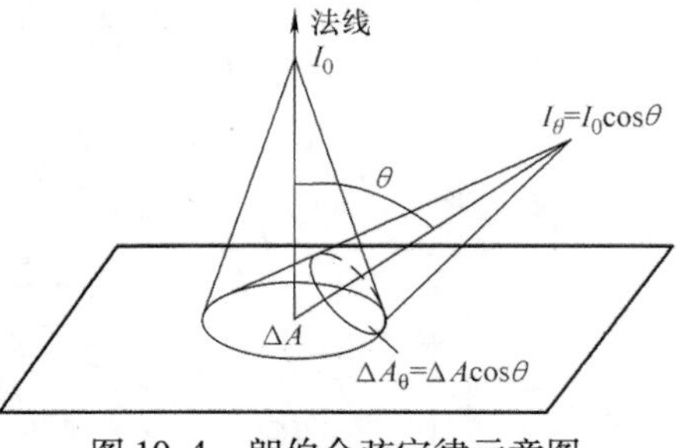

图 10-4　朗伯余弦定律示意图

朗伯余弦定律揭示了黑体红外辐射的空间分布规律，表明黑体在辐射表面法线方向的辐射最强。因此，开展红外检测时，应尽可能选择在被测物体表面法线方向进行。如果在与法线成 θ 角方向检测，则接收到的红外辐射信号将减弱到法线方向

最大值的 $\cos\theta$ 倍。

2. 实际物体的红外辐射

自然界中，入射辐射到达实际物体表面后会有 3 种情况发生，如图 10-5 所示。部分入射功率被吸收，记作 M_α，α 为吸收比；部分被反射，记作 M_ρ；部分穿过物体，即被透射，记作 M_τ。

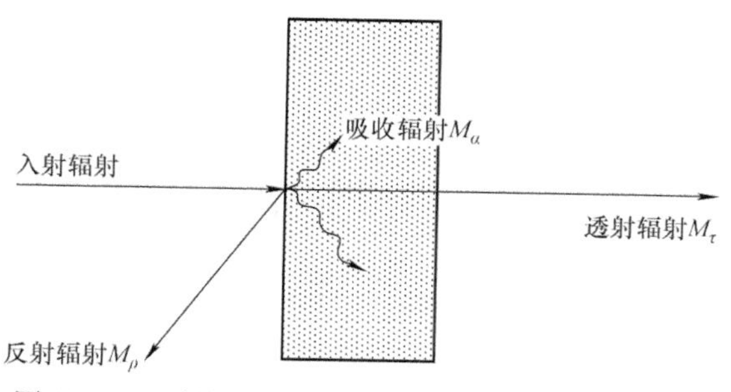

图 10-5　入射辐射到达实际物体表面后的 3 种情况

与吸收比 α 对应，定义反射比 ρ 为物体反射的辐射功率与入射的辐射功率之比，定义透射比 τ 为物体透射的辐射功率与入射的辐射功率之比。对任意波长，$\alpha+\rho+\tau=1$。对不透明物体，$\tau=0$，$\alpha+\rho=1$。

由于黑体对入射辐射全吸收，因此 $\rho=0$，$\alpha=1$。而对于自然界实际物体，由于材料性质及表面状态等因素影响，ρ 肯定大于 0，因此吸收比 α 永远小于 1。

为了对实际物体的辐射能力进行衡量，引入一个随材料性质及表面状态变化的参量 ε，定义为同一温度及波长条件下，实际物体的辐射能力与黑体辐射能力的比值，称为辐射系数或发射率。

一般所有物体（也可称为辐射源）存在 3 种类型，特定温度下，根据它们发射率随波长变化情况（见图 10-6）进行区分：①黑体，发射率不随波长变化，且恒为 1；②灰体，发射率不随波长变化，为一个小于 1 的常数；③选择性辐射体，发射率随波长变化，不大于 1。

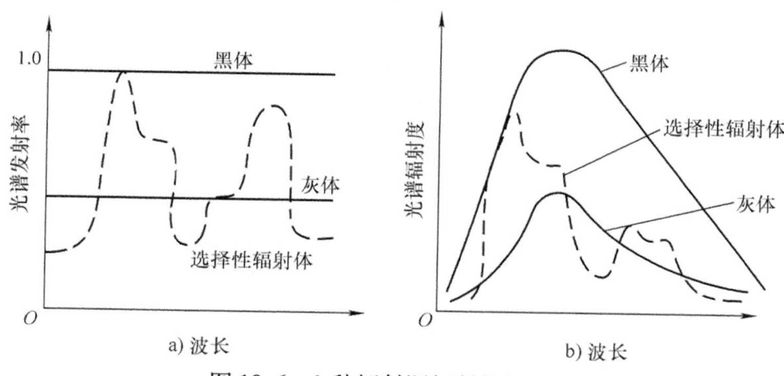

图 10-6　3 种辐射源辐射特性比较

根据基尔霍夫定律，任意材料在任意指定温度和波长下物体的吸收比和发射率相等，即 $\varepsilon=\alpha$。同样根据能量守恒定律，在任意指定温度和波长下，在热平衡情况下，物体的吸收比和发射率相等。因此，对于不透明的物体 $\varepsilon+\rho=1$，则实际物体的辐射通常由两部分组成，即自身辐射与反射辐射。

对一个灰体辐射源，斯特藩 – 玻尔兹曼公式为

$$M(T)=\varepsilon_T\sigma T^4$$

可见，物体的温度及表面发射率决定物体的辐射能力。通过测量物体红外辐射能量能够获取物体的温度信息。值得注意的是，对实际物体进行红外检测时应根据物体材料性质设置正确的发射率（或对检测结果进行发射率修正），检测过程中应注意消除目标周围其他辐射源通过目标产生的反射辐射。

10.2 红外热像仪工作原理及性能参数

10.2.1 红外热像仪工作原理

红外热像仪应用于红外检测与诊断技术，根据探测器结构原理不同，分为光机扫描和焦平面阵列两大类，后者又有制冷和非制冷型之分。近年来，焦平面阵列红外热像仪发展迅速，克服了光机扫描系统的复杂性和不可靠性，已基本取代了光机扫描红外热像仪。电力系统主要选用的红外热像仪采用非制冷焦平面探测器，其成像机理如图10-7所示。焦平面探测器为二维平面形状，自身具有电子扫描功能，被测目标的红外辐射只需通过简单的物镜，聚焦成像在红外探测器的阵列平面上，与照相机将目标聚焦在底片上曝光的原理相似。

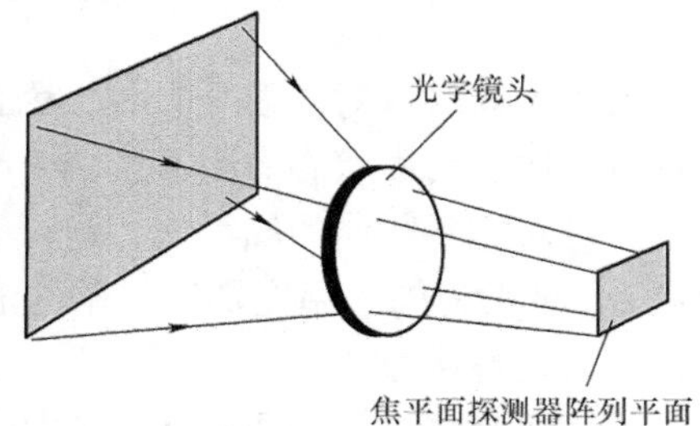

图10-7　非制冷型焦平面阵列红外热像仪成像机理

焦平面探测器阵列平面由数以万计的传感元件（探测器单元）组成，采用微辐射计探测器。这种探测器的工作原理与热敏电阻类似，即探测器吸收入射的红外辐射致使自身温度升高，导致探测器阻值发生变化，从而输出变化的电压信号。在图10-8所示的桥式电路中，R_1为内置探测器，R_2为工作探测器，R_3和R_4为平衡电路的标准电阻，E为取样电压信号。R_1被屏蔽不露，R_2暴露在外并接收红外辐射。当无外来辐射时，桥式电路保持平衡，此时$E=0$，无电压信号输出；当外来辐射照射时，R_2温度发生变化，引起阻值随之变化，打破桥式电路平衡，使信号输出电路的两端产生电压差，输出电压信号。电压信号经过放大并数字化到红外热像仪的电子处理部分，再转换成我们能在显示器上看到的红外图像。

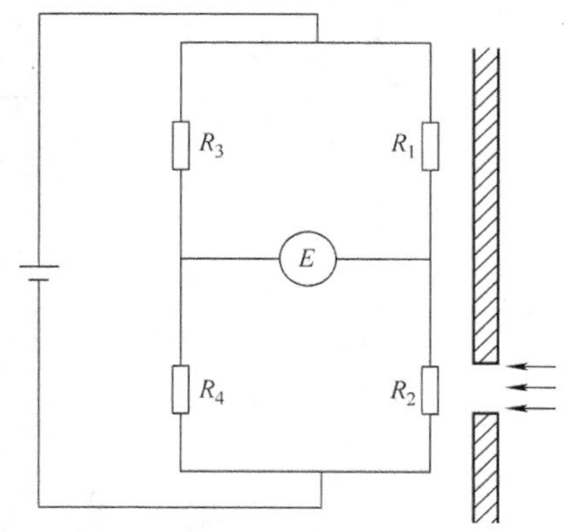

图10-8　非制冷型焦平面阵列红外热像仪工作原理

目前，电力行业用焦平面阵列红外热像仪根据使用方式可分为便携式、手持式和在线式等形式，如图 10-9 所示。焦平面阵列热像仪的红外探测器性能好，响应均匀性好，功耗低，现代智能化程度高，体积小巧、使用方便。尽管产品不同，其性能不同，但空间分辨率和温度分辨率都较光机扫描热像仪有了显著提高，其图像清晰、稳定，分析软件功能丰富，在电力系统故障检测工作中备受青睐。

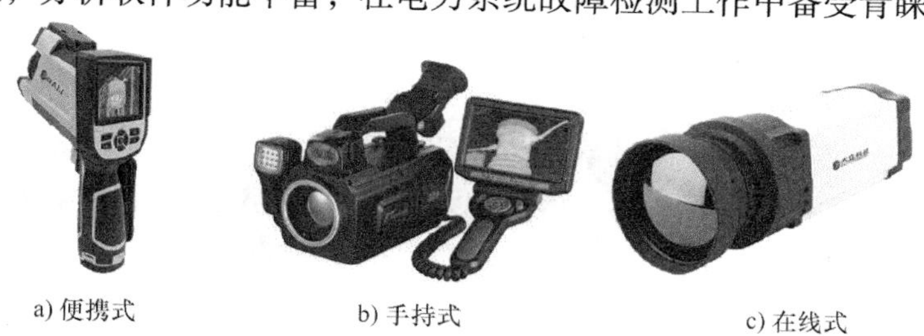

a) 便携式　　b) 手持式　　c) 在线式

图 10-9　几种常见红外热像仪

10.2.2　红外热像仪的主要性能参数

1. 工作波段

工作波段是指红外热像仪中所选择的红外探测器的响应波长区域，一般是 3μm ~ 5μm 或 8μm ~ 12μm。

2. 视场

视场（field of view，FOV）是光学系统视场角的简称，表示在光学系统中能够像平面视场光阑内成像的空间范围，即使物体在红外热像仪中成像的空间最大张角，一般是矩形视场，表示为水平 $\alpha\times$垂直β，单位为度（°）。

3. 空间分辨率

空间分辨率又称瞬时视场（IFOV），其大小是反映红外热像仪空间分辨率高低的指标，单位为毫弧度（mrad）。单元探测器尺寸为 $a\times b$（μm^2），水平及俯仰方向的瞬时视场角 α、β 由 a、b 及光学系统焦距f_0（mm）决定。

$$\alpha=\frac{a}{f_0}$$

$$\beta=\frac{b}{f_0}$$

4. 噪声等效温差

噪声等效温差（noise equivalent temperature difference，NETD）是衡量红外热像仪温度灵敏度的一个客观指标，一般采用在 30℃时的噪声等效温差（NETD@30℃）来表示。其定义为用红外热像仪观察标准试验图案，图案上的目标与背景之间能使基准化电路输出端产生峰值信号与均方根噪声之比为 1 时的温差。

5. 最小可分辨温差

最小可分辨温差（minimum resolvable temperature difference，MRTD）是一个作为景物空间频率函数的表征系统受视在信噪比限制的温度分辨率的度量，即在特定的空间频率下，观察者刚好能分辨出四杆图案靶标（长宽比为 7∶1 的 4 条条纹）

时的温差。MRTD 是既反映红外热像仪温度灵敏度，又反映红外热像仪空间分辨率特性，还包括观察者眼睛工作特性的系统综合性能参数。

6. 测温准确度

测温准确度是指红外热像仪在最大测温范围内，允许的最大温度误差，以绝对误差或误差百分数表示。

7. 测温一致性

在红外热像仪视场内不同区域温度测量结果的一致程度。红外热像仪提供温度分布的可靠性很大程度依赖于其一致性。没有一致性的限定，温度分布将是不可靠的，由此得出的点、线、面的分析和统计将是不准确的。

10.3 红外热像仪的校准及性能测试

10.3.1 黑体辐射源

黑体是一个理想化的物理模型，发射率为 1 且与波长无关，同时是理想的漫发射体。这样，黑体可以用来作为与其他辐射源比较的基准。我们虽然无法制作出这样一个严格意义上的黑体，但可以制作一个尽可能接近绝对黑体的辐射源，比如它的发射率非常接近 1，且在一定光谱范围内与波长无关，在一定的空间辐射范围内遵循朗伯余弦定律。这样的辐射源本质上应是灰体，或者确切地应称为黑体型辐射源或黑体模拟器，实际使用中称为“黑体辐射源”。

绝对黑体要求对任何波长的辐射 100% 吸收，材料本身无法做到这一点，但是入射到密封腔小孔的辐射却能被密封腔壁完全吸收。例如在等温容器 A 上开一个小孔 B，所有由小孔 B 入射的光线经过多次反射才能由 B 射出，当腔壁的反射率较小，反射次数较多时，只有极小部分的光才能从 B 射出，如图 10-10 所示。如果把 A 的内表面涂黑，设吸收率为 0.9，反射率为 0.1，经 3 次反射后，它就吸收了入射光的 0.999，已经非常接近黑体。因此只要满足腔壁近似等温，开孔比腔体小得多，就有可能制作一个黑体源。

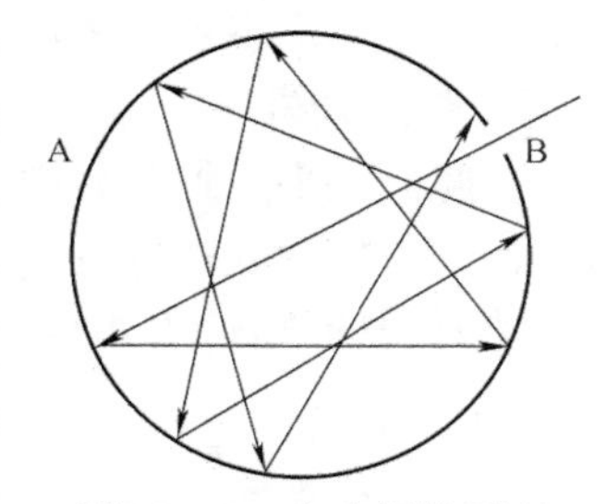

图 10-10 人造黑体原理

红外热像仪测温的准确性是通过比较黑体辐射源辐射的能量与红外热像仪输出的电信号的关系来保证的。作为校准和性能测试的标准仪器，黑体辐射源模拟理想黑体，温度稳定可控，发射率接近 1。

10.3.2 红外热像仪性能测试

噪声等效温差与最大可分辨温差反映了红外热像仪能够辨别被测目标最小温度变化的能力，即反映红外热像仪的温度分辨力。其中噪声等效温差为客观参数，最大可分辨温差包含主观因素，视为主观参数，下面介绍两者的测试方法。

1. 噪声等效温差测试

根据噪声等效温差（NETD）的定义，用热成像系统观察标准试验图案，图案上目标与背景之间使基准电子滤波器输出端产生的峰值信号与噪声电压的均方根信号之比为 1 时，黑体目标与背景的温差为噪声等效温差。

因此，测试时将温度为 T_0（℃）的黑体，其空间尺寸大于光学视场单元，但小于系统的总视场，放置在温度为 T_f 的均匀冷背景中（推荐在 22℃ 左右），黑体与背景的温差远大于系统的 NETD（5℃ ~ 10℃）。测量目标与背景之间温差为 $\Delta T = T_0 - T_f$ 时基准电路输出端目标信号和背景信号的视频电压信号差 v_s 和背景的均方根噪声信号 v_b，如图 10-11 所示。由测量值可计算出热像仪的 NETD。

$$\text{NETD} = \frac{T_0 - T_f}{v_s / v_b}$$

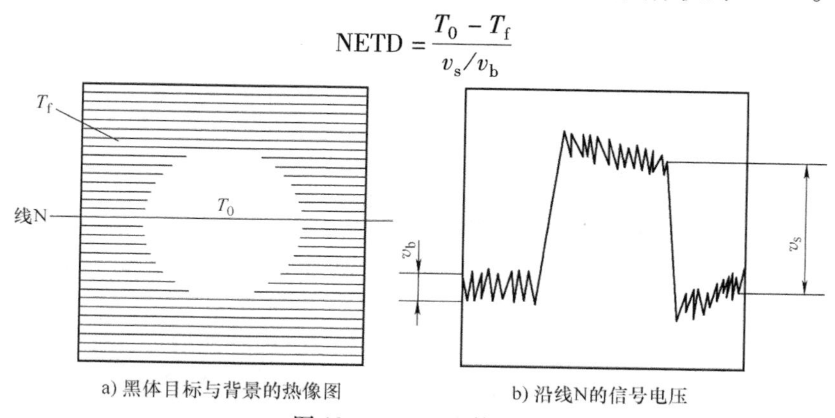

a) 黑体目标与背景的热像图　　b) 沿线N的信号电压

图 10-11　NETD 的测量

NETD 作为红外热像仪综合性能的度量有一定的局限性。红外热像仪的 NETD 反映的是红外热像仪对低频景物（均匀大目标）的温度分辨率，不能反映红外热像仪观察较高空间频率景物的温度分辨率。NETD 反映的是客观信噪比限制的温度分辨率，没有考虑人眼视觉特性的影响。NETD 的测量点在基准化滤波电路的输出端，而从电路输出端到终端图像显示之间还有其他系统，测量没有考虑显示单元的影响。因此，NETD 不能反映红外热像仪的整机性能。

2. 最小可分辨温差测试

最小可分辨温差（MRTD）与系统的空间分辨率有关，反映了人眼对红外热像系统输出图像的分辨能力。它与光学系统、探测器阵列、信号处理电路、显示系统的特性和人眼的分辨率等有关。因此，最小可分辨温差既反映了成像系统的客观性能，又反映了观察者的主观因素。

MRTD 测试采用至少 4 个空间频率不同的标准四杆图案靶标，每个靶标的空间频率是前一个的两倍，靶标中每个条带的高度是其宽度的 7 倍，如图 10-12 所示。靶标可用金属板制作，按要求在金属板上开 4 条高度是其宽度 7 倍的槽，在金属板的一面涂上发射率大于 0.95 的涂层。

测试开始时，将较低空间频率的靶标图案放置在黑体前，如图 10-13 所示，靶标中条带与背景黑体之间的温差设置为零，相当于观测一个温度均匀的区域，同时将系统的增益调到最大，在图案中可以看到噪声。

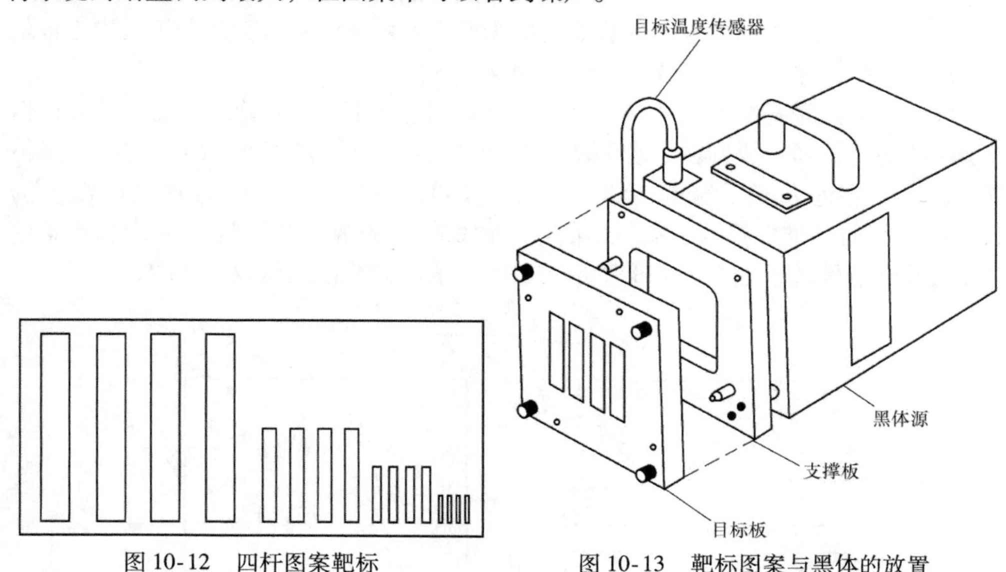

图 10-12　四杆图案靶标

图 10-13　靶标图案与黑体的放置

逐渐增加黑体温度使条带与靶标背景之间的温差逐渐增加，直到能用视觉分离出条带为止，此时的温差为 ΔT_1。继续增加温差，直到获得良好的图像。测量靶标以相反的方向重复上述步骤，即降低条带与背景之间的温差，直到周期条带结构在图像上消失，此时的温差为 ΔT_2。ΔT_2 通常低于 ΔT_1。

根据定义，对一个给定的空间频率，MRTD 取 ΔT_1 和 ΔT_2 的算术平均值。

空间频率 f 的计算如下：

$$f=\frac{10^{-3}D}{s}(1/\mathrm{mrad})$$

式中　D——靶标到热像仪的距离（m）；

　　s——靶标条带间中心线到中心线的距离（m），$D>>s$。

MRTD 也可由客观法获得。如果能选择适当的光度计的积分时间，由客观法获得的 MRTD 与主观法获得的值差别很小。

10.3.3　红外热像仪的校准

红外探测器在工作或放置一段时间后，其材料存在老化现象，材料的特性发生变化，测温可能不准确，需要对红外热像仪测量的物体温度信号与红外热像仪产生的电信号的关系进行校准，保证红外热像仪的示值误差满足准确度的要求。

根据 JJF 1187—2008《热像仪校准规范》，热像仪的校准主要包括示值误差和测温一致性的校准。热像仪的校准应在标准实验室内进行。实验室的环境温度应为

(23 ±5)℃，湿度应不大于 85% RH，室内无强的环境热辐射。

采用腔式黑体辐射源和面辐射源分别对红外热像仪的示值误差和测温一致性进行校准。黑体辐射源的温度范围应满足被校红外热像仪的校准要求。黑体辐射源有高温、中温和低温辐射源。

按照红外热像仪校准规范，黑体辐射源应满足表 10-1 的技术要求。

表 10-1 黑体辐射源的技术要求

辐射源种类	用途	温度范围	空腔有效发射率	温度稳定性
腔式黑体辐射源	示值误差校准 测温一致性校准	100℃以下	(0.99 ~ 1.00) ±0.01	±0.05℃
		100℃ ~ 1000℃	(0.99 ~ 1.00) ±0.01	±0.1℃
		1000℃ ~ 2000℃	(0.99 ~ 1.00) ±0.01	±0.1%
面辐射源	测温一致性校准	100℃以下	0.97 ±0.02	±0.05℃

黑体辐射源温度通常采用精密的接触温度计或辐射温度计测量，如铂电阻温度计或热电偶等（配相应电测设备）。

1. 准确度校准

校准温度点的选择为量程的上、下限及量程中间值。对于有多个量程的热像仪，在量程重叠的温度区域，应选择在不同量程分别校准。

根据红外热像仪的聚焦范围要求、光学分辨力和黑体辐射源目标直径确定测量距离。调整红外热像仪位置，使红外热像仪沿黑体辐射源的轴向方向瞄准被测黑体辐射源目标中心，并且使被测目标清晰成像。

根据红外热像仪使用说明书要求，测量前将红外热像仪开机一定时间，输入量程和校准条件数据，如环境温度、环境湿度和测量距离等参数。校准时，被校红外热像仪发射率参数设置为 1 或等于黑体辐射源发射率。

将被校红外热像仪置于点温度测量模式，测量黑体辐射源目标中心温度。在每个校准温度点，进行不少于 4 次测量。测量时，同时记录黑体辐射源参考温度标准的测量值 $t_{\mathrm{BB}i,j}$、被校红外热像仪示值 $t_{i,j}$ 和被校红外热像仪当前量程。计算黑体辐射源辐射温度平均值 $t_{\mathrm{BB}i}$。

$$t_{\mathrm{BB}i} = \frac{1}{m_i}\sum_{j=1}^{m_i} t_{\mathrm{BB}i,j}$$

式中 $t_{\mathrm{BB}i,j}$——在第 i 个校准温度点，校准器的第 j 个黑体辐射源温度测量值；

m_i——在第 i 个校准温度点的测量次数，$m_i \geqslant 4$。

计算被校红外热像仪示值平均值 t_i。

$$t_i = \frac{1}{m_i}\sum_{j=1}^{m_i} t_{i,j}$$

式中 $t_{i,j}$——在第 i 个校准温度点被校红外热像仪第 j 个示值。

计算在该量程下，第 i 个校准温度点，被校红外热像仪示值误差 Δt_i。

$$\Delta t_i = t_i - t_{\mathrm{BB}i}(i = 1, 2, \cdots, n)$$

2. 测温一致性

根据红外热像仪实际使用情况设定黑体辐射源温度，通常为100℃。红外热像仪开机预热，设置环境温度、湿度、测量距离和发射率等参数。调整红外热像仪方位，使红外热像仪光学系统光轴与黑体辐射源轴向方向重合（使用面辐射源进行校准时，应使红外热像仪光学系统光轴与经过面辐射源中心的法线重合），并且使被测目标清晰成像。在进行测温一致性测试时，不允许使用红外热像仪的数字变焦功能。

如图10-14所示，将被校红外热像仪显示器画面等分为9个区域，在9个区域的中心点分别标记。

1	2	3
4	5	6
7	8	9

图10-14　测温一致性实验测温点分布

在实验条件下，当黑体辐射源的尺寸不能完全覆盖红外热像仪视场时，采用方法一进行测温一致性实验；当黑体辐射源的尺寸能够能完全覆盖红外热像仪视场时，采用方法二进行测温一致性实验。

方法一：使用腔式黑体辐射源进行测温一致性测试。

调整热红外像仪或黑体辐射源位置，使黑体辐射源中心分别成像于标记点，使用红外热像仪测量黑体辐射源中心温度，记录标记点示值 t_{ri} 和 t_{r5}。测量顺序如下：$5 \to i \to 5$（$i=1, 2, \cdots, 9, i \neq 5$）。

方法二：使用面辐射源进行测温一致性测试。

调整红外热像仪或黑体辐射源位置，使面辐射源清晰成像，将红外热像仪发射率参数设置为面辐射源发射率，分别测量并记录标记点温度 t_{ri} 和 t_{r5}。测量顺序如下：$5 \to i \to 5$（$i=1, 2, \cdots, 9, i \neq 5$）。

计算被校红外热像仪测温一致性。

$$\phi_i = \bar{t}_{ri} - \bar{t}_{r5} (i=1,2,\cdots,9,i \neq 5)$$

式中　$\bar{t}_{ri}$——在第 i 个标记点，被校红外热像仪示值的平均值。

10.4　红外诊断影响因素及诊断方法

10.4.1　红外诊断影响因素及对策

红外热像仪能够快速有效地实现电气设备表面温度非接触测量，实际使用中，红外探测器接收到的辐射能，不仅来自目标电气设备，也来自目标设备周围环境与红外热像仪本身，这将对电气设备红外检测的准确性造成一定影响。

1. 大气吸收的影响

物体的红外辐射在传输过程中，由于大气的吸收作用总要受到一定的能量衰减。大气窗口的三个波段尽管受大气吸收的影响很小，但辐射能量仍会被衰减。对户外设备，环境湿气重的时段红外检测尤要注意，应在无雷、雨、雾、雪，空气湿度最好低于85%RH的环境条件下进行红外检测。

2. 大气尘埃及悬浮粒子的影响

某些大气尘埃及悬浮粒子的大小与红外辐射波长相近，会对红外辐射产生散射作用，使红外辐射偏离原来的传播方向。因此应尽量在空气清新、少尘或无尘的环境条件下进行红外检测。

3. 检测距离的影响

检测距离对红外诊断的影响是多方面的。首先，检测距离越远，大气对红外辐射衰减的影响越大；其次，检测距离越远，发热物体在红外热像仪中的成像面积越小，覆盖像元的数量越少，若红外热像仪空间分辨率不能满足物体大小和检测距离的要求，测温值将受到目标物体背景温度的影响。因此，选择红外热像仪时，空间分辨率应满足实测距离的要求。在满足安全距离的情况下，红外热像仪宜尽量靠近被测设备，使被测设备充满整个视场。

4. 风力的影响

当被测设备处于室外露天运行时，在风力较大的环境下，由于受到风速的影响，存在发热缺陷设备的热量会被风力加速散发，使裸露导体及接触件的散热条件得到改善，使热缺陷设备的实测温度下降。

因此，对故障后温升较高的设备，如电力系统由于电流致热引起发热的设备，一般应在风速不大于5m/s（树叶和微枝摆动不息，旗帜展开，相当于3级风，3.4m/s~5.4m/s）的环境条件下进行红外检测。

对故障后表面温升不明显的设备，如电力系统由于电压致热引起内部缺陷的设备等，一般应在风速不大于1.5m/s（烟能表示方向，树叶略有摇动，相当于1级风，0.3m/s~1.5m/s）的环境条件下进行红外检测。

定量检测时，可按以下公式进行修正。

当风速小于1.5m/s时：

$$T_0 = T_V e^{\frac{V}{W}}$$

式中 T_0——无风时的温升（℃）；

T_V——风速为V时的温升（℃）；

V——风速（m/s）；

W——衰减系数，逆风时取1.3，顺风时取0.9。

当风速大于1.5m/s时：

$$T_{01} = 0.448 T_{02} \frac{V_2}{V_1}$$

式中 T_{01}——风速为V_1时的温升（℃）；

T_{02}——风速为V_2时的温升（℃）。

5. 环境温度的影响

当被测设备所处的环境温度较低时，由于散热条件较好，热缺陷设备的温度较低，可能会造成缺陷漏判。因此一般应在环境温度不低于0℃的环境条件下进行红外检测。同时，当环境温度变化较大时，要注意红外热像仪设置环境温度的调整。

6. 发射率的影响

实际物体的发射率都在大于0和小于1的范围内，其值的大小与物体的材料、温度和表面状况等有关。由灰体玻尔兹曼公式可知物体辐射红外能量由温度和发射率共同决定，发射率设置准确与否对测温结果有很大的影响。在电力系统中，对带电设备进行一般外部故障的巡检时，发射率可选择为0.9；对带电设备进行精确的诊断时，发射率可参考下列数值选取：瓷套类选0.92，带漆部位金属类选0.94，金属导线及金属连接选0.9。

实践证明，物体的发射率对波长最敏感，其次是被测物体的表面状态，再其次是温度。根据该次序选择与设备测量范围相适应的红外仪器，并在使用中对被测物体的发射率设定尽量准确。然后，根据被测物体的形状改变不同的检测角度和方向。不过，对运行的电气设备进行红外诊断时，大多数情况下是通过比较法来判断的，即相邻相的横向比较和本身不同部位的纵向比较，一般只需求出其相对温度的变化，不必对发射率过分苛求。但需对热力学温度准确测量时，必须事先知道被测物体的发射率。

7. 检测角度的影响

根据红外辐射的空间分布规律，在正对目标设备位置检测时，红外热像仪接收到的红外辐射强度最大。因此应从多角度进行检测，选择最佳检测角度。在需要进行复测的情况下，应记录检测位置，以便下次在同样位置检测。一般检测角度和检测面法线的夹角应在30°以内，不宜超过45°，必要时可用朗伯余弦定理修正。

8. 邻近物体热辐射的影响

当环境温度比被测设备表面温度高很多或低很多时，或被测设备发射率很低时，邻近物体热辐射的反射将对被测设备的测量造成影响。因此，应注意检测角度，使被测设备周围背景辐射均衡，避免受邻近物体热辐射的反射干扰。

9. 太阳光辐射的影响

太阳光的反射和漫反射在3μm～14μm波长区域内，且分布比例并不固定，而这一波长区域与红外热像仪的波长区域相同，当被测设备处于太阳光辐射下时，太阳光的反射和漫反射被红外热像仪接收，将影响成像质量和测温精度。同时太阳光照射造成的被测设备温升，将叠加在被测设备稳定温升上，影响对设备自身发热情况的诊断。因此，户外开展红外检测时以阴天、夜间或晴天日落以后时段为佳，白天检测要注意避开阳光直射或通过被射物反射进入仪器镜头；在室内或晚上检测要避开灯光直射，在安全允许的条件下宜闭灯检测。

10. 被测设备的影响

故障设备的发热情况，与设备的实际负载有较大关系，还有一个热平衡的过程。因此，检测电流致热的设备，最好在设备负载高峰状态下进行，一般不低于额定负载的30%。同时，设备运行时间应不小于6h，最好在24h以上，以达到温度平衡。在检测时，应记录被测设备的实际负载电流、电压。

10.4.2 电气设备红外诊断方法

根据发热机理不同，异常发热设备通常分为电流致热型设备、电压致热型设备和综合致热型设备。

电流致热型设备是由于电流效应引起发热的设备，其发热功率为 $P=I^2R$。在电气设备导电回路电流的作用下，连接部位或触头接触不良使电阻增大，导致相应部位发热，如电气设备导电回路动、静触头，螺栓或与其等效连接的裸铜、裸铝合金连接部位接触不良而引起发热等。

电压致热型设备是由于电压效应引起发热的设备，其发热功率为 $P=U^2\omega C\tan\delta$。当设备内部绝缘介质老化、受潮后，会引起绝缘介质损耗增大，导致介质损耗发热功率增加；污秽绝缘子、低值绝缘子、零值绝缘子、绝缘子裂痕等缺陷，也会引起表面温度升高。例如，避雷器、高压套管、电缆及电缆头、电力电容器、互感器等设备内部的发热故障，各类设备绝缘子电压分布异常和泄漏电流增大，这些均属于电压致热型的设备缺陷。

综合致热型设备是既有电压效应，又有电流效应，或者因电磁综合效应导致发热的设备。

根据 DL/T 664—2016《带电设备红外诊断应用规范》，带电设备红外诊断的判断方法主要包括以下6种。

1. 表面温度判断法

此方法主要适用于电流致热型和电磁效应致热型的设备。根据测得的设备表面温度值，对照 GB/T 11022—2020《高压交流开关设备和控制设备标准的共用技术要求》中高压开关设备和控制设备各种部件、材料及绝缘介质的温度和温升极限的有关规定，结合检测时环境气候条件和设备的实际电流（负载）、正常运行中可能出现的最大电流（负载）以及设备的额定电流（负载）等进行分析判断。

2. 相对温差判断法

此方法主要适用于电流致热型设备。特别是对于检测时电流（负载）较小，且按表面温度判断法未能确定设备缺陷类型的电流致热型设备，在不与温度与温升极限规定相冲突的前提下，采用相对温差判断法，可提高对设备缺陷类型判断的准确性，降低当运行电流（负载）较小时设备缺陷的漏判率。

3. 图像特征判断法

此方法主要适用于电压致热型设备。根据同类设备的正常状态和异常状态的热像图，判断设备是否正常。注意应尽量排除各种干扰因素对图像的影响，必要时结合电气试验或化学分析的结果，进行综合判断。

4. 同类比较判断法

此方法根据同类设备之间对应部位的表面温差进行比较分析判断。对于电压致热型设备，应结合图像特征判断法进行判断；对于电流致热型设备，应先按照表面温度判断法进行判断，如果不能确定设备的缺陷类型，再按照相对温差判断法进行判断，最后才按照本方法判断。档案（或历史）热像图也多用作同类判断比较。

5. 综合分析判断法

此方法主要适用于综合致热型设备。对于油浸式套管、电流互感器等综合致热型设备，当缺陷由两种或两种以上因素引起时，应根据运行电流、发热部位和性质，结合前述的方法，进行综合分析判断。对于因磁场和漏磁引起的过热，可依据电流致热型设备的判据进行判断。

6. 实时分析判断法

在一段时间内让红外热像仪连续检测/监测一个被测设备，观察、记录设备温度随负载、时间等因素的变化，并进行实时分析判断。此方法多用于非常态大负载试验或运行、带缺陷运行设备的跟踪和分析判断。

10.4.3 现场应用与案例

1. 500kV 变压器中压侧套管升高座温度异常红外诊断

图 10-15 所示为 500kV 变压器 220kV 侧 A、B、C 三相套管升高座红外热像图谱。A、B、C 三相负荷电流分别为 1310.80A、1288.52A 和 1309.62A。A 相套管升高座温度为 44.2℃，B 相套管升高座温度为 50.2℃，C 相套管升高座温度 43.2℃，B 相温度明显高于 A、C 两相。

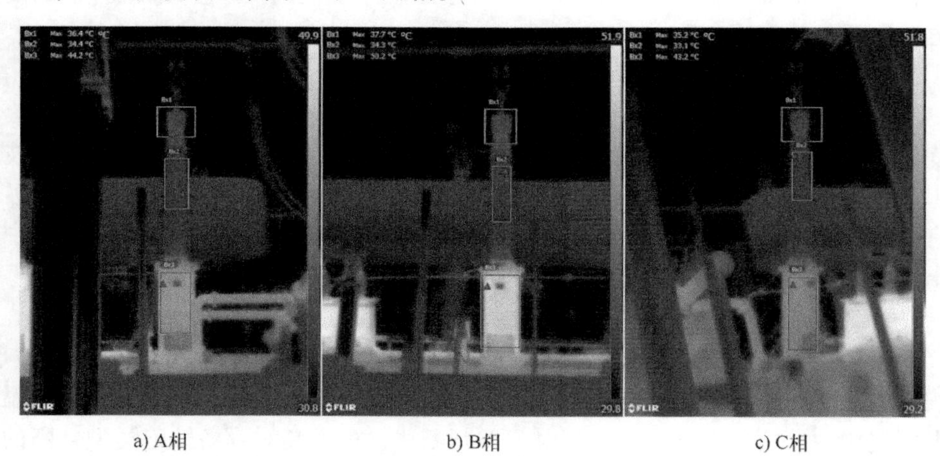

a) A相　　b) B相　　c) C相

图 10-15　500kV 变压器 220kV 侧 A、B、C 三相套管升高座红外热像图谱

在 220kV 侧的本体及套管升高座上布置声纹振动传感器，采集分析声纹振动信号发现 B 相机械稳定性最差，存在明显的 900Hz 高频分量。

根据检测数据分析：220kV 侧 B 相套管升高座温度异常可能有以下两点原因：①变压器磁屏蔽设计或升高座所用材料磁导率存在缺陷，导致涡流发热；②B 相套管升高座内部的电流互感器由于铁心涡流发热，进而传导至套管升高座，出现异常温升现象。建议加强红外测温检测工作，尤其针对 220kV 侧 B 相套管升高座和对应本体油箱壁等关键部位，跟踪温度变化情况，并关注主变压器中压侧 B 相套管二次电流变化情况。

2. 隔离开关触头发热红外诊断

图 10-16 所示为一隔离开关三相触头位置红外图谱，负载电流为 1254.02A。A 相触头位置温度为 31.4℃，B 相触头位置温度为 27.5℃，C 相触头位置温度为 85.1℃，显著高于 A、B 两相，存在异常发热。

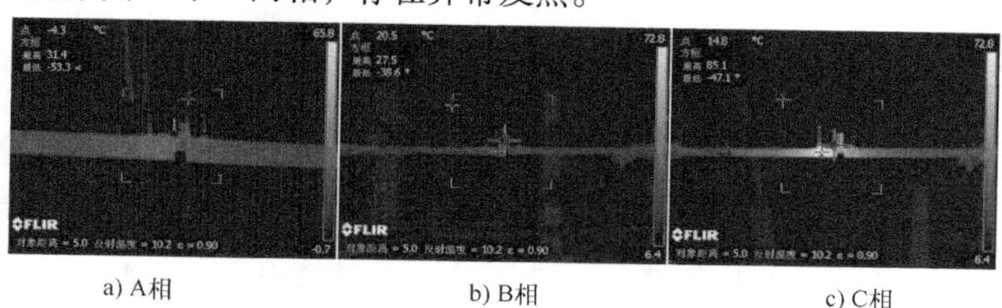

a) A相　　b) B相　　c) C相

图 10-16　一隔离开关三相触头位置红外图谱

从红外图谱可看出 C 相发热点位于中间触头处，发热原因可能是弹簧压力不足，搭接面接触不良，接触电阻偏大。

3. 220kV 线路避雷器异常发热红外诊断

220kV 线路避雷器三相红外图谱如图 10-17 所示。A 相温度为 15.0℃，B 相温度为 15.8℃，C 相温度为 14.0℃。A、B 两相温度高于 C 相。

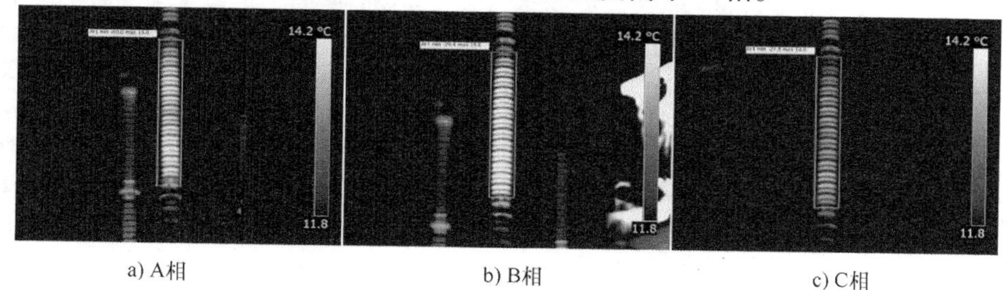

a) A相　　b) B相　　c) C相

图 10-17　220kV 线路避雷器三相红外图谱

使用氧化锌避雷器带电检测仪对该三相避雷器进行阻性电流测试，测试结果与历史数据比较，A、B 相全电流、阻性电流增长较为明显。造成避雷器发热、阻性电流增大的原因可能为避雷器因密封不良导致的内部受潮、阀片劣化、阀片热缩套老化等。为保证设备安全运行，建议对该间隔避雷器在雷雨季节来临前进行整组更换。

第 11 章　紫外成像仪

11

太阳是自然界中最主要的辐射源，在大气层外，太阳辐射的光谱分布曲线与5900K 黑体的曲线接近，其辐射光谱覆盖了从 X 射线到无线电波的整个光谱区，其中波长为 10nm ~ 400nm 的电磁波称为紫外线。太阳辐射的紫外线光信号中240nm ~ 280nm 波段的光信号在穿过地球大气层的过程中被臭氧层（主要是臭氧）完全吸收，在地表附近形成了天然的暗室，因此该波段又称为“日盲”波段。任何目标只要发出“日盲”波段的紫外光信号，就可以被无背景干扰地探测到。

紫外检测技术是利用紫外成像仪开展电气设备电晕放电检测的技术手段之一，与红外热成像技术、超声波探测技术相比，紫外成像检测技术具有简单高效、安全方便，且不影响设备运行等特点，可以很方便、精确地对高压电气设备的电晕放电进行检测，在国内外电力系统得到越来越广泛的运用。

11.1　紫外成像仪的工作原理及应用

11.1.1　紫外成像仪的工作原理

电气设备发生电气放电时，其周围空气就会发生电离。在电离过程中，空气分子中的电子不断从电场中获得能量，当电子从激励态轨道返回原来的稳态电子能轨道时就会以电晕、闪络或火花放电等形式释放能量，并伴随有紫外辐射产生。紫外成像仪就是利用这个原理，探测高压电气设备放电时产生的紫外信号，并经处理后实时显示在屏幕上，达到诊断放电位置和强度的目的，为评估设备运行状态提供更可靠的依据。

普通型紫外成像仪接收到的电晕紫外信号最强，但由于日间环境背景辐射强度极强，电晕信号淹没在环境背景中无法被识别。而日盲型紫外成像仪接收到的电晕信号相对弱 1 或 2 个数量级，但无论白天黑夜日盲紫外波段均没有任何背景，电晕可以被日盲型紫外成像仪高灵敏地探测，实现日间电晕检测。日盲紫外成像技术就是利用日盲紫外“天然暗室”的独特优势，对日盲紫外信号进行单光子级灵敏度的探测和成像。

图 11-1 所示为常见的日盲型紫外成像仪的工作原理简图。电晕发出的紫外光

经紫外镜头聚焦，滤光片滤除日盲紫外波段以外光信号，最终聚焦在成像器件焦平面上，形成电晕的日盲紫外图像。图像采集模块采集到电晕的日盲紫外图像和电气设备的可见光图像，通过图像处理模块对日盲紫外和可见光图像进行像素叠加，将电晕放电图像叠加至可见光图像上形成直观的合成图像，并进行光子计数等运算处理。显示模块显示叠加处理后的合成图像，存储模块存储电晕图像或视频数据。

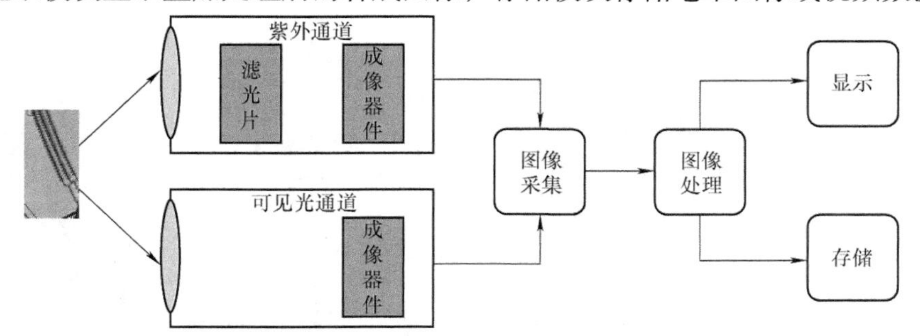

图 11-1　常见的日盲型紫外成像仪工作原理简图

日盲型紫外成像仪的关键技术主要有以下几个方面：

1. 带外抑制技术

日盲紫外探测器和探测系统的背景噪声主要来自于太阳。图 11-2 中绘制了地表太阳背景辐照度。在日盲紫外波段以外，地表太阳背景辐射随着波长的增加呈几何级数的增长。地表太阳背景辐照度在 285nm 处大约为 $1\text{ph}\cdot\text{cm}^{-2}\cdot\text{nm}^{-1}\cdot\text{s}^{-1}$，而在 300nm 左右剧增至 $10^{12}\text{ph}\cdot\text{cm}^{-2}\cdot\text{nm}^{-1}\cdot\text{s}^{-1}$以上。可见，波长每增加 1nm，地表太阳背景辐照度便增加接近 1 个量级。

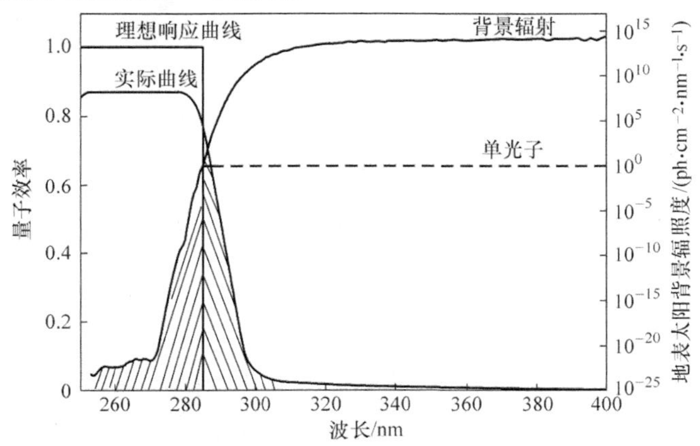

图 11-2　地表太阳背景辐照度以及探测器响应曲线

为了避免来自太阳背景的日盲紫外波段以外（简称带外）的影响，理想的日盲紫外成像器件响应曲线在日盲紫外波段以外应为 0（见图 11-2）。但实际的成像器件因材料缺陷或工艺等原因在日盲紫外波段以外存在拖尾（见图 11-2），探测器响应随着波长的增加而逐渐减小，但这样将会带来数量极大的背景噪声电子。因此日盲型紫外成像仪需要附加滤光片，滤除成像器件对日盲紫外波段以外的光信号响应，这就是带外抑制技术。

当日盲型紫外成像仪带外抑制性能不足时，紫外通道背景噪声明显增多，不仅易造成光子计数数值不准确，更容易造成检修过程中疏漏微弱但高危的放电信号。带外抑制技术的极限效果是仪器正午正对太阳无信号响应，将这种无噪声的效果称为“日全盲”（效果见图 11-3）。

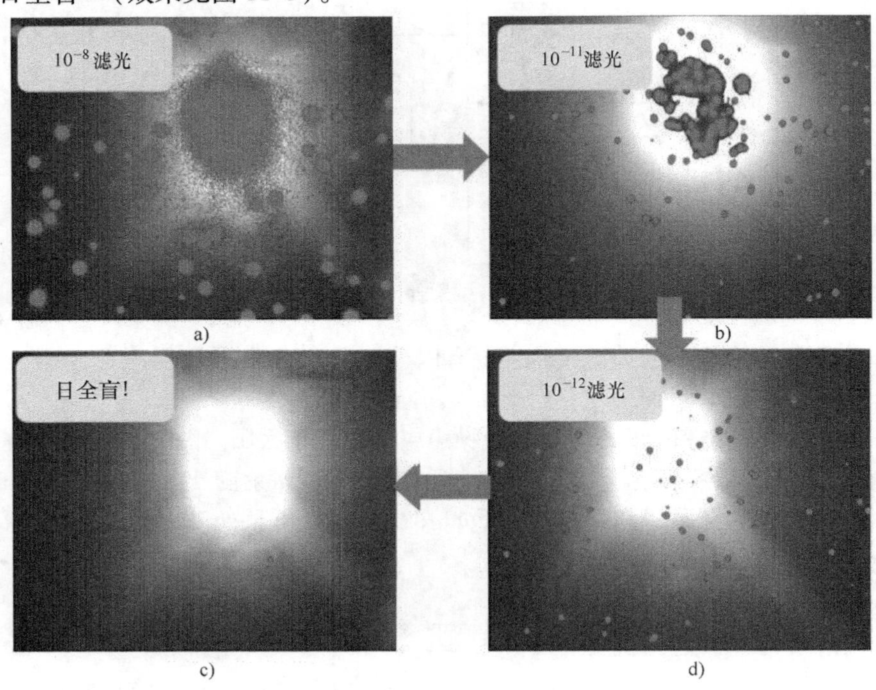

图 11-3　从带外漏光到“日全盲”

2. 紫外成像增强技术

在紫外成像检测系统中，由于紫外辐射一般比较弱，若直接用对紫外光灵敏的电荷耦合器件（charge coupled device，CCD）探测较弱的紫外信号，会探测不到。为解决这个问题，先对紫外信号进行增强放大，然后再探测，为了实现紫外光信号的增强放大，使用紫外增强器比较合适。

日盲紫外成像器件将入射的日盲紫外光子转化为同比例数目的电荷信号，量化为数字信号 DN 值并输出。目前，日盲紫外成像器件主要分为真空倍增型和宽禁带半导体型两大类。真空型日盲紫外成像器件的代表是以 CsTe 等阴极材料制成的真空光电倍增成像器件增强电荷耦合器件（intensified CCD，ICCD），典型的日盲紫外半导体探测器件主要有 AlGaN、GaN 和 SiC 等。相对于半导体器件，真空倍增器件的工艺稳定性和探测性能综合较优，日盲型紫外成像仪产品通常选用 ICCD 作为紫外成像器件。

真空型成像器件 ICCD 通常由像增强器、光学耦合器件和可见光 CCD 三部分组成（见图11-4）。成像镜头聚焦在像增强器输入端的日盲紫外光信号，经像增强器转化和倍增，最终转化为输出端上同比例的可见光信号。可见光信号经光学耦合器件映射到CCD或CMOS（complementary metal oxide semiconductor，互补金属氧化物半导体）等可见光半导体成像器件的光敏面上，转化为同比例的电荷信号并输出图像。

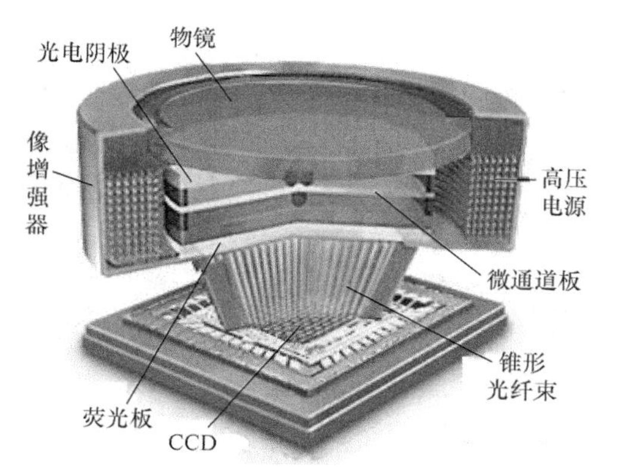

图11-4　典型ICCD探测器结构

像增强器主要由光阴极、微通道板和荧光屏组成（见图11-5）。通过光阴极的光电转换，入射光电子经过微通道板的电子束倍增，形成高能电子束轰击荧光屏，将输入的日盲紫外光转化为同比例强度的可见光输出。

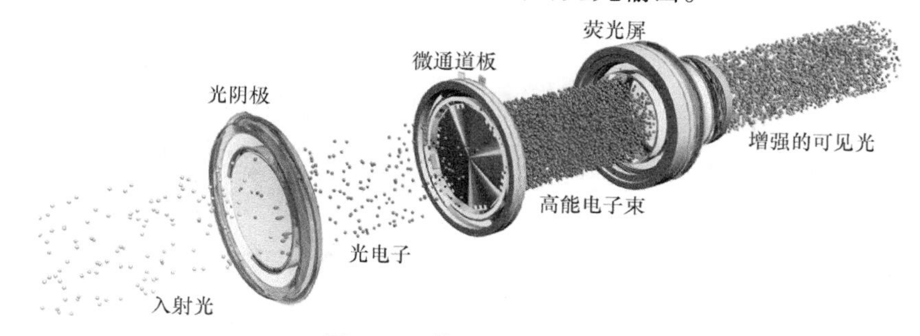

图11-5　像增强器结构图

3. 光子计数技术

在ICCD中，当像增强器的增益足够高时，光阴极产生的单个光电子经过微通道板的高增益倍增，就足以形成极强的电子束轰击荧光屏，导致CCD可以捕捉到显著的光信号。此时，光阴极产生的光电子与ICCD图像上的光斑对应，我们将这种工作状态称为ICCD的“光子计数”模式。图11-6所示为光子计数模式下ICCD输出的图像。

图11-6　光子计数模式下ICCD输出的图像

当观测目标辐射的日盲紫外光信号较弱时，光子计数模式下的ICCD将每一个光电子转化为ICCD输出图像上的一个个光斑。通过统计输出图像上的光斑数目，便可以得到光阴极产生的光电子数目，从而得到观测目标的辐射强度。在紫外成像检测中，通常电晕辐射出的日盲紫外较弱，日盲型紫外成像仪工作在高增益的光子计数模式下，将微弱的电晕信号成像为一个个光斑，同时统计图像中光斑的数目作为光子计数数值，反映电晕信号强弱。

目前，电力行业常用的紫外成像仪有全日盲紫外成像仪和普通型紫外成像仪等。全日盲紫外成像仪可以白天在户外使用，完全不受日光中的紫外光影响，在应用中更受青睐。图 11-7 所示为电力行业中常用的紫外成像仪实物图。紫外成像仪产品的性能参数一般包括紫外/可见光叠加精度、可见光感光灵敏度、紫外光检测灵敏度、放电检测灵敏度、紫外成像角分辨率、有效检测距离、带外抑制指数等。选择紫外成像仪产品时，具体性能要求可参照 Q/GDW 11304.3—2019《电力设备带电检测仪器技术规范 第 3 部分：紫外成像仪》中提到的对紫外成像仪的性能要求或根据用户的实际应用需求。

图 11-7　电力行业中常用的紫外成像仪实物图

11.1.2　紫外成像仪的应用注意事项

紫外成像仪可用于检测导线外伤、电缆断股、绝缘子锈蚀/老化/开裂、避雷器失效、电容器故障等。在紫外成像检测中，紫外成像仪的噪声源主要有光电探测过程的泊松噪声、成像器件的暗噪声、太阳漏光噪声、干扰源（如电焊、周围其他电晕）等。

在光子计数工作模式下，日盲型紫外成像仪的暗噪声极低，一般来说可以忽略，表现为偶尔可以从屏幕上观察到瞬间出现的多个光斑，通常持续时间不超过一帧图像，不干扰检测。泊松噪声是光电探测过程产生的，其强度与电晕强度相关，是不可避免的。带外抑制性能不佳的日盲型紫外成像仪易受太阳漏光噪声影响，当太阳出现在视野中或者晴朗日照天气时，屏幕上出现零星的光斑闪烁，正对太阳时光斑数目明显增多。干扰源噪声的空间分布常常聚集在局域范围内。这些噪声将会影响光子计数测量的准确性。

实际检测方法在标准 DL/T 345—2019《带电设备紫外诊断技术应用导则》中具体给出：

1. 一般检测

操作紫外成像仪开机，设置适当增益，使图像清晰稳定后即可开始对设备表面电晕放电进行较大面积的巡视性检测，以发现有放电发生的设备、部位及放电强弱程度。

2. 准确检测

操作紫外成像仪对放电部位进行精确定位，并获取放电设备的可见光照片和放电特征，包括放电光子数、放电形态、频度和绝缘体表面电晕放电强度等，详细如下：

（1）通用要求

1）在安全距离允许的范围内，在图像内容完整的情况下，紫外成像仪宜尽量靠近被检设备，使被检设备电晕放电部位在视场范围内最大化，测量并记录紫外成像仪与电晕放电部位距离。

2）在放电位置定位中，紫外成像仪观测电晕放电部位应选择合适的检测方向和角度，以避免其他设备遮挡和放电干扰。

3）进行放电特征鉴别。

4）检测过程应记录仪器增益、环境温/湿度、检测距离、对焦状态等参数。

（2）放电形态和频度记录

1）调整仪器增益等参数，使得目视图像清晰。视频录制时间应能完整描述放电过程，每一点处放电现象录制时间不少于5s。

2）在检测长度形态放电的过程中，通过检测设备外绝缘表面电晕放电多次重复发生的范围，估算记录剩余干弧距离或绝缘子片、裙边数。

3）当带电设备外绝缘出现高频度、高强度、间歇性爆发的电晕（刷状或电弧）放电并短接了部分干弧距离后，应立即报告提出设备运维处置建议。

（3）放电光子数测量　在检测一电晕点时段内，从屏显多个光子数中，取n（$n \geqslant 3$）个相差不大$\left(\left|\dfrac{N_i - \dfrac{1}{n}\sum\limits_{i=1}^{n} N_i}{\dfrac{1}{n}\sum\limits_{i=1}^{n} N_i}\right| < 10\%,N_i\text{为第}i\text{个最大光子数}\right)$的光子数最大值，取平均光子数作为放电点光子数。调整仪器达到离焦光子数计数模式，以保证测量光子数准确；同时调整仪器计数框大小，使得计数框仅包含关注放电部位，以保证测量光子数不受其他放电点干扰。

3. 现场操作的一些技巧

（1）较强电晕的测量　某些电晕信号相对较强，如污闪、均压环放电等。当电晕较强时，光子计数模式下的紫外通道在图像中会产生较多光斑，这些光斑有时较为离散，有时又相互重叠在一起。目视的时候，屏幕上形成较大的一团光斑。当应用到电晕较强、光斑有重叠的情况时，算法易将重叠在一起的光斑识别成一个点，造成光子计数数值偏低。

此时，建议巡检人员将仪器切换至手动对焦工作模式，逐步增加离焦量，使得紫外通道图像不聚焦。这时，聚集在一起的光斑逐渐散开，重叠概率大大降低。适当调小增益，缩小光斑面积，进一步降低重叠概率。选择合适尺寸的计数框，框住散开的光斑，这样就可以得到较为准确的光子计数数值。

（2）较弱电晕的测量　有一些电晕信号如破损劣化的合成绝缘子绝缘结构的缺陷放电现象等，虽然较为微弱，但是危害性很大，需要对其强度进行准确测量。当电晕信号较为微弱时，紫外通道的噪声主要为泊松噪声，体现为紫外图像中光斑出现的数目存在波动，位置也稍有偏差，部分帧的图像甚至没有光斑。这造成光子计数数值波动，给光子计数数值的记录带来了困难。

对于这种情况，为了得到尽量稳定的光子计数数值，日盲型紫外成像仪的厂商通常会统计连续多帧图像的光子计数数值，将其平均输出以保证光子计数数值的稳定性。这样，在观测中就存在了一段时间，当视野迅速移到电晕处时，光子计数数值需要一定时间才能趋于稳定；而当视野从电晕处移开时，光子计数数值同样需要数秒，才能缓慢降到一个较低的数值。通常，这个缓冲时间为几秒。

因此，当搜寻到微弱的电晕信号时，为了光子计数数值的准确，请将计数框对准电晕信号观测数秒，待光子计数数值趋于稳定后，记录电晕视频和图像。

（3）如何应对环境干扰　对于干扰源类噪声，电晕成像时的光斑聚集于放电设备的局域。缩小光子计数框，将关注的电气设备区域选出，单独统计其中的光斑数目，可以有效抑制其他干扰源噪声的干扰，如图 11-8 所示。

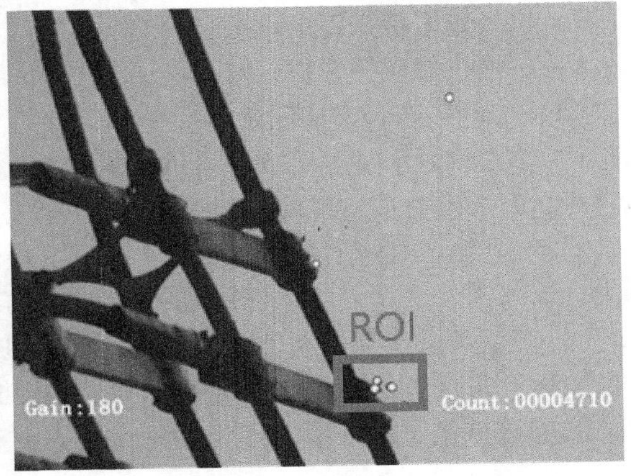

图 11-8　缩小光子计数框以避免干扰源干扰

11.2　紫外成像仪的性能评估

11.2.1　紫外成像仪的主要性能参数

紫外成像仪的主要性能参数包括视场、分辨率、紫外/可见光叠加精确度、紫外光检测灵敏度、带外抑制指数等，以下将重点阐述几个重要参数的释义和要求。

1. 紫外/可见光叠加精确度

紫外/可见光叠加精确度是评价紫外成像仪性能优劣的关键指标，它体现了紫外光图像和可见光图像融合时的精确程度，提高该指标有助于精确定位可见光背景下的紫外电晕信号。国家电网公司企业标准 Q/GDW 11304.3—2019《电力设备带电检测仪器技术规范　第 3 部分：紫外成像仪》中提出紫外/可见光叠加精确度应不大于 1mrad（视场角为 3°～10°时）。

2. 紫外光检测灵敏度

紫外光检测灵敏度是指在一定条件下紫外成像仪可以发现的最小放电紫外光强度，单位是 W/cm^2。Q/GDW 11304.3—2019 中提出高端型紫外成像仪的紫外光检测灵敏度应不大于 $3\times10^{-18}W/cm^2$，基础型紫外成像仪的紫外光灵敏度应不大于 $5\times10^{-16}W/cm^2$。

3. 带外抑制指数

带外抑制能力是反映紫外成像仪对太阳光抗干扰能力的参数，带外抑制能力越强，设备对电晕放电的检测效果就越好。Q/GDW 11304.3—2019 中提出高端紫外成像仪带外抑制指数应不大于 20 光子数/s，基础型紫外成像仪带外抑制指数应不大于 30 光子数/s。

11.2.2 紫外成像仪的主要性能评估设备

1. 紫外光源

紫外光源可以使用紫外激光器、紫外 LED 或紫外发光灯等。相比较而言，紫外 LED 具有以下优势：LED 寿命长且功耗低、体积小、低压直流工作、功率可调。可采用大功率紫外 LED 作为发光器件，发射的紫外光进入在外积分球进行漫反射传输，最终实现均匀光输出。

2. 光功率计

光功率计是指用于测量绝对光功率或通过一段光纤的光功率相对损耗的仪器。在光纤系统中，光功率的测量是最基本的测量，光功率计非常像电子学中的万用表。通过测量发射端机或光网络的绝对功率，光功率计就能够评价光端设备的性能。光功率计与稳定光源组合使用，则能够测量光在传输过程中的功率损耗。在紫外成像仪的带外抑制性能和紫外光检测灵敏度检测中需使用到光功率计。

3. 光衰减器

光衰减器主要用于光信号的衰减，广泛应用于光纤通信系统、设备和仪器在研制、开发和生产过程中的检测与调试。

光衰减器按衰减原理分为挡光式和滤光片式两种。挡光式光衰减器衰减范围较窄，且线性度较差；而滤光片式光衰减器具有衰减范围大、线性度好、平坦度好、重复性好等特点，在实际使用中得到广泛的应用。

光衰减器按功能和用途的不同，可分为机械式光衰减器、智能程控式光衰减器和功率控制型智能程控光衰减器。机械式光衰减器的优点是简单易用，价格便宜，但衰减准确度低，重复性和稳定性较差，衰减调节速度慢，只能满足简单的测试需求。智能程控式光衰减器的优点是衰减自动调节，针对不同波长衰减数据可进行补偿、具备 GPIB 远程控制功能，因此其衰减准确度高、重复性好、稳定性高、衰减调节速度快。功率控制型智能程控光衰减器在智能程控光衰减器的基础上增加了输出光功率控制功能，因此其不仅具备了智能程控光衰减器的所有优点，而且还可以对输出光功率实时监视，并对衰减值进行实时调整，进一步提高了测试的准确度和稳定性。在紫外成像仪紫外光灵敏度检测中需要用到光衰减器。

11.2.3 紫外成像仪的性能检测方法

紫外成像仪的性能检测主要包含紫外/可见光叠加精确度、紫外光检测灵敏度、放电检测灵敏度、带外抑制等项目的检测。检测需要用到的仪器设备有日盲紫外光、可见光混合光源、平行光管、分划板、光功率计、光衰减装置等。紫外成像仪的性能检测目前没有相应的规范可以依照执行，紫外成像仪主要性能的测试方法可参考 Q/GDW 11304.3—2019 的附录内容。

1. 紫外/可见光叠加精确度检测方法

紫外/可见光叠加精确度测量装置示意图如图 11-9 所示。

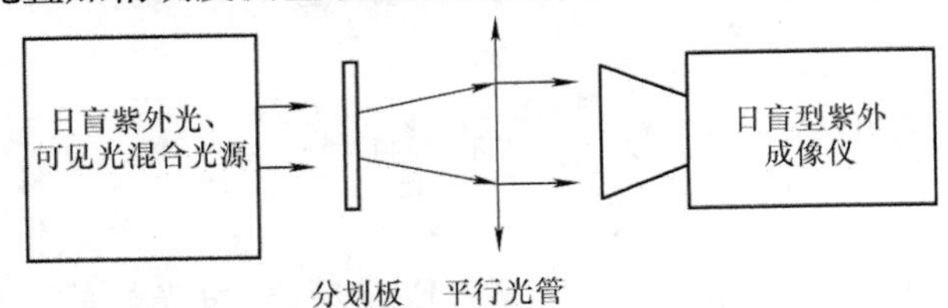

图 11-9　紫外/可见光叠加精确度测量装置示意图

固定日盲型紫外成像仪，对准平行光管出口位置；调节日盲型紫外成像仪增益和对焦，使得日盲紫外光源聚焦，十字刻线成像清晰；将平行光管在紫外和可见模式间切换，以分别获得紫外光和可见光信号；分别拍摄记录紫外光通道图像与可见光通道图像，再通过软件计算两个不同模式下成像光斑中心位置偏差即可获得紫外光、可见光的重合度。

2. 紫外光检测灵敏度检测方法

紫外光检测灵敏度测试装置示意图如图 11-10 所示。

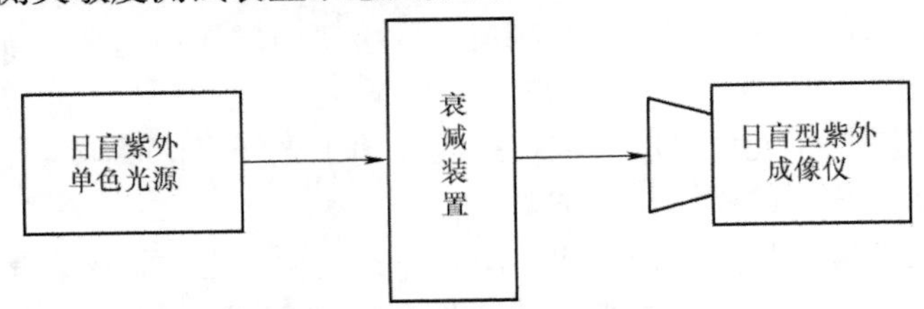

图 11-10　紫外光检测灵敏度测试装置示意图

测试试验需在暗室（照度小于 0.0001lx）中进行。开启日盲紫外单色光源，使用功率计测量光源发光功率 W，并记录功率计的感光面直径 d；在日盲紫外单色光源的分光镜投射方向放置衰减装置；开启日盲型紫外成像仪，将仪器增益调节至最大值，逐渐减小衰减装置的衰减密度，直至仪器恰好能够探测到紫外信号，记录此时衰减密度 x，计算紫外光检测灵敏度。

灵敏度为

$$E_{\min}=\frac{W}{\pi\left(\frac{d}{2}\right)^{2}\times 10^{x}} \tag{11-1}$$

式中　E_{min}——紫外光检测灵敏度；

W——光源发光功率；

d——功率计的感光面直径；

x——衰减密度。

3. 带外抑制性能检测方法

带外抑制性能测试需要用到的主要测量设备有：日盲紫外单色光源、功率计、衰减器、紫外成像仪。带外抑制性能检测方法如图 11-11 所示。

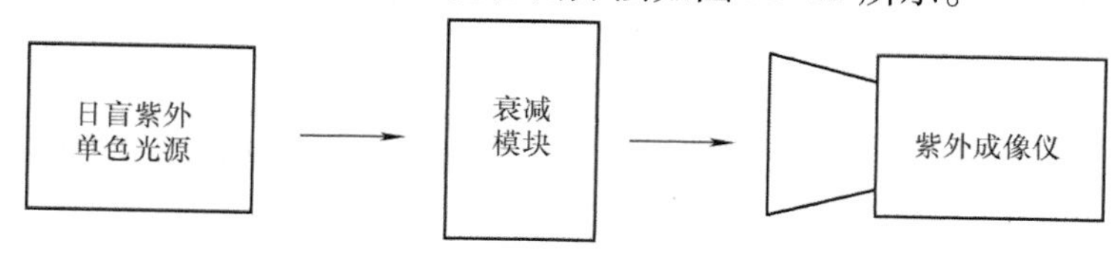

图 11-11　带外抑制性能检测方法

系统工作流程如下：

1）在实验室内无其他紫外光照条件的环境中，将紫外成像仪正对日盲紫外单色光源。

2）调节日盲紫外单色光源输出波长 λ 与光功率 W，记录紫外成像仪对不同波长的响应光斑点数 N。按式（11-2）计算输出光功率和紫外成像仪光子数计算成像仪的透过率。

$$T = \frac{Nh_v}{W} \tag{11-2}$$

式中　h_v——光子能量（J）。

3）连续改变日盲紫外单色光源输出波长，得到紫外成像仪透过率曲线。

4）将透过率曲线 $T(\lambda)$ 与地表夏天正午阳光光强理论值曲线 $\phi(\lambda)$ 相乘积分，按式（11-3）得到紫外成像仪带外抑制性能（SIL）参数。

$$\text{SIL} = A\int_{\lambda_1}^{\lambda_2} T(\lambda)\phi(\lambda)\mathrm{d}\lambda \cdot \Delta t \tag{11-3}$$

式中　A——镜头面积（cm^2）；

Δt——紫外成像仪单帧积分时间（s/每帧）；

$\phi(\lambda)$——由 MODTRAN 软件（大气透过率计算软件）自动生成（光子/cm^2/nm/s）；

λ_1——小于 280nm；

λ_2——大于 850nm。

11.3　紫外成像典型分析诊断方法及案例

11.3.1　电气设备表面异常放电紫外诊断方法

日盲型紫外成像仪可以给出电晕的发生部位和发出紫外光的强度。基于这两个信息，对于设备放电的紫外诊断方法主要有以下4种。

1. 同类比对法

当同一类设备或者同一设备相同部位的放电强度有所差异的时候，检修人员需要对此进行比对分析，找出差异原因。具体情况有以下4种。

1）在相同环境下，同类设备不同相间相同部位放电强度比对。

2）在相同环境下，同类设备相同相间相同部位放电强度比对。

3）在相同环境下，同一设备相同部位不同测试时段放电强度比对。

4）在不同环境下，同一设备相同部位放电强度比对。

2. 图谱分析法

根据同类设备在正常状态和异常状态下图谱的差异来判断设备是否正常。

3. 归纳法

每种高压电气设备都有各自典型的故障部位和故障类型，可以根据这些放电特征对设备的放电缺陷进行识别和判定。

4. 综合分析法

将紫外线成像检测结果与红外检测或其他手段检测结果进行综合分析，判定缺陷类型及严重程度。

在对缺陷进行判断时，首先需要对检测记录的图像、视频和光子计数数据进行分析，定位放电点位置。同时，需要熟悉放电点所在电气设备的绝缘特性和要求，结合当时的气候条件及未来天气变化情况、周边微气候环境，综合分析其危害性。

设备存在的异常电晕放电，会对设备产生老化影响。某些暂时不会引起故障，需记录在案，并注意长期观察其缺陷的发展，同时应结合红外成像或其他手段进行综合分析诊断，当各种手段均显示出该缺陷有逐渐发展的趋势，应尽快检修。

对于如破损劣化的合成绝缘子的绝缘结构的缺陷以及沿面放电等，虽然其放电较为微弱，但其发生部位十分关键，潜在断落的危害性较高，应缩短检测周期并利用停电检修机会，有计划的尽快安排检修，消除缺陷。

11.3.2 变电设备诊断案例

1. 案例1：断路器外部连接金具松动引起的放电

（1）案例简介　某110kV变电站在进行紫外检测时，发现高压开关中部连接金具边缘存在强烈放电现象，在白天和夜晚分别采用日盲型和普通型紫外成像仪进行检测和对比，检测图像如图11-12和图11-13所示。

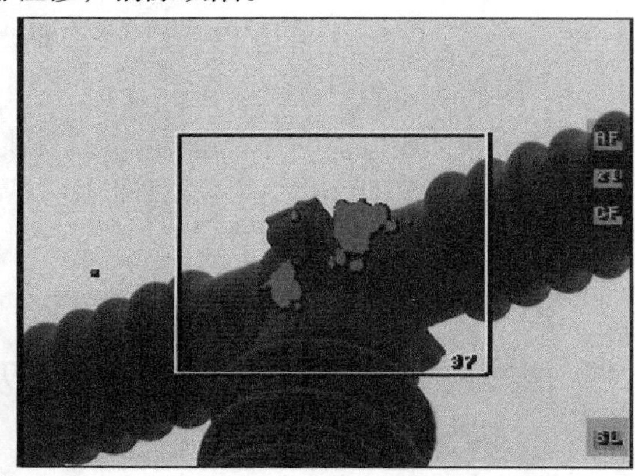

图11-12　日盲型紫外成像仪对断路器外部连接金具松动引起放电的检测图像

（2）检测分析　根据检测图

像分析，放电位于开关上下部连接金具边缘，且在连接金具与开关壳体的间隙处，分析原因是连接金具与开关壳体之间接合不好，造成两者之间存在出现电位差异，引起间隙部位产生放电。其他同类型开关均未发生此类现象。

（3）处理情况　将上述检查分析结果提供给供电公司，建议下次检修时对开关放电部位连接情况进行检查，对连接金具进行紧固。

（4）需要加以区分的类似放电　在紫外成像检测过程中发现某变电站 330kV 开关上部一侧连接法兰处出现放电（见图 11-14），后采用望远镜观察，发现放电部位法兰螺栓孔未安装螺栓而绑有一段铁丝，放电由带电体上的异物引起。要求检修部门在检修时清除异物，并恢复连接螺栓。

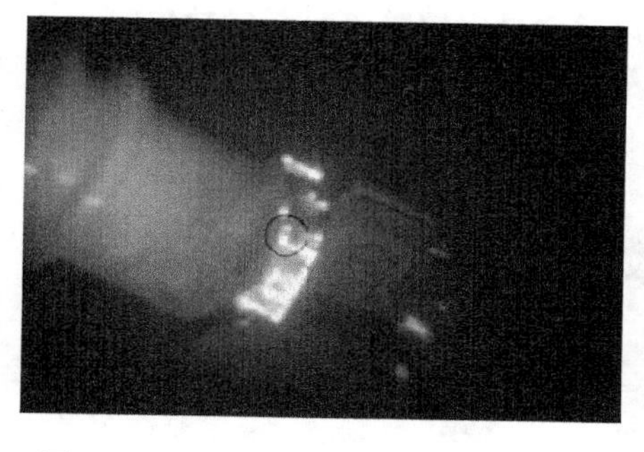

图 11-13　普通型紫外成像仪对断路器外部连接金具松动引起放电的检测图像

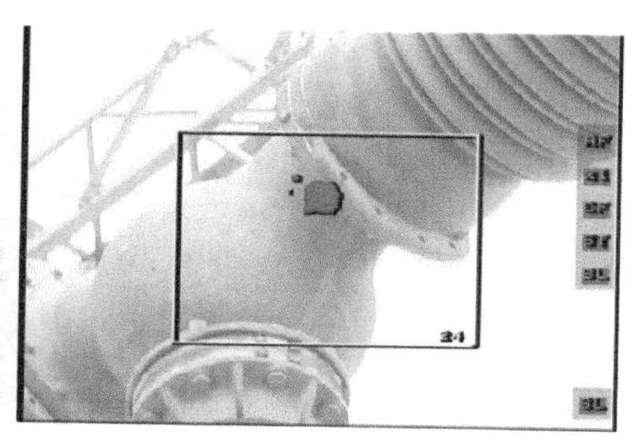

图 11-14　连接法兰处出现放电

2. 案例 2：支柱瓷绝缘子裂纹引起的放电

（1）案例简介　为验证紫外成像检测方法用于检验支柱瓷绝缘子裂纹的可行性，在高压试验大厅对两根分别在底部和中部存在裂纹的支柱式瓷绝缘子进行了紫外成像检测，其中底部法兰附近存在裂纹的支柱瓷绝缘子在正常放置情况下未检出裂纹部位放电，而将其倒置后可检测到裂纹部位的放电（见图 11-15）。

中部存在纵向裂纹的支柱瓷绝缘子在正常条件下也未检出缺陷部位放电，而当对其淋水，使绝缘子表面处于潮湿状态时，裂纹部位出现明显放电（见图 11-16）。

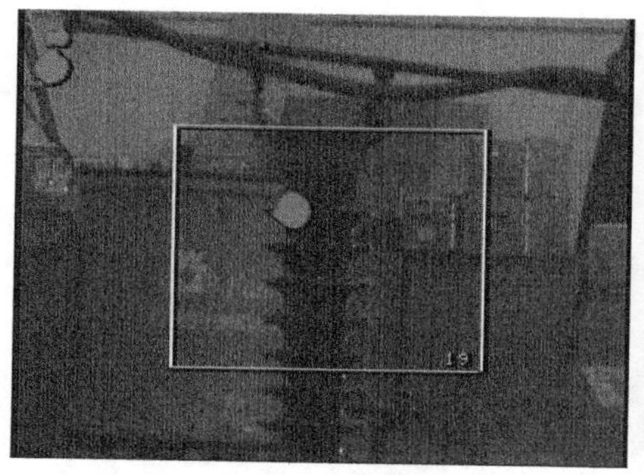

图 11-15　日盲型紫外成像仪对支柱瓷绝缘子裂纹放电的检测结果

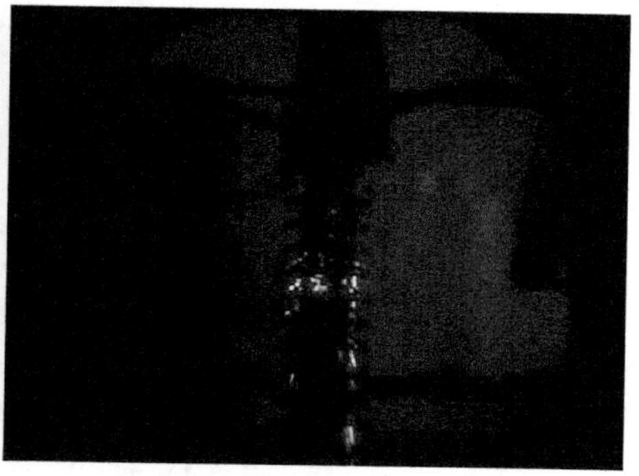

图 11-16　普通型紫外成像仪对支柱瓷绝缘子裂纹放电的检测结果

（2）检测分析　当裂纹位于支柱绝缘子下部时，由于电场较弱，不易产生放电，当绝缘子倒置时，裂纹位于接近导线一端，电场较强，引起裂纹部位产生放电。

对于绝缘子中部的裂纹，当绝缘子处于干燥状态时，不易产生放电，而当绝缘子处于潮湿状态时，裂纹内部的水分导致局部电场发生改变，引起放电。

（3）处理情况　将上述情况通知检修部门，择机对该支柱瓷绝缘子进行更换，未再出现放电。

11.3.3　输电设备及金具诊断案例

1. 案例1：线路复合绝缘子均压环与端部金具连接缺陷引起的放电

（1）案例简介　2007年8月26日17时，晴，25℃，相对湿度45%；在对某330kV变电站进行检测时，发现龙门架上某线路耐张串放电噪声很强，通过紫外检测发现A相复合绝缘子端头附件与芯棒结合区产生较强的放电，其他相同部位未发现放电现象（见图11-17）。

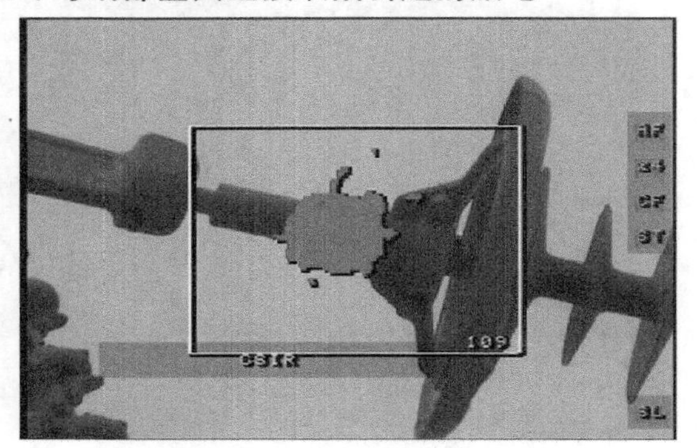

图11-17　复合绝缘子端头附件与芯棒结合区产生较强的放电

（2）检测分析　通过对同类设备间进行对比，发现此复合绝缘子端头附件与芯棒结合区结构与其他相存在差异，存在一处环状凸起，放电即在此位置产生。因此，可以判断此复合绝缘子在端头附件与均压环存在安装间隙，导致该部位产生放电。

（3）处理情况　将上述情况通知检修部门，择机对该串复合绝缘子及均压环进行了更换，未再出现放电。

（4）类似放电　如复合绝缘子不加装均压环，或者均压环设计不合理，会造成复合绝缘子伞裙上出现放电（见图11-18和图11-19）。长期放电会造成复合绝缘子硅橡胶老化，绝缘性能下降。

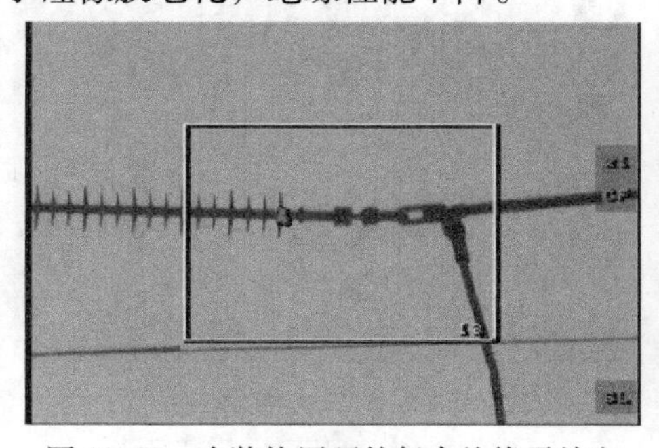

图11-18　未装均压环的复合绝缘子放电

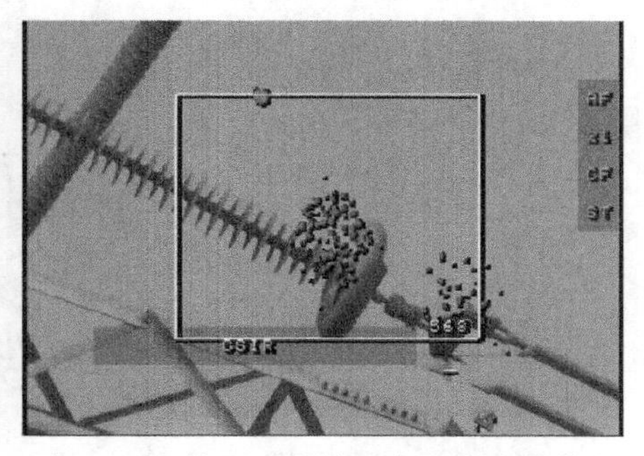

图11-19　均压环设计不合理造成的放电

2. 案例 2：导线放电

（1）案例简介　在对某 220kV 变电站设备进行紫外成像检测时，发现某 220kV 设备三相引流线均出现整体普遍放电情况，并存在较强的噪声，而与其相连接的导线上未发生放电，由此推断此引流线线径偏小，导致导线表面处电场过强而引发放电（见图 11-20）。

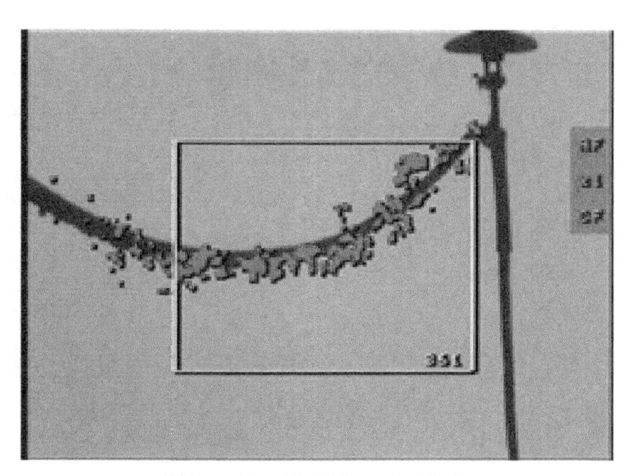

图 11-20　引流线普遍放电

（2）检测分析　此案例中整条引流线均存在较强的表面放电，而与其相连接的导线却并未出现此类放电现象。在相同的环境条件和电压下，同样形状的带电体放电规律应该基本相同，出现上述差异说明引流线与导线在外形或表面状态上存在差异，利用望远镜进行观察，并未发现引流线存在散股及其他表面异常状况，因此认为放电与引流线线径偏小有关。

（3）处理情况　利用检修时机对上述设备三相引流线进行了更换，未再出现放电情况。

（4）类似导线放电情况　类似导线放电情况如图 11-21 ~ 图 11-23 所示。

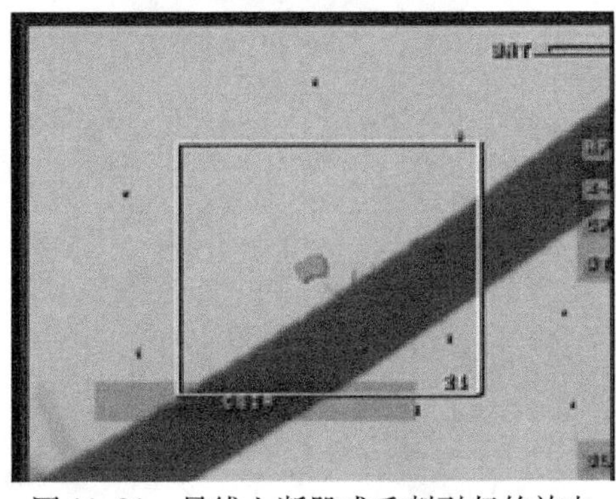

图 11-21　导线上断股或毛刺引起的放电

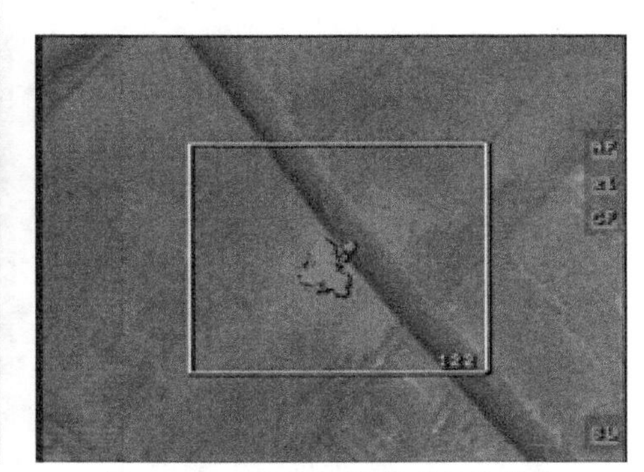

图 11-22　导线上散股引起的放电

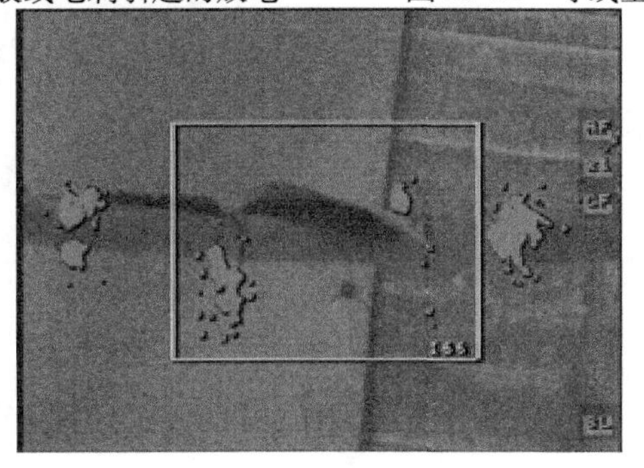

图 11-23　导线上异物引起的放电

11.3.4 配电设备诊断案例

1. 案例1：套管放电检测

（1）案例简介　在对某330kV变电站进行紫外检测过程中，发现某10kV设备穿墙套管与导线外部绝缘材料之间存在放电现象，通过望远镜观察，可见此部位导线与瓷套管之间的封装材料表面粗糙不平整。套管与导体间的放电如图11-24所示。

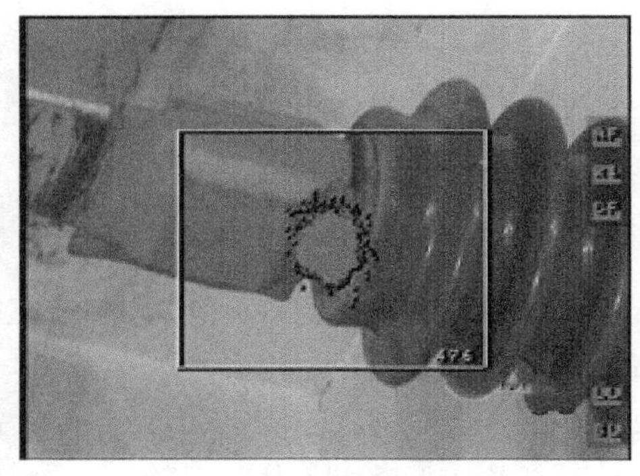

图11-24　套管与导体间的放电

（2）检测分析　套管与中心导体及接地法兰部位在通常情况下电场最为集中，易产生放电现象，为降低法兰及芯部导体附近场强，防止在较低工频电压下产生电晕和滑闪并导致闪络，应保证胶装部位平整光滑，防止出现气隙，同时在连接处涂刷半导电硅胶，以解决芯部导体及法兰附近电场集中问题。由于安装工艺、热胀冷缩及环境因素，可能导致胶装材料及半导体涂层出现破损，引起放电。

（3）处理情况　利用检修时机对该放电部位封装材料及涂层进行检查。出现破损应及时进行修补或更换，以消除放电。

（4）类似放电情况　类似放电情况如图11-25、图11-26所示。

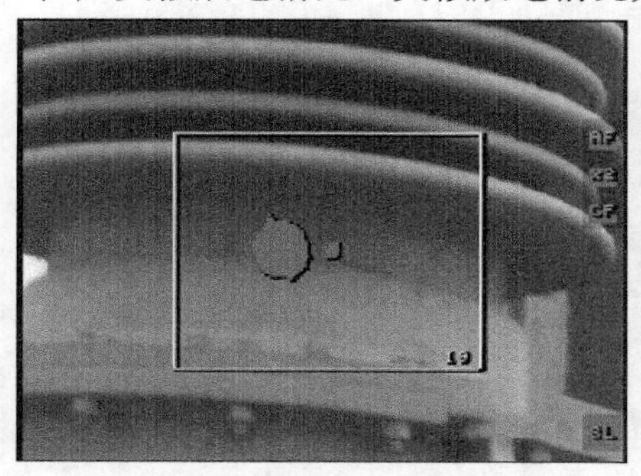

图11-25　套管与法兰结合部缺陷引起放电

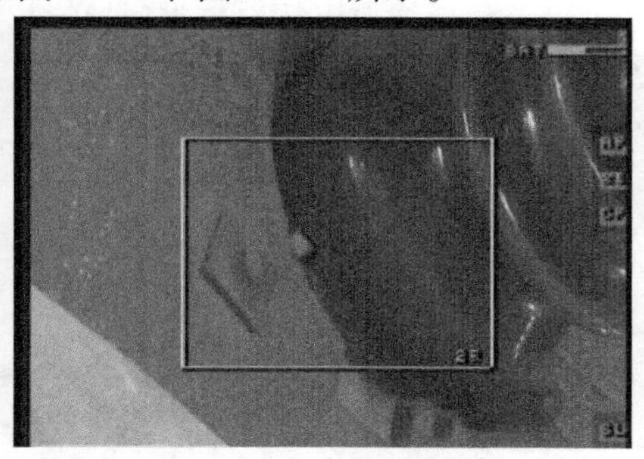

图11-26　套管污秽与接地金具放电

2. 案例2：紫外成像检测发现35kV电力电缆终端头放电缺陷

（1）案例简介　检测人员进行紫外电晕测试时发现某变电站35kV 1号电抗器组室外电缆终端头放电量为255pC，如图11-27所示。

（2）检测分析　初步判断电缆终端头内部存在缺陷。

（3）处理情况　停电解体，发现该电缆头热缩接地软铜线未焊接，电缆头铜屏蔽未紧密缠绕。更换后测量无异常。

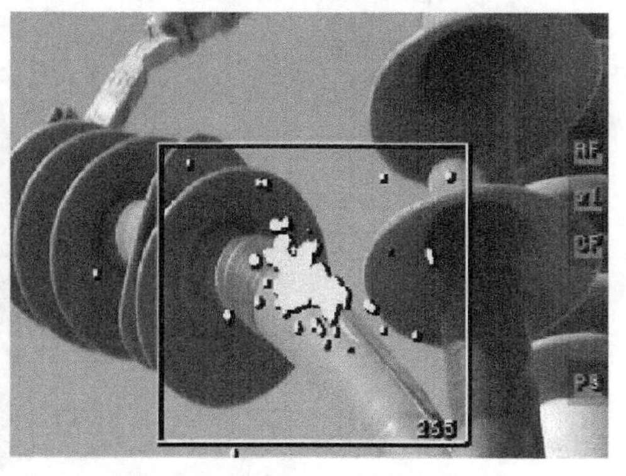

图11-27　35kV 1号电抗器组室外电缆终端头放电

第12章　六氟化硫气体密度继电器

12

目前的高压电气设备中已广泛使用六氟化硫气体替代绝缘油作为灭弧和绝缘介质。六氟化硫气体是一种无毒、无色、无味，化学性能稳定的气体，它的密度比空气大5倍，绝缘强度是空气的2.5倍，当封闭设备内的六氟化硫气体压力达到0.3MPa时，它的绝缘强度就能够与变压器油相近似，因此六氟化硫气体具有优良的灭弧和绝缘性能。充装了六氟化硫气体的电气设备，其高压带电部分需要全部密封于钢壳之中，这样既能够避免触电的危险，又容易使设备中的六氟化硫气体密度保持在规定的压力范围之内，以达到所需要的灭弧绝缘效果。

然而六氟化硫电气设备一般会发生微量的漏气现象，按照电力部门的有关规定，六氟化硫设备单个隔室的年最大泄漏量为1%，因此需要对设备内六氟化硫气体的密度进行监控，以便在设备内六氟化硫气体的漏泄量达到一定程度时，及时进行报警和补气。在经过大量的实验后人们已经知道在密闭的设备内六氟化硫气体的密度、压力和温度为一特定曲线关系，因此六氟化硫气体的密度可以通过对其压力的测量而得出。六氟化硫气体密度继电器实质上是通过检测被测设备内气体压力的变化，而显示其密度变化的仪表。

当高压设备中的六氟化硫气体密度继电器经过一段时间的使用后，其内部各部件的性能特性会发生一定的变化，如弹簧管在长期的压力作用下会产生弹性后效和弹性迟滞等现象，严重时将导致仪表示值失准。此外，六氟化硫气体密度继电器因不经常动作，经过一段时期后可能会出现动作不灵活或触点接触不良的现象，有的还会出现温度补偿性能变差，当环境温度变化时容易导致六氟化硫气体密度继电器误动作。因此，对六氟化硫气体密度继电器的定期校准是防患于未然，保障电气设备安全可靠运行的必要手段之一。本章主要介绍压力式六氟化硫气体密度继电器。

12.1　六氟化硫气体密度继电器工作原理和基本结构

12.1.1　理想气体状态方程

精密压力仪表是不适合用来监测密度的，根据气体热力学方程 $pV=nRT$，同样气体密度的密封系统中的压力取决于温度，这种相关性是气体特定的并可以用气体压力图像在同等密度的情况下用曲线表示出来，也就是等容线（$p-T$ 曲线），图 12-1所示为压力与温度的等容曲线。因此必须采用合适的测量系统，在测量压力的同时也要考虑温度，这使得测量单元可根据等容线来纠正已测量的压力值。这些特殊的压力表就是我们所说的气体密度继电器，气体的密度是否变化也就可以用修正后的压力表征出来。图 12-2 所示为六氟化硫气体状态参数曲线。

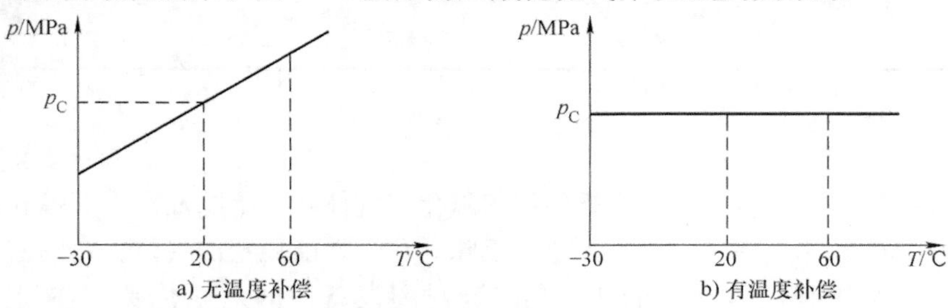

图 12-1　压力与温度的等容曲线

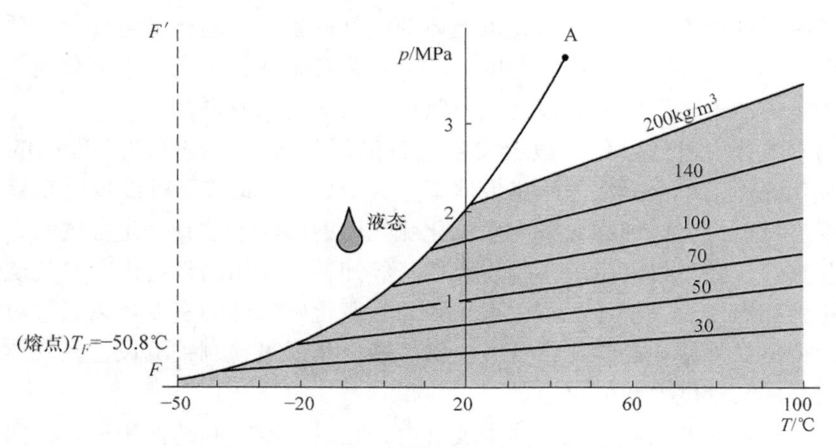

图 12-2　六氟化硫气体状态参数曲线

等体积气体密度一定的情况下，温度发生变化时压力也随之改变，不同的密度对应的变化曲线也各不相同。

六氟化硫气体 p_{20} 计算的理论依据为 Beattie－Bridgman（贝蒂－布里奇曼）方程，即

$$p=[(RTn-m)\rho^2+RT\rho]\times 0.1$$

$$m=73.882\times 10^{-5}-5.132105\times 10^{-7}\rho$$

$$n=2.50695\times 10^{-3}-2.12283\times 10^{-6}\rho$$

$$R=56.9502\times 10^{-5}$$

式中　p——绝对压力（MPa）；

ρ——密度（kg/m^3）；

T——热力学温度（K）。

这个计算公式较复杂，不利于工程使用，所以为方便电气设备六氟化硫气体的

压力值检测，一般由设备制造厂提供一个列表或曲线，给出不同温度下压力的变化。但要注意在检验动作值时，必须使用六氟化硫气体，且温度稳定后再检验。

12.1.2　六氟化硫气体密度继电器的基本结构

六氟化硫气体密度继电器主要由感压元件、温度补偿件、传动元件、触点装置、接线盒及外壳组成，如图 12-3 所示。

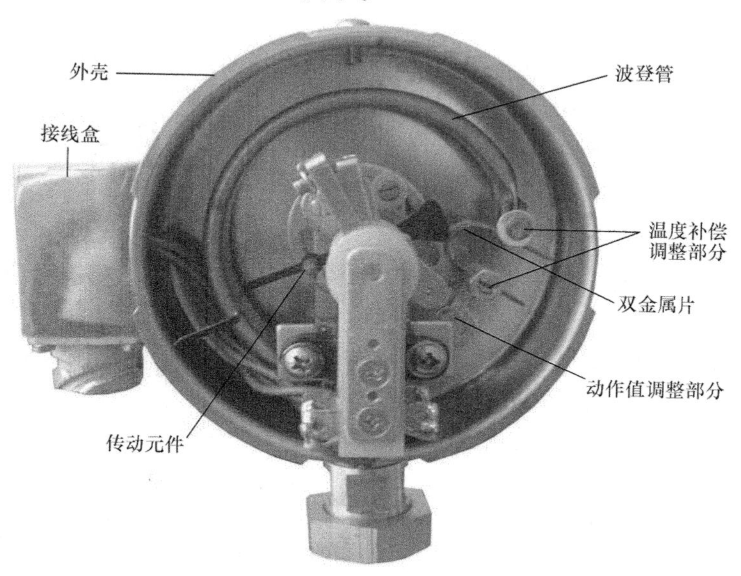

图 12-3　六氟化硫气体密度继电器

六氟化硫气体密度继电器的基本结构是在电接点压力表的基础上增加了温度补偿功能，其工作原理为内部弹簧管在压力作用下产生弹性变形，引起管端位移，通过传动机构进行放大，经温度补偿后，传递给指示装置，由指针在分度盘上指示出被测压力值。当压力下降至报警压力或闭锁压力时，仪表通过接点的通断发出报警或闭锁信号；带有超压报警功能的仪表，当压力超过超压报警压力时，仪表通过接点的通断发出报警或控制信号。因此，弹性敏感元件和双金属元件组成了压力式六氟化硫气体密度继电器的测量部分。图 12-4 所示为六氟化硫气体密度继电器工作原理（弹簧管型）。

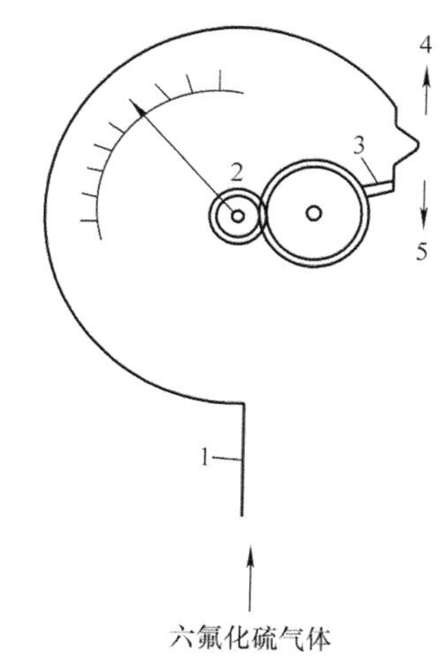

图 12-4　六氟化硫气体密度继电器工作原理（弹簧管型）

1—弹性金属曲管（弹簧管）　2—齿轮机构和指针　3—双金属片　4—压力增大或温度降低时的运动方向　5—压力减小或温度升高时的运动方向

1. 弹簧管压力表的工作原理

一般的单圈弹簧管压力表，利用传动机

构指针可以旋转的角度为270°。它的工作情况如下：压力（或负压力）从接头进入弹簧管。弹簧管在压力的作用下产生变形，自由端（连接拉杆的一端）发生位移（如进入弹簧管的是压力，则自由端向外伸张，进入的是负压力，则自由端向内卷曲）从而带动连杆拉动扇形齿轮偏转，扇形齿轮偏转使中心齿轮转动，使装在中心齿轮轴上的指针在表盘上指示出被测的压力值。图12-5所示为弹簧管压力表的结构。

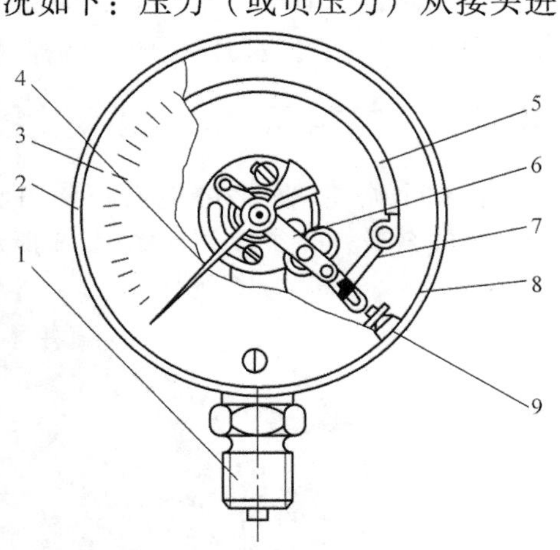

图12-5　弹簧管压力表的结构

1—接头　2—衬圈　3—度盘　4—指针　5—弹簧　6—传动结构（机芯）　7—连杆　8—表壳　9—调零装置

2. 双金属元件的温度补偿原理

高压设备中的六氟化硫气体的密度是通过对其压力的测量而得出的。由于设备对外是密封的，所以设备内六氟化硫气体体积是固定不变的。当设备内的温度发生变化时，由理想气体状态方程可知，六氟化硫气体的压力也会随之发生变化，因此必须对这种变化进行补偿，才能保证对其密度测量的准确性。

以弹簧管为压力敏感元件的六氟化硫气体密度继电器一般采用双金属元件进行温度补偿。双金属是由两层不同膨胀系数的金属（或合金）彼此牢固结合而成的复合材料。其中热膨胀系数较高的一层，称为主动层，热膨胀系数较低的一层，称为被动层。有时为了获得特殊性能，还可以复合第三层、第四层等，习惯上称之为热双金属。热双金属受热后，两层金属都要膨胀，但主动层膨胀得较多，被动层膨胀得较少，由于两层金属彼此牢固地结合在一起不能自由伸长，所以会向被动层那一边弯曲。双金属元件上端与弹簧管管端的封帽相连接，下端与传动机构（机芯）连接，这样，双金属元件的变化就能传递到指示装置上。

12.1.3　六氟化硫气体密度继电器的分类

1）按压力类型分为相对压力式密度继电器和绝对压力式密度继电器。

相对压力式密度继电器就是以标准大气压作为基准（我们把海平面上的压力定义为1个大气压，相对于这1个大气压的压力值就是相对压力），如图12-6所示。

绝对压力式密度继电器就是在相对压力密度继电器的基础上加1个大气压（常用的绝对压力密度继电器就是标准压力上调了0.1MPa），这种产品一般应用于高海拔地区。

2）按抗振程度分为充硅油密度继电器和不充油密度继电器。

充硅油密度继电器主要是针对电气设备在动作时而引起的密度继电器触点误动作而设计的，充硅油的主要作用是阻尼、抗振。

不充油密度继电器也是常用的，现在一些厂家在生产不充油密度继电器的结构上做了处理，也达到了抗振的效果，还免去了有些充油密度继电器现场漏油所带来的后续问题。

3）按构造原理分为标准气室式密度继电器、弹簧管式密度继电器（分为双管式和单管式）。

标准气室式密度继电器就是把密封在波纹管内的六氟化硫气体的状态作为基准（通常是在20℃充入额定压力值的六氟化硫气体），使之与断路器中六氟化硫气体连通腔室的气体状态进行比较，从而引发触点动作。缺点是生产工艺复杂，成品率低，生产环境及设备要求苛刻，体积大，示值误差大，在国内逐渐被淘汰。

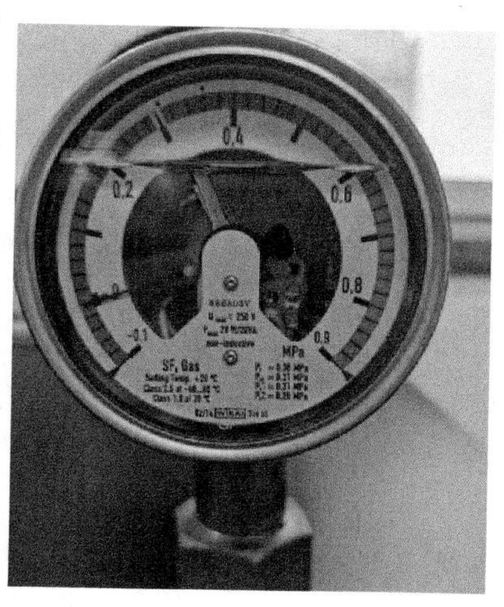

图 12-6　相对压力式六氟化硫密度继电器

4）按机械方式分为机械式密度继电器和非机械式密度继电器。

我们通常使用的基本都是机械式密度继电器，它的温补、动力、指示都为机械式，这种密度继电器的优点是寿命长，可靠性高，在一定的温度范围内温度补偿表现为线性。

非机械式密度继电器主要是指数字式密度继电器，这种密度继电器利用了压力变送器和温度变送器作为信号采集单元，补偿单元运用 Beattie – Bridgman（贝蒂 – 布里奇曼）方程进行计算，可实现 –65℃ ~60℃ 的温度补偿，三组触点可随时定义（触点动作值，触点常通、常闭状态），现场温度、压力（p_{20}）实时显示，专门针对过低温和过高温地区，信号处理单元加入了加热和散热装置。数据也可实现有线或无线远传。

12.2　六氟化硫气体密度继电器的校准

六氟化硫气体密度继电器可参照 JJG 1073—2011《压力式六氟化硫气体密度控制器》进行校准，根据工程实际情况，可选择实验室校准或现场校准。实验室校准时可以采用准确度等级在 0.05 级以上的压力标准装置进行，压力介质为清洁干燥的空气或干燥、无毒、无害和化学性能稳定的气体，如氮气、六氟化硫气体等，容易实现，校验可靠性高。现场校准时工作压力介质必须为高纯的六氟化硫气体，按目前状况压力标准装置建议使用六氟化硫密度继电器校验仪（见图 12-7），现场对使用中的密度继电器进行校准，相应的电气设备必须停止运行，并切断与密度继电器相连的控制电源。对密度继电器和电气设备本体之间有隔离阀门且密度继电器侧气路带有校验口的设备，可关闭隔离阀门，在校验口处连接标准器进行校验。其他情况下，需卸下密度继电器进行校验。实验室校验需拆下密度继电器，破坏了设备的原有气体密封，拆装可能影响密封性能，工作量大；现场校准能保持设备的初始状态，但要做好防毒措施，因为纯净的六氟化硫气体是无毒的，但是当设备内部产生电弧，且含有杂质时，六氟化硫气体会分解出有毒物质。

图 12-7　六氟化硫密度继电器校验仪

12.2.1　六氟化硫气体密度继电器技术指标

1. 外观结构

1）仪表应装配牢固、无松动现象；螺纹接头应无毛刺和损伤；充装硅油的仪表在垂直放置时，液面应位于仪表分度盘高度的 70% ~ 75%之间且无漏油现象。

2）仪表上应有如下标志：计量单位、型号、出厂编号、测量范围、准确度等级、制造厂商、额定压力值、报警值、闭锁值、超压报警值。报警值、闭锁值在仪表分度盘上应有明显不同的颜色，以便于区别。

3）仪表玻璃应无色透明，不得有妨碍读数的缺陷或损伤；仪表分度盘应平整光洁，各数字及标志应清晰可辨；指针指示端应能覆盖最短分度线长度的 1/3 ~ 2/3。

2. 绝缘电阻

仪表的绝缘电阻应不小于 100MΩ。

3. 介电强度

仪表接点之间及接点与外壳之间应能够经受 2kV、50Hz 的试验电压，历时 1min，不得有击穿或飞弧现象。

4. 准确度等级及最大允许误差

仪表的准确度等级及最大允许误差应符合表 12-1 的规定。

表 12-1　仪表的准确度等级及最大允许误差

准确度等级	最大允许误差（%）（按量程的百分数表示）
1.0	±1.0
1.6	±1.6
2.5	±2.5

1）仪表零位误差不应超过表 12-1 所规定的最大允许误差。

2）仪表示值误差不应超过表 12-1 所规定的最大允许误差。

3）仪表回程误差不应超过表 12-1 所规定的最大允许误差的绝对值。

4）仪表额定压力值误差不应超过表 12-1 所规定的最大允许误差。

5）仪表轻敲位移不应超过表 12-1 所规定的最大允许误差的绝对值的 1/2。

6）仪表在额定压力条件下，不得有六氟化硫气体泄漏。

7）在测量范围内，指针偏转应平稳，无跳动或卡针现象。

5. 设定点偏差及切换差

1）报警点和闭锁点的设定点偏差及切换差应符合表 12-2 的规定。

表 12-2　报警点和闭锁点的设定点偏差及切换差允许值

准确度等级	升压设定点偏差允许值（按量程的百分数计算）	降压设定点偏差允许值（按量程的百分数计算）	切换差允许值（按量程的百分数计算）
1.0	±1.6	±1.0	≤3.0
1.6	±2.5	±1.6	≤3.0
2.5	±4.0	±2.5	≤4.0

因为在实际使用中对升压设定点偏差的要求比降压设定点偏差要低，因此升压设定点偏差允许值均放宽一个等级。

2）超压报警点的设定点偏差及切换差应符合表 12-3 的规定。

表 12-3　超压报警点的设定点偏差及切换差允许值

准确度等级	升压设定点偏差允许值（按量程的百分数计算）	降压设定点偏差允许值（按量程的百分数计算）	切换差允许值（按量程的百分数计算）
1.0	±1.0	±1.6	≤3.0
1.6	±1.6	±2.5	≤3.0
2.5	±2.5	±4.0	≤4.0

12.2.2　实验室校准方法

1. 环境条件

1）校准温度：20℃ ±2℃，校准过程中温度波动不得大于 1℃。

2）相对湿度：≤80%。

3）大气压力：80kPa ~ 106kPa。

4）仪表在校准前应在以上规定的环境条件下至少静置 2h。

2. 校准用工作介质

工作介质为洁净、干燥的氮气或六氟化硫气体。

3. 校准方法

（1）外观　目力观察仪表外观是否符合外观结构的要求。

（2）零位误差校准　在规定的环境条件下，将仪表与大气相通且垂直放置，用目力观察。

（3）示值误差校准　示值误差校准点按标有数字的分度线（不含零点）选取。校准时，从零点开始均匀缓慢地加压至第一个校准点，待压力稳定后轻敲仪表外壳，读取标准器和被校仪表的示值，仪表示值与标准器示值之差即为该点的示值误差；如此依次在所选取的校准点进行校准直至测量上限，耐压 3min 后，再依次逐点进行降压校准；降压校准后对仪表疏空，此时仪表指针应能够指向真空方向。

（4）回程误差校准　回程误差的校准可与示值误差校准同时进行，取同一校准点升压、降压示值之差的绝对值作为仪表的回程误差。

（5）额定压力值误差校准　额定压力值误差校准可与示值误差校准同时进行，均匀缓慢地加压或降压至额定压力点后，轻敲仪表外壳，此时额定压力值与标准器的示值之差即为额定压力值误差。

（6）轻敲位移校准　在示值误差校准时，记录轻敲仪表外壳后引起的示值变动量。

（7）指针偏转平稳性检查　在示值误差校准的过程中，目力观测指针的偏转情况。

（8）设定点偏差校准

1）设定点的选取：选取报警点和闭锁点为设定点，带有超压报警功能的仪表还应增加超压报警点作为设定点。

2）上、下切换值的确定：均匀缓慢地升压或降压，当指示指针接近设定值时升压或降压的速度应不大于0.001MPa/s，当电接点发生动作并有输出时，停止加减压力并在标准器上读取压力值，此值为上切换值或下切换值。

3）上切换值与设定点压力值的差值为升压设定点偏差，下切换值与设定点压力值的差值为降压设定点偏差。

（9）切换差校准　切换差检定可与设定点偏差校准同时进行，同一设定点的上、下切换值之差为切换差。

12.2.3　现场校准方法

1. 环境条件

校准时现场的环境条件应满足以下要求：

1）环境温度：-20℃~50℃，校准现场不得受阳光直接照射，且无较强热源影响，温度波动一般不超过1℃/30min。

2）相对湿度：≤85%。

2. 校准用设备

（1）标准器　现场校准应选择六氟化硫气体密度继电器校验仪作为标准器，并满足以下要求：

1）最大允许误差绝对值不大于被检密度测量装置允许误差绝对值的1/4。

2）具有温度补偿功能，能将测量压力按六氟化硫气体状态方程或状态参数曲线换算成基准温度下的压力。

3）具有24V接点测试电压。

（2）配套设备　现场校准可选择的配套设备，包括：

1）测温装置：最大允许误差为±1℃。

2）绝缘电阻表：额定电压为500V，准确度等级不小于10级。

3）六氟化硫气体检漏仪：灵敏度不小于1μL/L。

4）数字万用表或电阻测量装置：最大允许误差为±0.1Ω。

5）气压表：测量范围不小于80kPa～110kPa，分辨力优于0.1kPa。

（3）工作介质　脱离设备进行校准时可使用清洁干燥的空气或干燥、无毒、无害和化学性能稳定的气体，如氮气（N_2）、六氟化硫（SF_6）气体等。不脱离设备进行校准时应使用符合GB/T 12022—2014《工业六氟化硫》要求的六氟化硫气体。

3. 校准项目

校准项目为额定压力值误差、回程误差、轻敲位移、设定点偏差、切换差。

4. 校准的准备

（1）外观检查　采用手动、目视方式对六氟化硫气体密度继电器的装配及外观质量进行检查，外观应满足以下要求：

1）六氟化硫气体密度继电器应装配牢固、无松动现象，不得有锈蚀、裂纹、孔洞等影响计量性能的缺陷。螺纹接头无毛刺和损伤。充装硅油的密度测量装置垂直放置时，液面位于六氟化硫气体密度继电器分度盘高度的70%～75%之间且无漏油现象。

2）六氟化硫气体密度继电器注明被测气体名称，并包含以下标志：产品名称、型号规格、制造厂商、出厂编号、测量范围、准确度等级或最大允许误差、额定压力、接点端子号、动作值、工作电压和功率。报警值、闭锁值在六氟化硫气体密度继电器分度盘上有明显标志以便区别。

3）六氟化硫气体密度继电器玻璃无色透明，不得有妨碍读数的缺陷或损伤。六氟化硫气体密度继电器分度盘平整光洁，各数字及标志清晰可辨，指针指示端宽度不大于最小分度线间隔的1/5，并能覆盖最短分度线长度的1/3～2/3。

（2）连接方式检查

1）检漏。使用六氟化硫气体检漏仪检查六氟化硫气体密度继电器与设备本体连接处，确认无泄漏。

2）连接方式。断开六氟化硫气体密度继电器与系统相连的控制电源，根据六氟化硫气体密度继电器与设备的连接方式，采取以下措施开展现场校准工作：

六氟化硫气体密度继电器与设备通过截止阀连接的，关闭截止阀隔断六氟化硫气体密度继电器与设备气路，用专用软管连接标准器测试口与设备校验口，校准时设备可不停电；六氟化硫气体密度继电器与设备通过单向阀连接的，将六氟化硫气体密度继电器从设备上拆下，单向阀自动关闭并封闭设备气路，用专用软管连接标准器测试口与六氟化硫气体密度继电器气路口，校准应在设备停电时进行；六氟化硫气体密度继电器与设备直接连接的，不开展现场校准工作。

（3）温度与压力平衡　将标准器与六氟化硫气体密度继电器进行温度平衡，温差不大于2℃。以环境大气压为基准压力的六氟化硫气体密度继电器，校准前应按说明书的要求拧松顶部螺钉，平衡表壳内外气压。

（4）绝缘电阻检查　使用绝缘电阻表测量六氟化硫气体密度继电器各接点之间、接点与外壳之间的绝缘电阻，测量结果应大于20MΩ。

（5）接点电阻检查　当六氟化硫气体密度继电器输出接点接通时，测量各组输出接点间的直流电阻值为接点电阻，测量结果宜不大于5Ω。

5. 校准方法

（1）额定压力值误差

1）校准时六氟化硫气体密度继电器应保持直立或正常工作状态。

2）均匀缓慢地加压至标准器示值到达额定压力点 p_{20}，待压力稳定后轻敲六氟化硫气体密度继电器外壳，读取轻敲后六氟化硫气体密度继电器示值，轻敲后六氟化硫气体密度继电器示值与标准器示值 p_{20} 之差即为升压额定压力点误差；继续升压至测量上限，耐压3min，然后平稳地降压至额定压力点 p_{20}，待压力稳定后轻敲六氟化硫气体密度继电器外壳，读取轻敲后六氟化硫气体密度继电器示值，轻敲后六氟化硫气体密度继电器示值与标准器示值 p_{20} 之差即为降压额定压力点误差。六氟化硫气体密度继电器额定压力值误差为升压额定压力点误差和降压额定压力点误差中绝对值较大者。

3）升压、降压过程应注意观察六氟化硫气体密度继电器指针平稳偏转情况，除设定点外无跳动和卡针现象。

4）六氟化硫气体密度继电器示值按分度值的1/5估读。

（2）回程误差　回程误差的校准只在额定压力点进行，升压、降压过程中，校准压力点轻敲表壳后六氟化硫气体密度继电器示值之差的绝对值作为回程误差。

（3）轻敲位移　轻敲位移的校准只在额定压力点进行，升压、降压过程中，校准压力点轻敲表壳前后引起的示值变化量为轻敲位移。

（4）设定点偏差

1）选取报警点和闭锁点为设定点，带有过压报警功能的六氟化硫气体密度继电器还应增加过压报警点作为设定点。

2）六氟化硫气体密度继电器接点信号宜从六氟化硫气体密度继电器接点直接引出，也可从接线柜端子排引出。

3）均匀缓慢地升压或降压，接近设定点时升压或降压速度每秒钟不应大于量程的0.5%，当接点动作并有输出时，停止加减压力并在标准器上读取压力值，此为上切换值或下切换值。上切换值与设定点压力值的差值为升压设定点偏差，下切换值与设定点压力值的差值为降压设定点偏差。

（5）切换差　切换差的校准可与设定点偏差的校准同时进行，同一设定点的上、下切换值之差为切换差。

（6）设备复原　将六氟化硫气体密度继电器恢复至校准前状态，并检查确认其与设备本体连接处无泄漏。

12.3　现场检测案例分析

考虑到六氟化硫气体密度继电器对电气设备安全运行的重要性，并根据目前用户、设备厂家、校验条件等因素，提出以下两种常用方案。

12.3.1　拆卸校验，备品备件轮换

为仪表准备备品备件，经校验合格的备品备件在停电检修期间替换正在运行的仪表，拆下的仪表作为下次检修备品备件轮换使用。

优点：耗时短，可实现实验室或地面校准，校表工作简单。

缺点及存在问题：

1）六氟化硫气体设备需配两套相同的六氟化硫气体密度继电器。

2）拆卸仪表给设备密封性带来风险，表计装回后要进行严格的漏气检测。

3）仪表装回后，后台要进行二次信号核验。

4）部分仪表安装位置空间有限、线路复杂，拆卸困难。

5）部分产品密度继电器和压力表分开，压力表可拆下进行示值校验。但密度继电器与本体直接相连，无法断开连接，动作触点的校验只能通过设备充放气进行。

12.3.2　设备安装测点改造

借鉴交流 GIS 设备六氟化硫气体密度继电器与设备三通阀的连接思路，对不方便现场校验的电气设备进行改造，达到不拆卸校验的目的。

1. 改造方案

1）仪表下移。仪表在高处的，通过加装附加气路将仪表移至低处，方便进行校验工作，如图 12-8 所示。

图 12-8　仪表下移改造

2）在六氟化硫气体密度继电器和设备本体之间加装三通阀，以方便地实现仪表不拆卸校验，如图 12-9 所示。

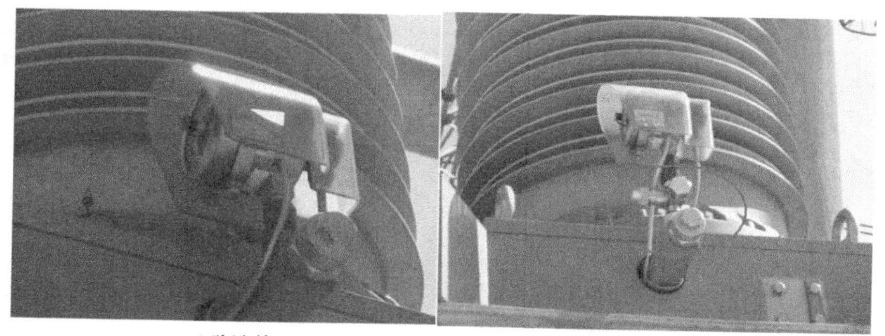
a) 改造前　　b) 改造后

图 12-9　加装三通阀

2. 优点

一次改造工程大大简化了仪表后期的校验工作，可实现不拆卸校验。高处仪表下移，避免了登高作业，工作安全系数增强，方便工作人员读取。

3. 缺点及存在问题

1）不同的设备仪表的位置、空间情况各异，需要单独订制，周期较长。

2）加装三通阀增加了设备整体密封面，改变设备原有出厂结构，增加了气体泄漏的风险。

3）部分厂家六氟化硫气体密度继电器与设备本体直接相连，如果改造，需要设备整体放气。

12.3.3 现场校准注意事项

1）校准工作一般应在设备停电后进行，校准前必须切断与六氟化硫密度继电器连接的控制电源，并将报警和闭锁接点的对应连线从端子排上断开。

2）由于六氟化硫电气设备的型号和种类繁多，和设备本体的连接方式各不相同，注意防止误拆，避免造成六氟化硫气体泄漏。

3）设备本体与六氟化硫气体密度继电器气路的隔离阀门，校准后必须恢复，并检查确认。

4）保护好管道接头的密封面，密封垫圈校准后应更换，并进行漏气检测。

第 13 章　汽轮机振动监控系统

在电力行业中，汽轮机是一种常见的高速运转的大型旋转机械，因其级间间隙和轴封间隙都非常小，动静部件之间容易摩擦，从而产生振动。当振动幅值超过一定限度，容易引起主轴弯曲、缸体过热甚至超速飞车等情况。为了避免事故的发生，电厂均使用汽轮机监控系统（turbine supervisory instruments，TSI）对机组在起动、运行过程中的各项参数进行监测和记录，并将系统的输出信号接入其他系统实现对汽轮机的自动智能控制。同时，TSI 还具有在线监测和故障诊断功能，可使机组维护、维修更有针对性和经济性。

本章主要从振动产生的基本机理和力学描述入手，对汽轮机监控系统的组成、原理、性能、溯源以及应用做简要介绍。

13.1　振动基础知识

振动是自然界最普遍的现象之一，是一个状态改变的过程，即物体的往复运动。从宏观的地震到微观的基本粒子的热运动，都属于振动的表现形式。任何机器或结构物，由于具有弹性与质量，都可能发生振动。不同领域中的振动现象虽然各具特色，但往往有着相似的数学力学描述。正是在这种共性的基础上，才可能建立一种统一的理论来处理各种振动问题。振动学就是这样一门基础学科，它借助于数学、物理、实验和计算技术，探讨各种振动现象的机理，阐明振动的基本规律，以便克服振动的消极因素，利用其积极因素，为合理解决实践中遇到的各种振动问题提供理论依据。

13.1.1　简谐振动

研究振动问题时，通常把振动的机械或结构称为振动系统。实际的振动系统是非常复杂的，影响振动的因素也很多。为了便于分析研究，根据问题的实际情况抓住主要因素，略去次要因素，将复杂的振系简化为一个力学模型，针对力学模型来处理问题就直观方便得多。振动模型可分为两大类：离散系统与连续系统。实际生活中遇到的系统都是连续系统。连续系统可视为多个离散系统的组合。离散系统可简化为典型的弹簧振子系统，如图 13-1 所示。

当该系统静止时，振子（即质量块）处于静平衡位置（见图 13-2a）。当系统受外部冲击后，质量块就会在平衡位置（如图 13-2中的虚线）附近来回往复运动。从图 13-2a 到图 13-2e 这一往复运动过程称为完成一次振动，也叫全振动。

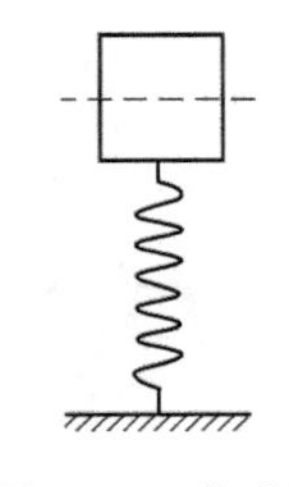

图 13-1　典型的弹簧振子系统

上述系统的质量块相对于静止位置产生的位移 x 随时间 t 变化，如图 13-3 所示。

当质量块经过某一确定的时间间隔后继续重复前一时间间隔的运动过程，这种振动叫周期振动，如图 13-3 所示。往复一次所需的时间间隔 T 称为周期。最简单的周期振动是简谐振动，可以用正弦或余弦函数描述。如果没有一定的周期的振动，则称非周期振动。将简谐振动投影在单位圆上，即为圆周运动。

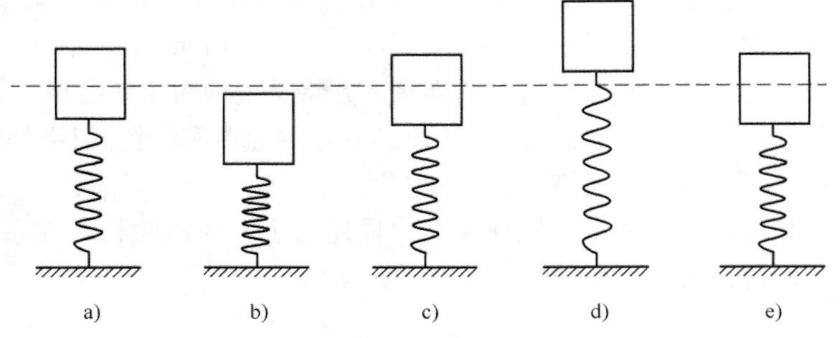

图 13-2　全振动

13.1.2　振动的描述

对振动进行准确描述需要三个参数：频率、振幅和相位。

频率指单位时间内振动的次数，用 f 表示，单位为赫兹（Hz）。由图 13-3 可知，$f=\frac{1}{T}$。它是用来描述振动快慢的物理量，工程上通过振动频率可以确定振动的来源。

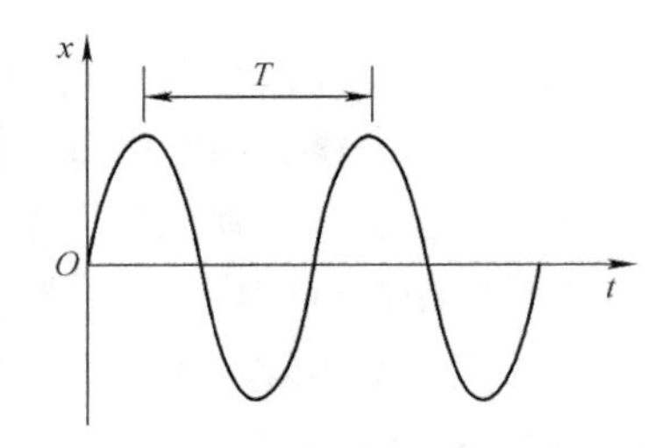

图 13-3　位移随时间的变化

振幅指质量块振动时摆动的幅度大小，也就是从平稳点到最大振动量的大小。振动量可以用位移、速度或加速度表示。它是用来表示振动强度的物理量。

相位指振动过程中在某个时间点质量块上某个位置与另一位置的相对关系，或是在某个时间点两个质量块的相对位置关系，用 φ 表示，单位为弧度（rad）。它是用来描述振动方向和位置的物理量，也是确定振动来源的一个参数。

因为振动是物体在某一平稳位置附近所做的往复运动，其产生条件是振动的物体始终受到指向平稳位置的回复力作用。

$$F=ma$$

式中　F——振动物体受到的回复力（N）；

m——振动物体的质量（kg）；

a——振动物体的运动加速度（m/s^2）。

振动物体的波形为振动幅值随时间变化得到的曲线。因此，当物体开始振动时，其运动加速度随时间的变化如图 13-4 所示。

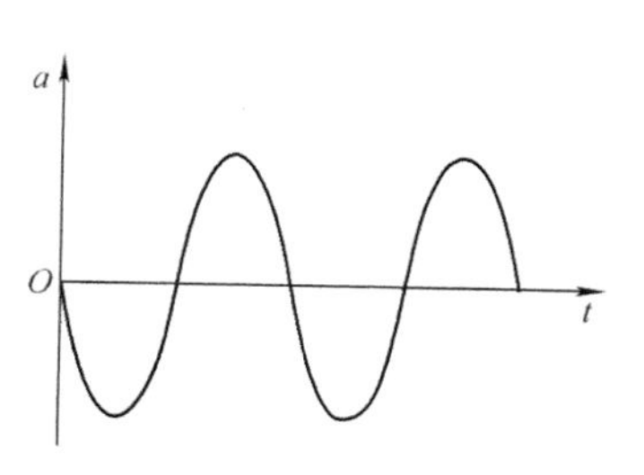

图 13-4　振动加速度随时间的变化

振动物体的速度是对该物体运动加速度积分所得，振动速度随时间的变化如图 13-5 所示。

振动物体的位移是对速度进行积分，振动位移随时间的变化如图 13-6 所示。

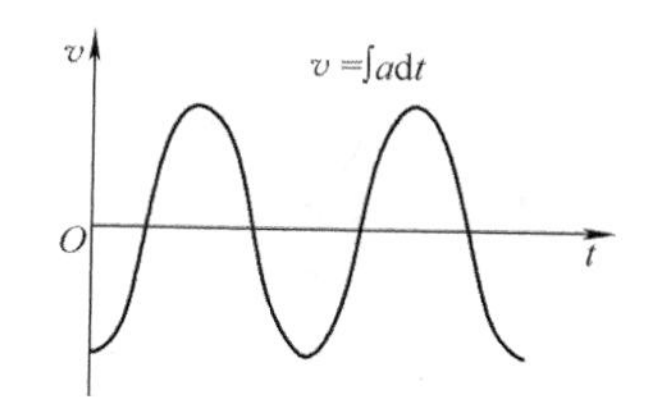

图 13-5　振动速度随时间的变化

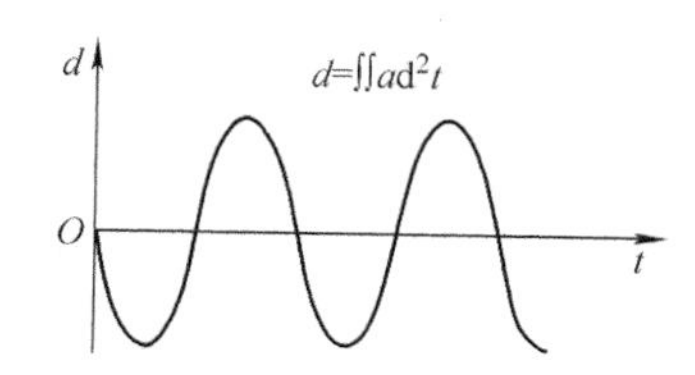

图 13-6　振动位移随时间的变化

完整的函数表示如下：

位移
$$d = D\sin(\omega t + \varphi)$$

速度
$$v = D\omega\sin(\omega t + \varphi + \frac{\pi}{2})$$

加速度
$$a = D\omega^2\sin(\omega t + \varphi + \pi)$$

由此可见，振动幅值有三种表示参数：位移、速度、加速度。三者间存在如下相互关系：

1）三者均为简谐波。

2）具有相同频率。

3）相位相差 90°。加速度领先速度 90°，速度领先位移 90°。

4）位移、速度、加速度幅值之间的相互换算：幅值逐次增加一倍角频率 ω。位移幅值为 D，速度幅值为 $D\omega$，加速度幅值为 $D\omega^2$，其中 $\omega = 2\pi f$。

常用单位：

1）位移：符号为 d，常用单位为米（m）、毫米（mm）、微米（μm），工程上也常用丝（10μm）。位移常用峰 - 峰值表示。

2）速度：符号为 v，常用单位为米/秒（m/s）、厘米/秒（cm/s）、毫米/秒（mm/s），常用有效值表示。

3）加速度：符号为 a，常用单位为米/秒²（m/s^2），常用峰值表示。

4）角频率：符号为 ω，振动 1s 对应的圆心角，单位为弧度（rad）。

13.2 振动的危害与成因

13.2.1 振动的危害

振动有有益的一面，也有有害的一面。例如：振动是通信、广播、电视、雷达等工作的基础，振动传输、振动筛选、振动研磨、振动抛光、振动沉桩、振动消除内应力等都是利用振动的相应特性开展工作。另一方面，在许多情况下，振动被认为是有害的，如振动会影响精密仪器设备的功能，加剧构件的疲劳和磨损，桥梁因振动而坍毁，发电机组的振动过大会造成事故等。

汽轮机组振动过大，会使机组内部部件的连接松动，基础台板和基础之间的刚性连接削弱，或使机组的动静部分发生摩擦，造成转子变形、弯曲、断裂，甚至是叶片损坏。当机头发生振动时，可能直接导致危机保安器动作，造成停机事故。当汽轮机动静叶片由于过大的振动而发生相对偏移时，会造成高低压端部轴封发生不正常磨损。低压缸端轴封的磨损破坏轴封的密封作用，使空气被吸入负压状态下的低压缸，破坏凝汽器的真空，直接影响汽轮机组的经济运行。高压缸端轴封的破坏会使高压缸的蒸汽大量向外泄露，降低高压缸做功能力，甚至会引起转子发生局部热弯曲。泄露的高压蒸汽如果进入轴封系统的油档中，使润滑油内混入水分，造成油膜失稳，也可能产生油膜振荡，造成轴瓦乌金熔化。当过大的振动造成轴弯曲时，可能使发电机集电环和电刷的磨损加剧、静子槽楔松动、绝缘被破坏，造成发电机或励磁机事故。当过大的振动造成某些紧固螺钉松脱、断裂时，甚至会造成整个汽轮机组的报废。所以，及时监测到并消除异常振动，是确保安全生产的重要环节。

13.2.2 振动的成因

汽轮机产生振动的原因很复杂，大致可归为以下两类：

1. 机组在运行中中心不正引起的振动

1）汽轮机起机过程中，若暖机时间不够，升速或者加负载过快，将引起汽缸受热膨胀不均匀，或者滑销系统有卡涩，使汽缸不能自由膨胀，将导致汽缸相对于转子发生歪斜，机组产生不正常的位移，发生过大振动。

2）机组在运行当中如真空下降，将引起排气温度过高，后轴承上抬，破坏机组的中心，引起振动。

3）机组在进汽温度超过设计规范的条件下运行，将使胀差和汽缸变形增加，这样会造成机组中心移动超过允许的限度，引起振动。

4）间隙振荡。当转子因某种原因与汽缸不同心时，可能产生间隙振荡，造成机组振动值升高。

2. 转子质量不平衡引起的振动

1）弹性弯曲而引起的振动。这种振动表现为轴向振动，尤其当通过临界转速时，其轴向振幅增大得更为显著。

2）油膜不稳定或受到破坏而引起振动。这将会使轴瓦乌金很快烧毁，进而将使轴颈因受热而弯曲，以至造成剧烈的振动。

3）机组发生摩擦而引起的振动。

4）水击而引起的振动。严重发生水冲击，甚至烧毁推力瓦。

TSI正是在不同阶段持续监视汽轮机发生振动的时机、位置、强度及相位等各种信息，为控制系统或调试、检修人员提供必要的参数，使自动控制更准确，调试、检修更有针对性。因此，弄清TSI的组成、原理及计量很有必要。

13.3 系统的组成与原理

13.3.1 系统组成

从功能来看，TSI包括两大部分：本体参数监视、故障分析与专家决策系统。从结构来看，TSI包括三部分：传感器、前置器、监视器（或显示器），如图13-7所示。

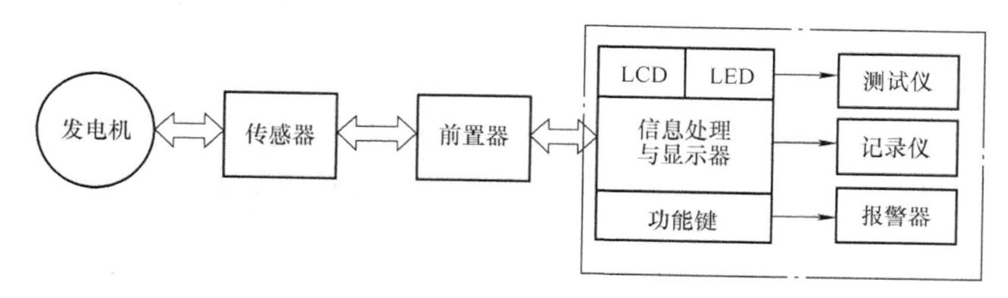

图13-7 TSI结构图

其工作过程是：传感器将需要监视的机械量（如转速、轴位移、差胀、缸胀、振动和偏心等）转换成电参数（频率f、电感L、品质因数Q、阻抗Z等），电参数信号经线缆送到前置器进行处理（转换、放大等），再传送到信息处理单元，进行显示、记录及信息处理，而后视情发出指令对机组实施相应控制。

传感器在汽轮机上的布置随机组容量的不同而在数量、位置上稍有不同，图13-8所示为常规电厂TSI传感器的安装示意图。

汽轮机应监视和保护的项目随蒸汽参数的升高而增多，且随机组不一而各有差异。由图13-8可以看出，主要的监视参数及其作用如下：

1）偏心度：连续监视偏心度的峰－峰值和瞬时值。转速为1～600r/min时，主轴每转一圈测量一次偏心度峰－峰值，此值与键相脉冲同步。当转速低于1r/min时，机组不再盘车而停机，这时瞬时偏心度仪表的读数应最小，这就是最佳转子停

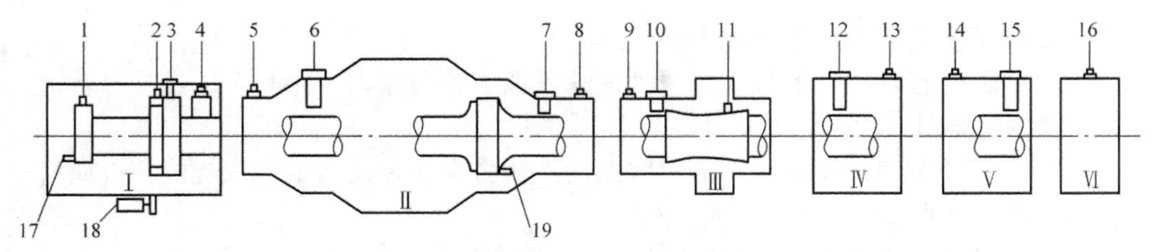

图 13-8　常规电厂 TSI 传感器的安装示意图

1—偏心度测量　2—转速测量　3—1 号轴相对振动测量　4—1 号轴承盖振动测量
5—2 号轴承盖振动测量　6—2 号轴相对振动测量　7—3 号轴相对振动测量　8—3 号轴承盖振动测量
9—4 号轴承盖振动测量　10—4 号轴相对振动测量　11—低压缸相对膨胀测量　12—5 号轴相对振动测量
13—5 号轴承盖振动测量　14—6 号轴承盖振动测量　15—6 号轴相对振动测量　16—7 号轴承盖振动测量
17—高压缸相对膨胀测量　18—绝对膨胀测量　19—轴向位移测量、相位测量

车位置，如图 13-8 中的 1 所示。

2）转速：连续监测转子的转速。当转速高于设定值时给出报警信号或停机信号，如图 13-8 中的 2 所示。

3）相对振动：监视主轴相对于轴承座的相对振动，如图 13-8 中的 3、6、7、10、12、15 所示。

4）绝对振动：监视轴承座的绝对振动，如图 13-8 中的 4、5、8、9、13、14、16 所示。

5）缸胀：连续监测汽缸相对于基础上某一基准点（通常为滑销系统的绝对死点）的膨胀量。由于膨胀范围大，目前一般都采用线性可变差动变压器（LVDT）进行缸胀监视，如图 13-8 中的 11、17 所示。

6）轴向位移：连续监视推力盘到推力轴承的相对位置，以保证转子与静止部件间不发生摩擦，避免灾难性事故的发生。当轴向位移过大时，发出报警或停机信号，如图 13-8 中的 19 所示。

7）差胀：连续检测转子相对于汽缸上某基准点（通常为推力轴承）的膨胀量，一般采用电涡流探头进行测量，也可用线性可变差动变压器进行测量，如图 13-8 中的 18 所示。

8）相位：采用相位计连续测量选定的输入振动信号的相位。输入信号取自键相信号和相对振动信号，经转换后供显示或记录，如图 13-8 中的 19 所示。

与图 13-8 所示测点对应，表 13-1 列出了相应的监视与保护的项目、主要功能及常用的传感器类型。

表 13-1　汽轮机组安全监视与保护项目

序号	测点号	监视与保护的项目	主要功能	常用的传感器类型
1	1	偏心度	显示、越限闭锁	位移传感器
2	2	转速	显示、报警、保护、高值记忆、升速率	转速传感器
3	3、6、7、10、12、15	相对振动	显示、报警、保护	位移传感器

（续）

序号	测点号	监视与保护的项目	主要功能	常用的传感器类型
4	4、5、8、9、13、14、16	绝对振动	显示、报警、保护	速度传感器
5	11、17	缸胀	显示、两侧胀差大于定值报警	线性可变差动变压器
6	19	轴向位移	显示、报警、保护	位移传感器
7	18	差胀	显示、报警	线性可变差动变压器
8	19	相位	显示、记录	位移传感器

13.3.2 测量原理

由表 13-1 可知，常见的 TSI 传感器主要有位移传感器、速度传感器、线性可变差动变压器。下面逐一做简要介绍。

1. 位移传感器测量原理

振动位移传感器有很多种。按被测变量变换的形式不同，位移传感器可分为模拟式和数字式两种。常用位移传感器以模拟式结构型居多，包括电位器式位移传感器、电感式位移传感器、自整角机、电容式位移传感器、电涡流式位移传感器、霍尔式位移传感器等。

常用的振动位移传感器如图 13-9 所示。

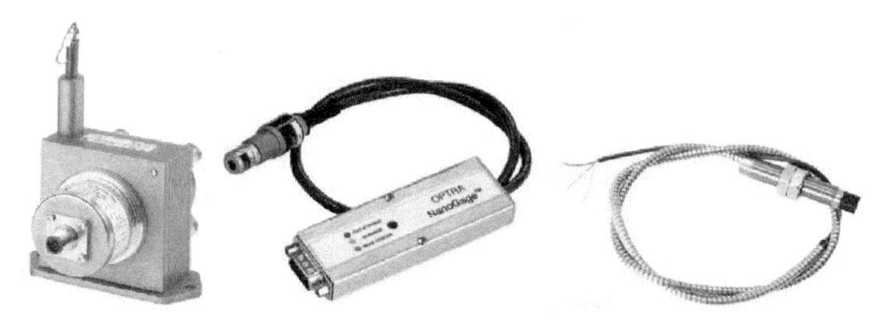

图 13-9 常用的振动位移传感器

振动位移传感器应用较多的是电涡流传感器。其基本工作原理是电涡流效应根据法拉第电磁感应定律，金属导体置于变化的磁场中时，导体表面就会有感应电流产生。电流在金属体内自行闭合，这种由电磁感应原理产生的漩涡状感应电流称为电涡流。这种现象称为电涡流效应。

电涡流传感器由电涡流线圈和被测金属导体组成。如图 13-10 所示，对靠近被测金属导体附近的电感线圈施加一个高频电压信号，激磁电流 i_1 将产生高频磁场 H_1，被测金属导体置于该交变磁场范围之内，就产生了与交变磁场相交链的电涡流 i_2，根据电磁学定律，电涡流 i_2 也将产生一个与原磁场方向相反的新的交变磁场 H_2。这两个磁场相互作用将使电感线圈 L_1 的等效阻抗 Z 发生变化。电涡流传感器就是利用电涡流效应将被测量转换为传感器线圈阻抗 Z 变化的一种装置。

线圈等效阻抗与被测金属导体的电导率σ、磁导率μ、几何形状、线圈的几何参数r、激磁电流频率f以及线圈到被测金属导体的距离D等参数有关。假定被测金属导体是均质的，其性质是线性和各向同性，线圈的阻抗可用如下函数表示：

$$Z=f(f,\mu,\sigma,r,D)$$

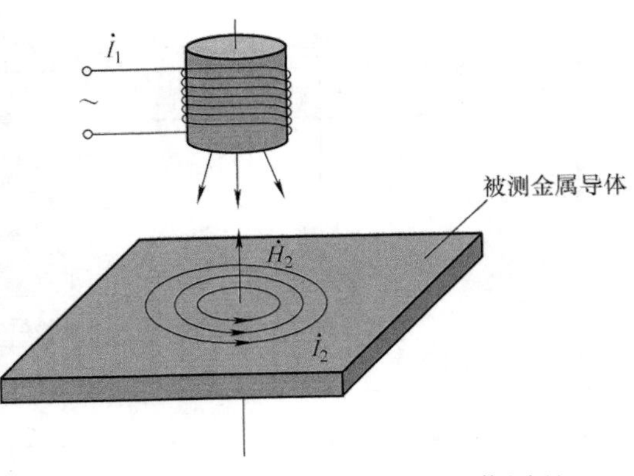

图 13-10　电涡流传感器基本工作原理

如果控制上式中的f、μ 、σ、r恒定不变，只改变其中的参数D，这样阻抗Z就成为距离D的单值函数。被测金属导体与电涡流线圈的距离发生变化，线圈的等效阻抗也会发生变化，因此，通过前置器电子线路的处理，将线圈阻抗Z的变化，即头部体线圈与金属导体的距离X的变化转化成电压或电流的变化。输出信号的大小随探头到被测金属导体表面的距离而变化，电涡流传感器就是根据这一原理实现对金属物体的位移、振动等参数的测量。

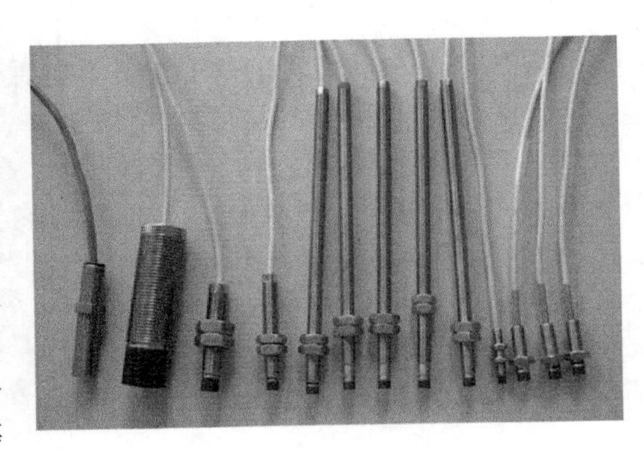

图 13-11　常用的电涡流传感器

常用的电涡流传感器如图 13-11 所示。电涡流传感器的安装和测量回路示意图如图 13-12 和图 13-13 所示。

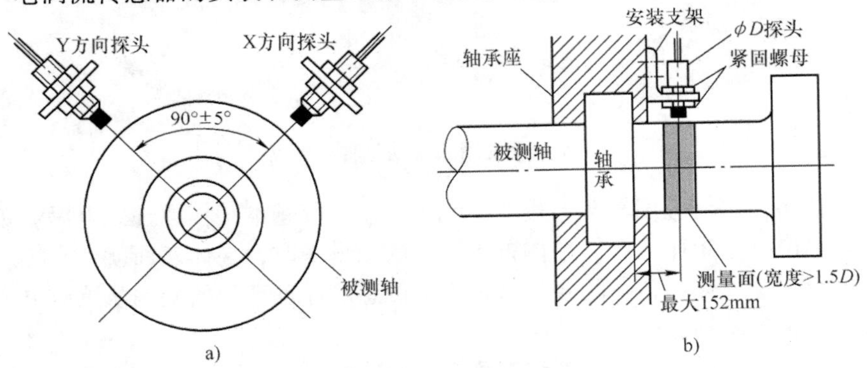

图 13-12　电涡流传感器安装示意图

某型电涡流传感器的参数见表 13-2。

2. 速度传感器测量原理

振动速度传感器是利用电磁感应原理把振动信号变换成电信号。它主要由磁路系统、惯性质量、弹簧等部分组成。图 13-14 所示为振动速度传感器简图。磁铁被

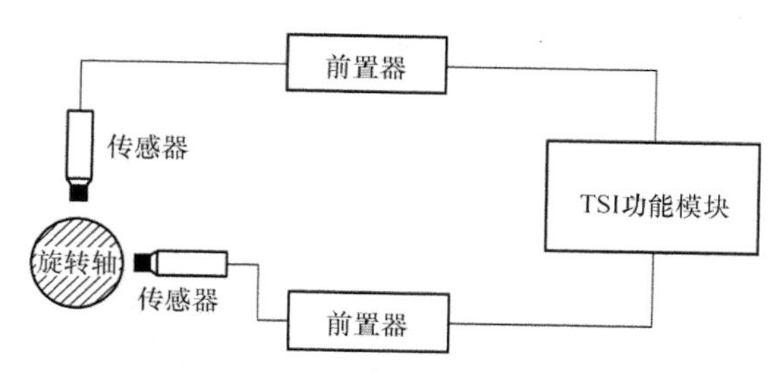

图 13-13　电涡流传感器测量回路示意图

表 13-2　某型电涡流传感器参数

探头直径/mm	8	11
线性量程/mm	2	4
线性起始点/mm	0.5（可以调整）	1.0（可以调整）
线性度	< ±1%	< ±1%
最小被测面积直径/mm	28	35
测量系统	5m 或 9m 系统	5m 或 9m 系统
灵敏度/（V/mm）	8 或 7.87	4 或 3.94
工作温度/℃	-40 ~ 125	-40 ~ 120

刚性地固定在传感器壳体中，惯性质量（线圈组件）用弹簧元件悬挂于壳体内。将传感器安装在被测物体上，在被测物体振动时，磁铁随传感器壳体运动，而线圈因为有较大的惯性质量，其相对壳体静止，因此线圈与磁铁产生相对运动、切割磁感线，在线圈内产生感应电压，该电压值正比于振动速度值。通过测量该电压值即能获得被测物体的振动速度。

振动速度传感器的特点有：

1）输出信号和振动速度成正比，可以兼顾高频、中频和低频的应用领域，且符合国际标准对旋转机器评定参数的要求。

2）具有较低的输出阻抗，较好的信噪比，使用方便。

3）具有较低的使用频率，可以适用于低转速的旋转机器。

4）灵活性好，可以测量微小的振动。

5）有一定抗横向振动能力（不大于 $10g$ 峰值）。

某型振动速度传感器的外观如图 13-15 所示，技术参数见表 13-3。

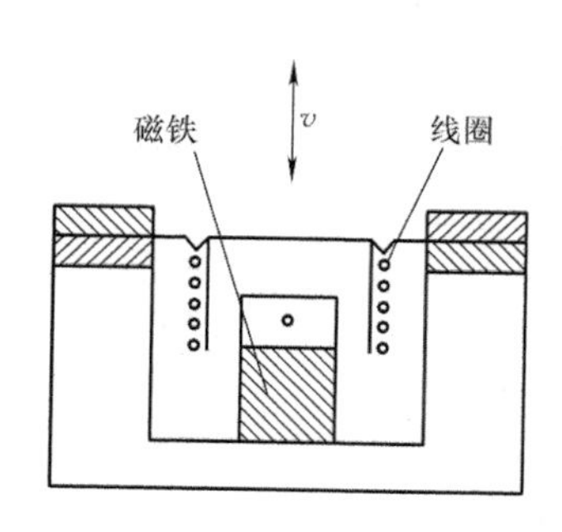

图 13-14　振动速度传感器简图

图 13-15　某型振动速度传感器外观

表 13-3 某型振动速度传感器技术参数

灵敏度/mv·mm^{-1}·s	20、28.5、30、40、50
频响范围/Hz	4.5～300（单向垂直或水平）或 8.5～1000（通用）
振动幅度/μm	0～2000
线性度	±1%
最大加速度/*g*	10
工作温度/℃	-40～85（常规），-40～105（高温）
重量/g	约 200

3. 线性可变差动变压器测量原理

线性可变差动变压器（LVDT），属于直线位移传感器。其工作原理简单地说是铁心可动变压器，如图 13-16 所示。它由一个一次绕组、两个二次绕组、铁心、绕组骨架、外壳等部件组成。一次绕组、二次绕组分布在绕组骨架上，绕组内部有一个可自由移动的杆状铁心。当铁心处于中间位置时，两个二次绕组产生的感应电动势相等，这样输出电压为零；当铁心在绕组内部移动并偏离中心位置时，两个绕组产生的感应电动势不等，有电压输出，其电压大小取决于位移量的大小。为了提高传感器的灵敏度，改善传感器的线性度，增大传感器的线性范围，设计时将两个绕组反串相接、两个二次绕组的电压极性相反，LVDT 输出的电压是两个二次绕组的电压之差，这个输出的电压值与铁心的位移量呈线性关系。

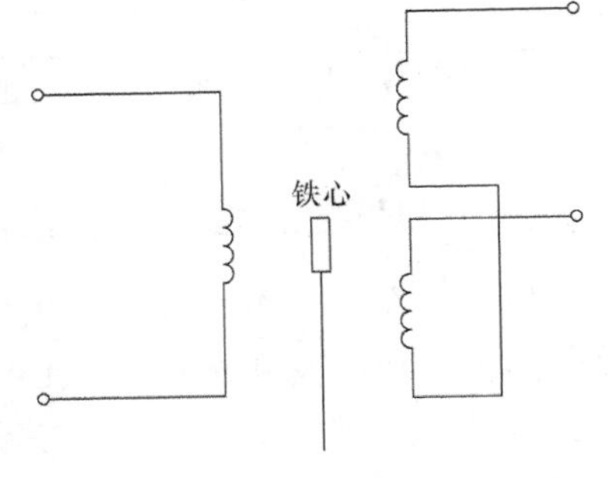

图 13-16 线性可变差动变压器原理

某型线性可变差动变压器的外观如图 13-17 所示，技术参数见表 13-4。

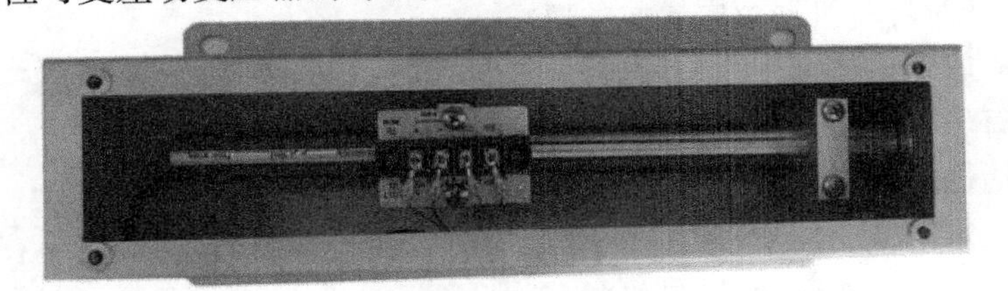

图 13-17 某型线性可变差动变压器的外观

表 13-4 某型线性可变差动变压器技术参数

线性量程/mm	0～25，0～35，0～50
综合精度	1.0 级
供电电压/V	AC 220±10%
输出	各种量程输出均为 0～10mA，或 4mA～20mA 恒流
最大负载/kΩ	1
电源箱工作温度/℃	-5～45
环境湿度	≤95% RH
环境振动	≤2.3*g*
传感器工作温度/℃	≤100
工作方式	连续

4. 前置器与显示仪表

由于传感器反馈的电感电压有一定频率（载波频率）的调幅信号，需检波后才能得到间隙随时间变化的电压波形。因此，为实现电涡流位移测量，必须有一个专用的测量路线。这一测量路线（简称前置器）应包括具有一定频率的稳定振荡器和一个检波电路等。涡流传感器加上一前置器（见图 13-18），从前置器输出的电压 U_d 正比于间隙 d，可分两部分：一部分为直流电压 U_{DC}，对应于平均间隙（或初始间隙），另一部分为交流电压 U_{AC}，对应于振动间隙。

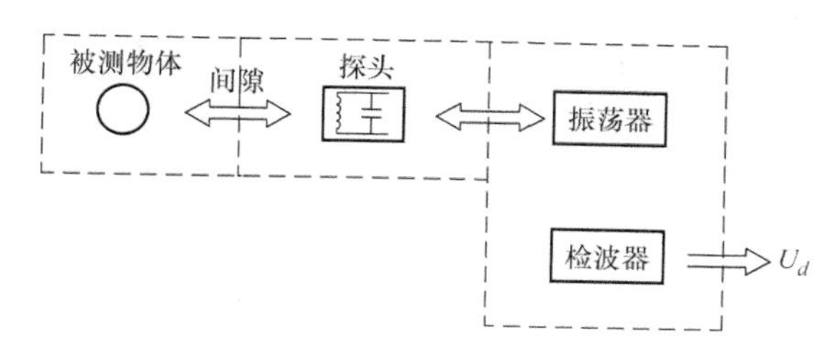

图 13-18　前置器

机组的振动被传感器获取后，转换成电参数传送至前置器调理（电涡流传感器需要），再传输至后端仪表进行处理和显示。通常，汽轮机监视保护系统生产厂家将其设计为框架模块形式，前端采集的振动信号被送至相应的功能模块中，各功能模块均有一个微控制器，用于实现各模块的智能化功能，如组态、自诊断、信号测试、报警保护输出、数据通信等。

图 13-19 所示为 TSI 功能模块示例。

图 13-19　TSI 功能模块示例

13.4　系统的量值溯源

为确保 TSI 运行的可靠性，必须对其在安装前、使用中进行校准。这一校准过程，就叫作系统的量值溯源。通过 13.3.1 节的系统组成和原理分析可知，TSI 系统在结构上分为传感器、前置器和显示器三部分。严格来说，对 TSI 系统的校准，应该对整套系统（或整个完整的测量、显示回路）进行校准。但是，基于现场拆装的便利性、经济性和整套送检的必要性考虑，电厂的建设和使用单位一般都只将传感器及其配套的前置器送到计量校准机构校准。而系统框架（显示）部分，则通过在现场输入标准的模拟信号进行调试。

13.4.1 溯源原理及方法

振动传感器的溯源有两种方法：绝对法和比较法。绝对法是通过激光的波长对振动参数进行溯源，利用的是绝对法振动校准装置。比较法是通过标准传感器对振动参数进行溯源，使用的是比较法振动校准装置。在对振动校准结果有争议时，采用绝对法校准。

绝对法校准的原理：将被校传感器刚性地连接在振动台的台面中心，并保证与绝对法校准装置激光光路同轴。对振动台施以给定频率和加速度的正弦激励，被校传感器振动的加速度值可以通过激光的条纹数、激光波长、振动频率计算得到（此为条纹计数法，其他绝对测量方法还有正弦逼近法、最小点法等），而后可通过该加速度值计算得出其他振动参数的测量。

比较法校准的原理：将被校传感器与标准加速度计背靠背刚性地连接在振动台的台面中心，或者将被校传感器安装在振动台内装参考加速度计的支架上，并保证两只传感器同轴。对振动台施以给定频率和加速度的正弦激励，因被校传感器与标准加速度计有着相同的加速度，通过对被校传感器与标准加速度计的输出进行数据换算和比较，即可得到被校传感器振动参数的测量。

1. 绝对法校准

以条纹计数法为例：将被校传感器刚性地安装在标准振动台台面中心，被校传感器的输出接数字电压表。绝对法振动校准装置中信号源产生信号，经功率放大器（简称功放）去推动标准振动台复现一个单自由度正弦运动来激振被校传感器。因被校传感器刚性地安装在振动台台面中心，且其物理中心线与绝对法校准装置激光光路同轴，因此被校传感器与振动台台面有着相同的振动参数位移、速度、加速度及频率、相位。绝对法校准装置的测量系统通过测量一定时间内的激光干涉条纹数，来计算振动台台面的位移幅值，再根据需要换算出对应的速度或加速度幅值，与被校传感器的输出电压相比，从而得出该传感器的灵敏度，并根据检定规程计算出幅值线性度、频率响应及其他特性。

绝对法校准装置主要由信号源、标准振动台（垂直向、水平向）、功率放大器、激光测振仪、通用计数器、数字电压表及其他配套仪器组成。绝对法校准振动传感器的原理如图 13-20 所示。

2. 比较法校准

将标准传感器和被检仪器背靠背刚性连接在一起，安装在振动台的台面中心，通过信号发生器给标准振动台输入一个选定频率和加速度值的正弦信号，参考加速度计和被校传感器传递面的加速度值相同，即 $a=S_{参考}U_{参考}=S_{被校}U_{被校}$，由此计算出被校传感器的灵敏度 $S_{被校}=\frac{S_{参考}U_{参考}}{U_{被校}}$，并根据检定规程计算出幅值线性度、频率响应及其他特性。

比较法校准装置主要由标准振动台、振动标准套组（参考加速度计与电荷放

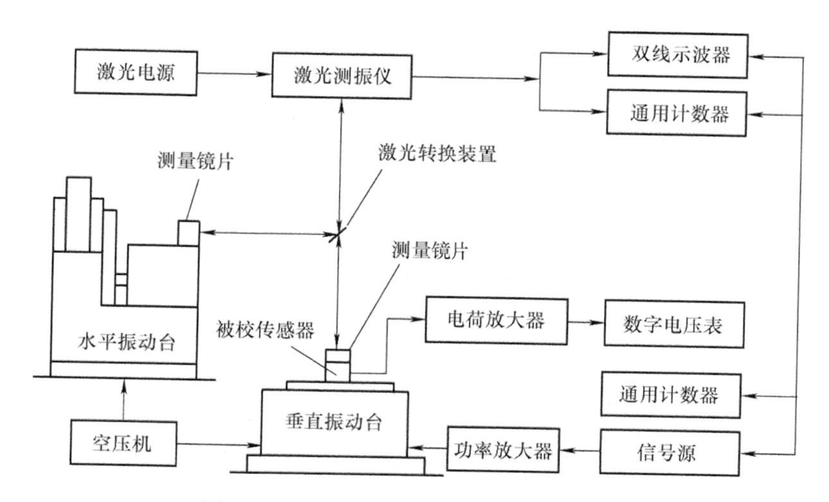

图 13-20　绝对法校准振动传感器的原理

大器）、信号发生器、数字电压表等组成。

比较法校准振动传感器的原理如图 13-21 所示。

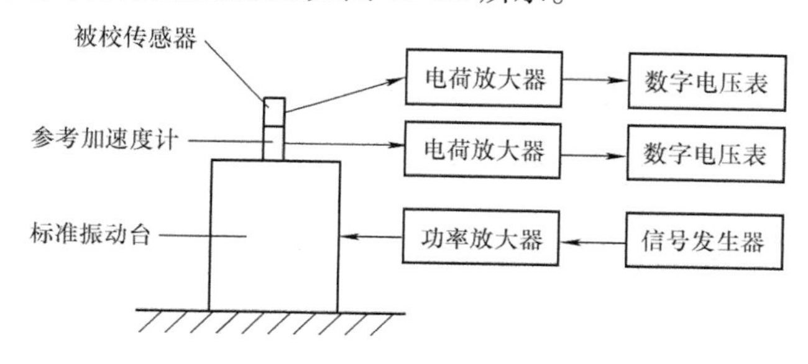

图 13-21　比较法校准振动传感器的原理

13.4.2　溯源项目及依据

1. 振动位移传感器

振动位移传感器的校准分静态指标和动态指标。可根据传感器的用途做相关项目的校准。轴向位移、胀差、偏心可主要观察其静态指标，轴振则更需要观察其动态指标。

振动位移传感器的静态指标包括：灵敏度、幅值线性度、回程误差、幅值重复性、零值误差。这些指标的校准结果是否满足使用要求，需根据机组、TSI 的具体情况，参考相应检定规程和电气设备运行规范进行评判后决定。传感器的灵敏度和输出电流、输出电压也是 TSI 系统中需要设置的重要参数。

振动位移传感器的校准主要依据 JJG 644—2003《振动位移传感器检定规程》。

振动位移传感器的校准项目见表 13-5。

表 13-5　振动位移传感器的校准项目

项目		首次检定	后续检定	使用中的检验
静态指标	外观	√	√	√
	灵敏度	√	√	√
	幅值线性度	√	√	×
	回程误差	√	×	×
	幅值重复性	√	×	×
	零值误差	√	√	×
动态指标	参考灵敏度	√	√	√
	频率响应	√	√	×
	幅值线性度	√	√	×

注：表中“√”为必须检定、校准或试验的项目，“×”为不需要检定、校准或试验的项目。

电涡流式振动位移传感器的计量性能要求见表 13-6。

表 13-6　电涡流式振动位移传感器的计量性能要求

静态指标	灵敏度校准的不确定度	1.0%（$k=2$）
	幅值线性度（%）	10mm 量程以下：±2.0 10mm 量程以上：±5.0
	回程误差（%）	
	幅值重复性（%）	1.0
	零值误差（%）	0.5
	幅值稳定度（%）	0.5
动态指标	参考灵敏度校准的不确定度	3.0%（$k=2$）
	频率范围	0Hz～5000Hz
	幅值线性度（%）	±10

2. 振动速度传感器

振动速度传感器的校准主要是其参考速度灵敏度、幅值线性度和频率响应等。校准的依据是国家检定规程 JJG 134—2003《磁电式速度传感器检定规程》。振动速度传感器的校准项目见表 13-7。

表 13-7　振动速度传感器的校准项目

项目	首次检定	后续检定	使用中的检验
外观	√	√	√
参考速度灵敏度	√	√	√
频率响应	√	√	×
幅值线性	√	√	×
最大横向灵敏度比	√	×	×
动态范围	√	×	×

振动速度传感器的计量性能要求见表 13-8。

表 13-8　振动速度传感器的计量性能要求

参考速度灵敏度	3.0%（$k=2$）
频率响应（%）	±10
幅值线性（%）	±5
最大横向灵敏度比（%）	10

振动速度传感器检定规程中对动态范围的要求是：生产厂应给出传感器动态范围参数，即频率范围、最大可测的振动位移，并必须给出以实际使用意义的频率、加速度、速度、位移为坐标所确定的动态范围。

13.4.3　溯源过程及计算

1. 振动位移传感器

（1）静态灵敏度　把位移传感器安装在相应的位移静校器上，改变传感器的测量距离，以每隔 10% 量程为 1 个测量点，在整个测量范围内，包括上、下限值共测 11 个点，顺序在各个测量点测量传感器的输出值 U 和传感器的移动距离 L，以上、下两个行程为一个测量循环，一共测 3 个循环。将检定数据中 10% ~90% 量程的上、下行程各 9 个测量点的数据取为 1 组，共取 3 组，采用最小二乘法计算。设回归方程为

$$\hat{U}_i = U_0 + SL_i$$

式中　S——传感器灵敏度；

U_0——截距；

L_i——给定位移（测量位移）；

$\hat{U}_i$——传感器输出信号的回归值。

根据给定位移 L_i 和传感器相应的输出值 U_i，按最小二乘法公式计算出 S。

$$S = \frac{\sum_{i=1}^{n} L_i U_i - \bar{L}\sum_{i=1}^{n} U_i}{\sum_{i=1}^{n} L_i^2 - \bar{L}\sum_{i=1}^{n} L_i}$$

$$U_0 = \frac{\bar{U}\sum_{i=1}^{n} L_i^2 - \bar{L}\sum_{i=1}^{n} L_i U_i}{\sum_{i=1}^{n} L_i^2 - \bar{L}\sum_{i=1}^{n} L_i}$$

式中　n——检测次数（$i=1, 2, 3, \cdots, n$）；

$\bar{L}$——给定位移量平均值，$\bar{L} = \frac{1}{n}\sum_{i=1}^{n} L_i$；

$\bar{U}$——给定位移量的相应输出平均值，$\bar{U} = \frac{1}{n}\sum_{i=1}^{n} U_i$。

（2）静态幅值线性度　传感器幅值线性度的校准与静态灵敏度校准同时进行，校准数据取包括上、下限值在内的3次上行程的测量点数据，用最小二乘法计算出 U_i 与 $\hat{U}_i$ 之间的最大差值 $\delta_{\max}$。

$$\delta_{\max} = (U_i - \hat{U}_i)_{\max}$$

则幅值线性度偏差为

$$\delta_r = \frac{\delta_{\max}}{U_N} \times 100\%$$

式中　δ_r——幅值线性度；

U_N——满量程时传感器的输出。

（3）回程误差　回程误差的校准与静态灵敏度校准同时进行，其回程误差为

$$\delta_{hi} = \frac{|\overline{U}_{is} - \overline{U}_{ix}|}{U_N} \times 100\%$$

式中　δ_{hi}——第 i 个测量点上的回程误差；

$\overline{U}_{is}$——第 i 个测量点上3次上行程传感器输出值的算术平均值；

$\overline{U}_{ix}$——第 i 个测量点上3次下行程传感器输出值的算术平均值；

U_N——满量程时传感器的输出。

（4）幅值重复性　幅值重复性的校准也与静态灵敏度校准同时进行，由3次循环中同一行程的同一测量点的3次测量的传感器输出值，得出相互间的最大差值 Δ_r，然后按下式计算幅值重复性。

$$\delta_{ri} = \frac{|\Delta_{ri}|}{U_N} \times 100\%$$

式中　Δ_{ri}——第 i 个测量点的 Δ_r 值；

δ_{ri}——第 i 个测量点的幅值重复性；

U_N——满量程时传感器的输出。

（5）零值误差　把传感器安装在位移静校器上，在工作状态下将传感器置于零点（起始工作点），用示波器测出传感器的噪声信号，其与满量程时传感器的输出信号之比即为传感器的零值误差。

（6）动态参考灵敏度　动态校准轴振等用途的振动位移传感器，需用相应的夹具将被校传感器固定在标准振动台台面垂直方向上的合适位置（此位置与传感器在机组上的安装位置一致，TSI中需设置此位置传感器的输出），并确保夹具及传感器非活动部分与振动台台体之间不产生相对运动。用标准加速度计监控振动台，在被校传感器的动态范围内，选取某一实用的频率值（推荐20Hz、40Hz、80Hz、160Hz）和某一指定的位移值（推荐0.1mm、0.2mm、0.5mm、1.0mm、2.0mm、5.0mm）进行检定，其被校传感器的输出值与振动台的标准位移值之比为该传感器的动态参考灵敏度。计算公式如下：

$$S_d = \frac{U}{D}$$

式中　S_d——位移传感器的动态参考灵敏度；

U——参考点处传感器的输出值；

D——参考点处的振动位移值。

（7）频率响应　将被校传感器按动态参考灵敏度校准中描述的方法进行安装，在传感器的动态范围内，均匀地选取不少于 7 个频率值（含上限值和下限值），在保持振动台位移恒定的情况下，测量各频率点传感器的输出值，计算出各点的动态位移灵敏度，然后按下式计算各测量点灵敏度与动态参考灵敏度的相对偏差。

$$\delta_{fi}=20\lg\left|\frac{S_{di}}{S_d}\right|$$

式中　δ_{fi}——第 i 个频率点的动态灵敏度与动态参考灵敏度的相对偏差；

S_{di}——第 i 个频率点的动态灵敏度；

S_d——动态参考灵敏度。

（8）动态幅值线性度　将被校传感器按动态参考灵敏度校准中描述的方法进行安装，在传感器的频率范围内选取某一实用的频率值，并在标准振动台可达到的振动位移幅值内选取 5 个位移值进行激振，分别测量各位移点的传感器输出值和振动台的位移幅值，计算出各测量点传感器的动态位移灵敏度，然后按下式计算各测量点灵敏度与动态参考灵敏度的相对偏差。

$$\delta_{dri}=\frac{S_{di}-S_d}{S_d}\times 100\%$$

式中　δ_{dri}——第 i 个位移点的动态灵敏度与动态参考灵敏度的相对偏差；

S_{di}——第 i 个位移点的动态灵敏度；

S_d——动态参考灵敏度。

2. 振动速度传感器

（1）参考速度灵敏度　将标准加速度计和被测传感器背靠背刚性地安装在振动台台面中心（或肩并肩安装，但要使其感受相同的振动），在被测传感器动态范围内选取某一实用的频率（推荐 160Hz、80Hz、40Hz）和速度值（推荐 1m/s、2m/s、5m/s、10cm/s）进行正弦激振，其被测传感器的输出电压与所承受的振动速度之比为该传感器的参考速度灵敏度，其计算式为

$$S_v=\frac{E}{v}$$

式中　S_v——速度传感器的参考速度灵敏度［mV/（cm · s^{-1}）］；

E——速度传感器的输出电压（mV）；

v——振动速度值（cm/s）。

（2）频率响应　将传感器按（1）的方法安装，在传感器工作频率范围内，均匀地或按倍频程选取至少 7 个频率值，保持振动速度恒定进行激振，分别测量各频率点的输出电压值，并计算出各点的速度灵敏度，然后按下式计算它们与参考速度灵敏度的相对偏差。

$$e_{fi} = \frac{S_i - S_v}{S_v} \times 100\%$$

式中　e_{fi}——第 i 个频率点的速度灵敏度与参考灵敏度的相对偏差；

S_i——第 i 个频率点的速度灵敏度 [mV/ (cm · s^{-1})]；

S_v——参考速度灵敏度 [mV/ (cm · s^{-1})]。

(3) 幅值线性度　将传感器按 (1) 的方法安装，在工作频率范围内选取一实用的频率值，并在允许的速度范围内选取至少 7 个速度值进行正弦激振，分别测量各速度点的传感器输出电压，并计算出各点的速度灵敏度，然后按下式计算它们与参考速度灵敏度的相对偏差：

$$e_{ri} = \frac{S_i - S_v}{S_v} \times 100\%$$

式中　e_{ri}——第 i 个速度点的速度灵敏度与参考灵敏度的相对偏差；

S_i——第 i 个速度点的速度灵敏度 [mV/ (cm · s^{-1})]；

S_v——参考速度灵敏度 [mV/ (cm · s^{-1})]。

13.5　现场案例分析

13.5.1　系统应用案例

某电厂根据设计单位的图纸，在发电机相应位置安装好传感器，如图 13-22 所示。

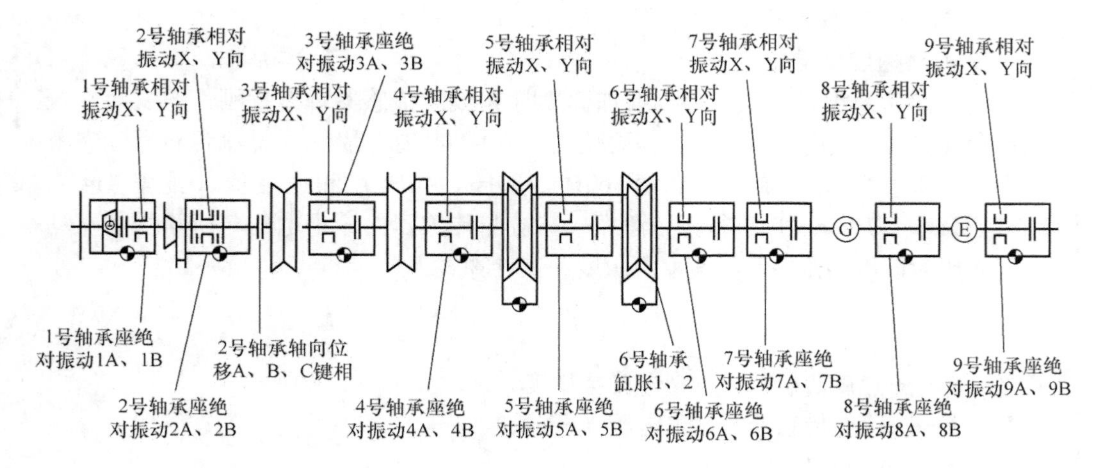

图 13-22　传感器布置图

然后，传感器通过延伸电缆连接上前置器，再通过电缆连接到系统框架的相应位置，即对应的智能卡件上，如图 13-23 所示。

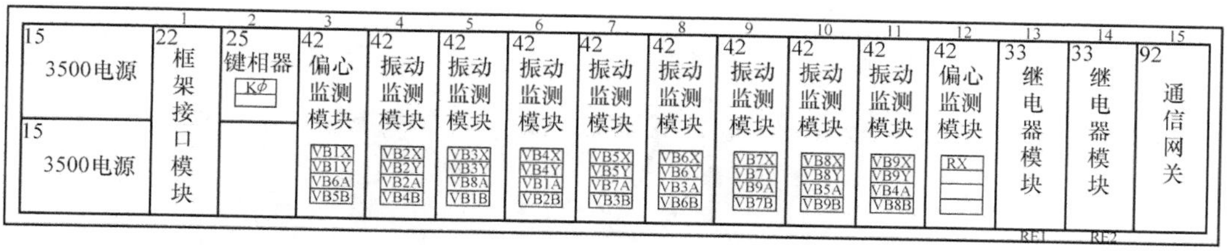

	1	2	3	4	5	6	7	8	9	10	11	12	13	14	15
15 3500电源 15 3500电源	22 框架接口模块	25 键相器	42 偏心监测模块	42 振动监测模块	42 振动监测模块	42 振动监测模块	42 振动监测模块	42 振动监测模块	42 振动监测模块	42 振动监测模块	42 振动监测模块	42 偏心监测模块	33 继电器模块	33 继电器模块	92 通信网关
		Kφ	VB1X VB1Y VB6A VB5B	VB2X VB2Y VB2A VB4B	VB3X VB3Y VB8A VB1B	VB4X VB4Y VB1A VB2B	VB5X VB5Y VB7A VB3B	VB6X VB6Y VB3A VB6B	VB7X VB7Y VB9A VB7B	VB8X VB8Y VB5A VB9B	VB9X VB9Y VB4A VB8B	RX	RE1	RE2	

图 13-23　TSI 功能模块示例

TSI 配置的测点数量与机组容量直接相关，某电厂汽轮机配置测点如下（共 33 个）：

1）端盖振动测量：汽轮机 1 号 ~7 号轴承，每个轴承安装接触式传感器，共 7 个测点。

2）轴振动测量（带保护）：汽轮机 1 号 ~7 号，每个轴承安装 2 只非接触涡流传感器，两只夹角为 90°，共 14 个测点。

3）胀差测量：共 2 个测点，在同一个支架上安装，分别垂直于八字轴套的两侧，八字轴套与主轴成 8°夹角。

4）轴向位移测量（带保护）：轴向位移 4 个测点，安装在汽轮机推力瓦测量盘处（非工作面），1A、2A 与 1B、2B 成 90°夹角安装。

5）键相测量：1 个测点，安装在汽轮机前箱。

6）偏心测量：1 个测点，安装在汽轮机前箱与键相成 90°夹角。

7）缸胀测量：2 个测点，分别安装在汽轮机前箱左、右外侧。

8）零转速测量：2 个测点，安装在推力瓦支架侧方，与 DEH 转速在同一个支架上。

A、B 小汽轮机 TSI 测点如下（共 16 个）：

1）轴承振动测量（带保护）：A、B 小汽轮机分别有振动测点 4 个，驱动端 2 支成 90°安装，非驱动端成 90°安装，共 8 个测点。

2）轴向位移测量（带保护）：A、B 小汽轮机分别有轴位移测点 2 个，共 4 个测点。

3）键相测量：A、B 小汽轮机分别有键相测点 1 个，共 2 个测点。

4）零转速测量：: A、B 小汽轮机分别有零转速测点 1 个，共 2 个测点。

13.5.2　振动异常排查案例

某电厂送风机振动异常，发生跳机事故。现场自排查接线与安装等情况后，认为是没有接好屏蔽线导致的干扰误跳机，但是不久又一次发生跳机事故。于是该电厂联系测振装置生产厂家和另一家第三方检测机构一起排查，过程记录如下：

1. 观察振动测点 1X、1Y、2X、2Y 趋势图

发现每个测点都出现过较大的波动，其中 1X、2X 方向同时出现接近满量程的尖峰波动，导致跳机，1Y、1Y 也同时出现波动，但波动值较小，波动与 1X、2X

有着较明显的相关性。另外有一些时间长达数十秒的连续微小波动，一般至少两个测点同时波动。图 13-24 所示为现场振动趋势曲线。图 13-25 所示为测点趋势图。

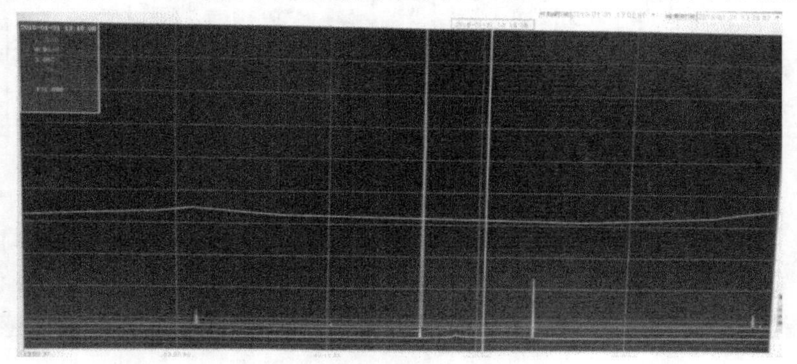

图 13-24　现场振动趋势曲线

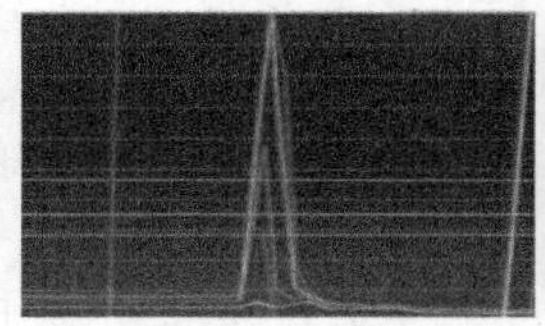

a) 瞬时尖峰波动

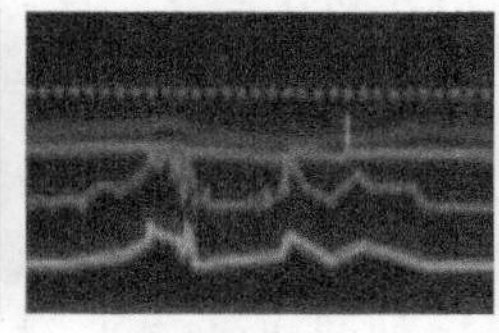

b) 连续微小波动1

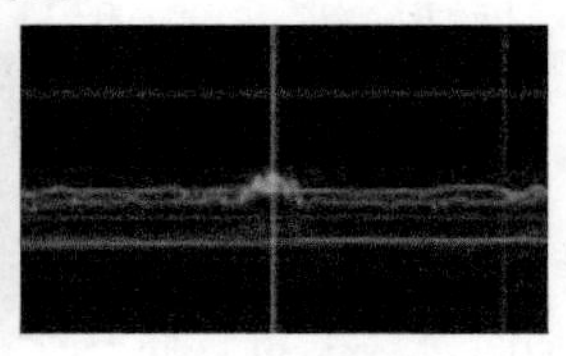

c) 连续微小波动2

图 13-25　测点趋势图

2. 观察振动测点

风压、风机电流与振动趋势曲线如图 13-26 所示。风压、风机电流的变化造成的振动变化很小，当振动大幅度变化时，风压、风机电流无明显变化，基本排除是风机电机异常造成的振动波动。

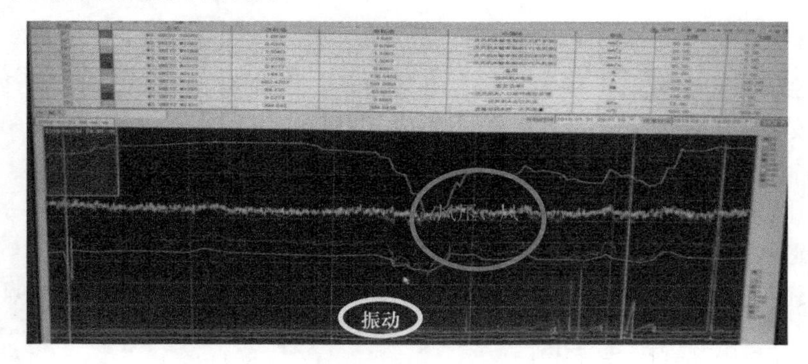

图 13-26　风压、风机电流与振动趋势曲线

3. 初步判断

基于 4 个探头测点同时波动，且相关性较大的现象，基本排除 4 个探头同时损坏的可能性，怀疑出现干扰或者真实振动的可能性较大。

4. 对比测试

基于以上的怀疑，厂家与第三方检测机构分别在机壳外部加装传感器与已安装传感器进行对比测试（见图 13-27），进一步确认故障原因。

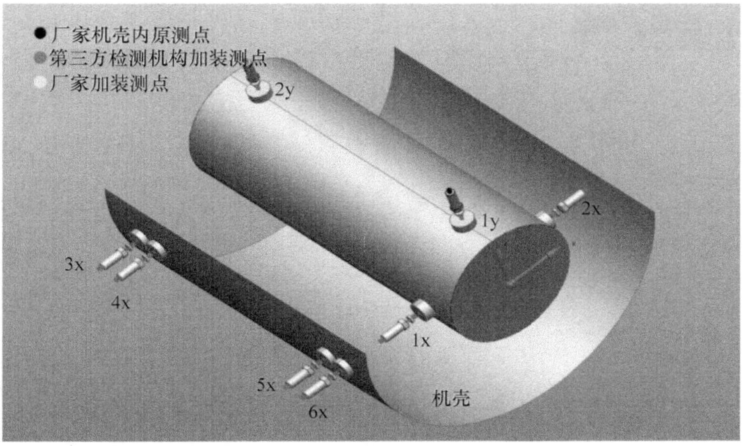

图 13-27　测点安装示意图

5. 对比结果

经过长时间测试，厂家加装测点与原安装测点多次出现同时波动的情况，但第三方检测机构加装测点未检测到波动。但是当波动较大的时候，现场测试人员听到明显的异响，并多次确认。

6. 研究讨论

经厂家与电厂开会研究讨论，判定风机内部有异物或者动叶等部件有损伤，决定打开机盖检查。

7. 开盖检查

开盖后，经过仔细检查，在扇叶上发现多处损伤痕迹（见图 13-28），Y2 侧扇叶受损程度较大，Y1 侧扇叶受损程度较低，在风机进风道底部发现大量金属锈块（见图 13-29）。仔细清理金属锈块后，起机经过一段时间振动稳定后，再无异常振动。

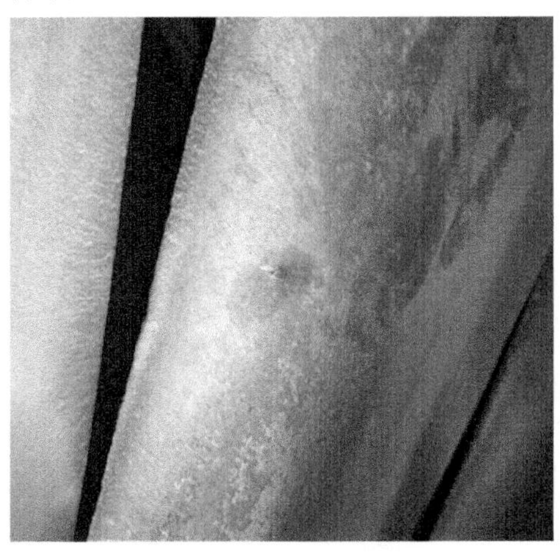

图 13-28　扇叶上的损伤痕迹

图 13-29　金属锈块

经过厂家与电厂分析，振动异常为风道内层经过长时间盐雾腐蚀产生铁锈碎片。铁屑不定时脱落，在风压较大时，铁屑被吸入风机并撞击到风机叶片，较大铁屑撞击产生较大振动，并发出异响，这是造成跳机事故的主要原因，较小的铁屑撞击产生的轻微振动。至此，排查确认结束。至于第三方检测机构未检测到波动，可能是测振设备配置的问题，将真实振动信号滤掉，使得振动过于平稳，从而未反映出真实的振动。

第 14 章　蓄电池检测仪

14

随着社会经济的不断发展，现代社会各行业对电力系统的供电可靠性要求越来越高。作为电力系统的后备电源，变电站蓄电池组的正常运行已成为保证电力系统安全、稳定运行的重要保障。目前变电站广泛采用阀控式铅酸蓄电池，俗称“免维护”蓄电池。其基本特点是蓄电池为密封结构，运行期间无须加酸或加水维护。然而，免维护正是蓄电池运行维护的难点。除了正常使用寿命周期的限制外，由于生产厂家各异，维护方法和要求不同，蓄电池内部结构不同，单体存在差异以及蓄电池本身的质量（如材料、结构、工艺的缺陷）和运维人员维护经验不足等原因，蓄电池早期失效的现象时有发生，从而导致蓄电池单体甚至整组电池的损坏，给电网安全运行造成严重的威胁。现阶段国内变电站多为无人值守模式，为保障蓄电池正常有效的运行，须在固定的周期内对其性能进行全面检验。

14.1　蓄电池的应用与发展

14.1.1　铅酸蓄电池应用领域

铅酸蓄电池凭借在电池行业 50% 的占有量和在充电电池行业 70% 的占有量，成为世界上产量最大的电池产品。其技术也历经了开口式蓄电池、富液式免维护蓄电池以及阀控密封免维护蓄电池三个主要发展阶段。其中阀控式铅酸蓄电池的出现开创了铅酸蓄电池发展的新纪元，并以 AGM 技术实现了电池内部化学反应过程中氧气的重复利用，迅速占领市场。阀控式铅酸蓄电池不仅在理论研究上取得了突破，在产品的种类和性能等方面也有较大的提升。因此，阀控式铅酸蓄电池作为后备电源系统的重要储能设备以及电动产品的主要动力源，被广泛应用于电力系统、军事通信、航空航海、交通运输等各个领域。目前，各类阀控式铅酸蓄电池的应用领域见表 14-1。

根据 2012 年对 39 家蓄电池厂家调查数据的统计情况，阀控式铅酸蓄电池在各领域应用比例如图 14-1 所示。其中，阀控式铅酸蓄电池作为主要动力源，广泛应用于汽车、电动自行车等；作为后备储能设备，广泛应用于银行、电力、医院、学校、商场等场所；此外，阀控式铅酸蓄电池还被广泛应用于应急灯、电动玩具、照明电源等方面，在我们的生产生活中起着不可或缺的作用。

表 14-1　各类阀控式铅酸蓄电池的应用领域

大类	小类	具体用途
起动用铅酸蓄电池	起动用铅酸蓄电池	用于汽车、拖拉机、农用车点火、照明
	舰船用铅酸蓄电池	用于舰、船发动机的点火
	内燃机车用排气式铅酸蓄电池	用于内燃机车的点火及辅助用电设备
	内燃机车用阀控式密封铅酸蓄电池	用于内燃机车的点火及辅助用电设备
	摩托车用铅酸蓄电池	用于摩托车的点火、照明
	飞机用铅酸蓄电池	用于飞机的点火
	坦克用铅酸蓄电池	用于坦克的点火、照明
动力用铅酸蓄电池	牵引用铅酸蓄电池	用于叉车、工程车的动力源
	煤矿防爆特殊型电源装置用铅酸蓄电池	用于煤矿井下车辆动力源
	电动道路车辆用铅酸蓄电池	用于电动汽车的动力源
	电动助力车辆用铅酸蓄电池	用于电动自行车、电动摩托车、高尔夫球车等动力源
	潜艇用铅酸蓄电池	用于潜艇的动力源
固定用铅酸蓄电池	固定型防酸式铅酸蓄电池	用于电信、电力、银行、医院、商场及计算机系统的备用电源
	固定型阀控式密封铅酸蓄电池	用于电信、电力、银行、医院、商场及计算机系统的备用电源
	航标用铅酸蓄电池	用于航标灯的直流电源
	铁路客车用铅酸蓄电池	用于铁路客车车厢的照明
	蓄能用铅酸蓄电池	用于风能、太阳能发电系统储存电能
其他铅酸蓄电池	小型阀控式密封铅酸蓄电池	用于应急灯、电动玩具、精密仪器的动力源及计算机的备用电源
	矿灯用铅酸蓄电池	用于矿灯的动力源
	微型铅酸蓄电池	用于电动工具、电子天平、微型照明直流电源

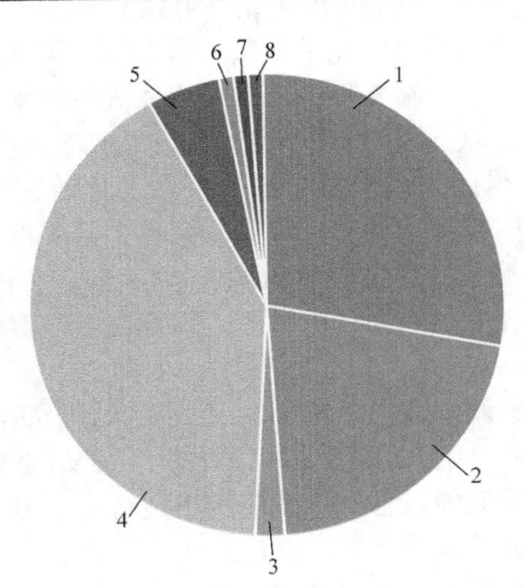

图 14-1　阀控式铅酸蓄电池在各类领域应用比例

14.1.2　铅酸蓄电池发展现状

铅酸蓄电池由于具有性能稳定、价格低廉、安全性高、应用领域广、可循环利用等特点，目前全球市场规模持续增长。根据调研机构 Global Market Insights 公司公布的数据显示，2017—2019 年，全球铅酸蓄电池市场规模分别为 512 亿美元、541 亿美元和 578 亿美元，平均增速为 6.26%。亚太地区铅酸蓄电池市场规模在全球市场规模中的占比最高，2019 年亚太地区占比为 58%，欧洲和北美地区占比为 22%，其他地区占比为 20%。

近年来，在新能源发电和电动汽车行业高速发展的带动下，国内铅酸蓄电池行业逐渐兴起，总体保持平稳发展。2011—2020 年，我国铅酸蓄电池的年产量增长了近 61%，已经成为全球最大的铅酸蓄电池的供应国之一。根据中国轻工业信息中心发布的数据，2011—2020 年我国铅酸蓄电池的产量及增长率如图 14-2 所示。

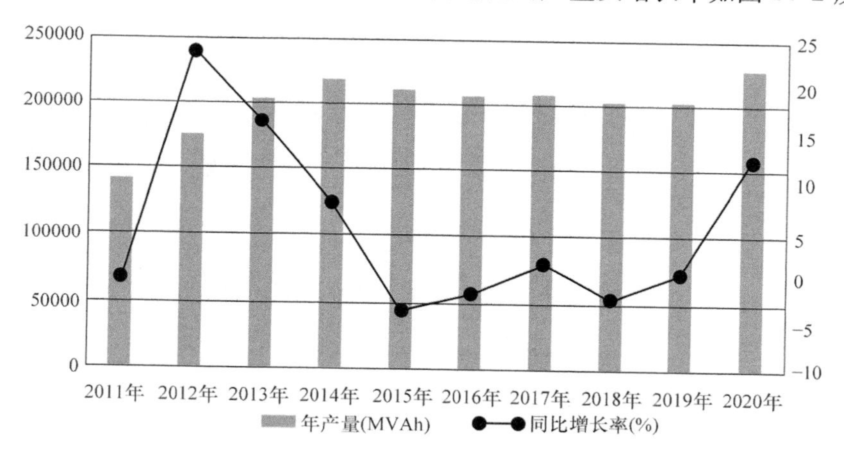

图 14-2　2011—2020 年我国铅酸蓄电池的产量及增长率

14.2　蓄电池工作原理与主要参数

14.2.1　铅酸蓄电池工作原理

葛拉斯顿（Gladstone）和特瑞比（Tribe）于 1882 年提出的“双极硫酸盐化理论”，现在已得到完全证实并在铅酸蓄电池生产中广为应用。根据该理论，铅酸蓄电池的正负极板上分别进行如下的化学反应过程：

$$PbO_2 + 4H^+ + SO_4^- + 2e^- \rightleftharpoons PbSO_4 + 2H_2O \tag{14-1}$$

$$Pb + SO_4^- \rightleftharpoons PbSO_4 + 2e^- \tag{14-2}$$

将上述正、负极板的化学反应方程相结合，即可得到铅酸蓄电池充、放电时的化学反应方程，即

$$PbO_2 + 2H_2SO_4 + Pb \rightleftharpoons 2PbSO_4 + 2H_2O \tag{14-3}$$

式（14-3）所表示的铅酸蓄电池化学反应方程式从左向右表示放电过程，从右向左则表示充电过程，放电过程和充电过程互为可逆反应。铅酸蓄电池的放电过程可用图 14-3 表示，充电过程可用图 14-4 表示。

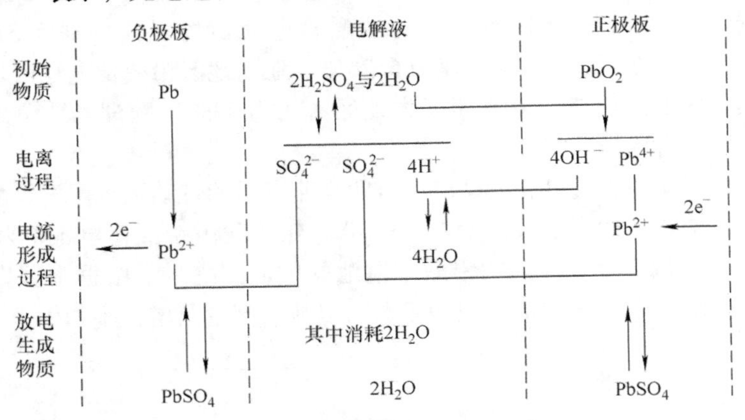

图 14-3 铅酸蓄电池的放电过程

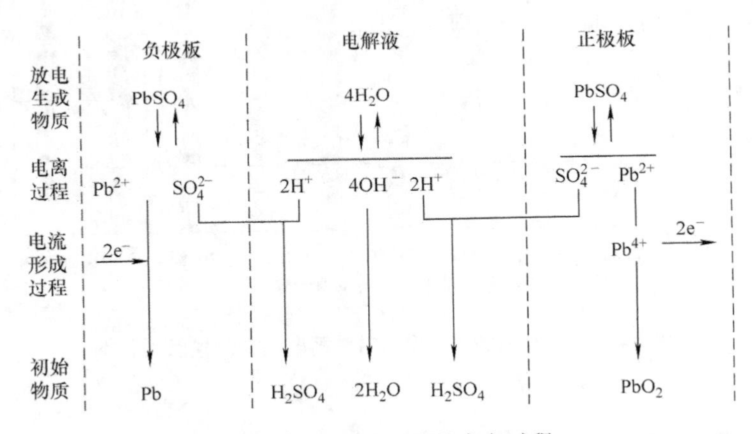

图 14-4 铅酸蓄电池的充电过程

14.2.2 蓄电池内阻

蓄电池内阻是指电流通过蓄电池时所受的阻力，其大小取决于蓄电池极板的电阻、离子流的阻抗等，其等效简化模型如图 14-5 所示。蓄电池内阻包括欧姆内阻和极化内阻，其中极化内阻分为浓差极化内阻和活化极化内阻两种。

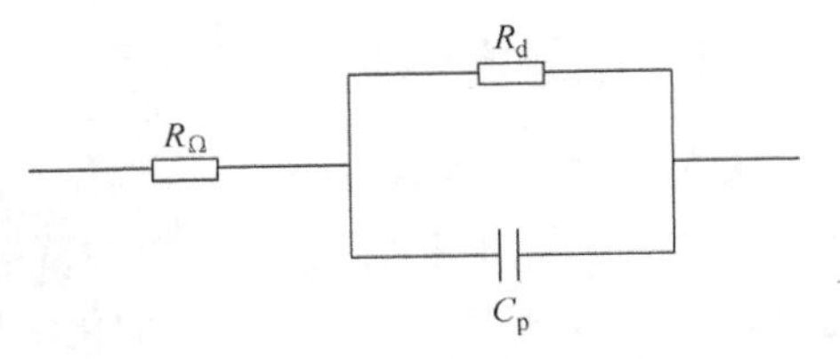

图 14-5 蓄电池内阻等效简化模型

R_Ω—蓄电池的欧姆内阻 R_d—蓄电池的极化内阻

C_p—蓄电池正负极间的双电层电容

欧姆内阻包括铅酸蓄电池内部的电极、

隔膜、电解液、连接条、极柱等全部构件的电阻。尽管欧姆内阻在铅酸蓄电池寿命周期内会因板栅腐蚀、电极变形、电解液浓度和温度的变化而改变，但在检测铅酸蓄电池的内阻时可以视为不变。

浓差极化内阻是由反应离子浓度变化所引起的，即只要有电化学反应在进行，反应离子的浓度就会时刻发生变化，因此浓差极化内阻的数值处于变化状态。此外，浓差极化内阻测量的方法不同或测量的持续时间不同，也会得到不同的测量结果。

活化极化内阻是由电化学反应体系的性质决定的，即铅酸蓄电池的体系和结构确定后，其活化极化内阻的数值也就确定。只有在铅酸蓄电池的寿命后期或放电后期，电极结构和状态发生变化引起反应电流密度的改变，活化极化内阻才会改变，但其数值变化较小。

通常将铅酸蓄电池的浓差极化内阻和活性极化内阻统称为极化内阻。铅酸蓄电池的活性物质为粉状，具有较大的比表面积。因此，当铅酸蓄电池以较小的电流放电时，极板的真实电流密度较小，极化也就较小，即极化内阻较小。只有当铅酸蓄电池以较大的电流放电时，或在低温环境下放电时负极发生钝化，或发生不可逆的硫酸化时，极化电阻才具有较大的数值，该情况会对铅酸蓄电池的性能产生较大的影响。

14.2.3　蓄电池电压

蓄电池电压即蓄电池正负极之间的电压差，蓄电池电压分为开路电压与端电压。

开路电压是指蓄电池在开路状态时正负极两端的电压。由于铅酸蓄电池正负极可逆性较好，因此其开路电压非常接近其理论电压。通过检测开路电压，可大致确定蓄电池的荷电状态以及电池内是否短路。当铅酸蓄电池由充电状态转变为开路状态时，其端电压呈指数形式下降，并逐渐接近稳态；由放电状态转变为开路状态时，其端电压呈指数形式上升，并逐渐接近稳态。

端电压是指蓄电池在充电或者放电时正负极间的电压，因此也称为工作电压。充放电过程中，受欧姆内阻与浓差极化等因素的影响，充电时的端电压高于开路电压，而放电时的端电压低于开路电压。铅酸蓄电池的端电压随充电和放电过程的变化而变化的，可表示为

$$\text{充电时：}U=E+\Delta\varphi_{+}+\Delta\varphi_{-}+IR \tag{14-4}$$

$$\text{放电时：}U=E-\Delta\varphi_{+}+\Delta\varphi_{-}-IR \tag{14-5}$$

式中　U——蓄电池端电压（V）；

$\Delta\varphi_{+}$——正极板的超电势（V）；

$\Delta\varphi_{-}$——负极板的超电势（V）；

I——充放电电流（A）；

R——蓄电池内阻（Ω）。

当以额定功率对蓄电池进行充电时，其端电压变化曲线如图14-6所示。

充满电的蓄电池若以额定功率进行连续放电，其端电压变化曲线如图14-7所示。

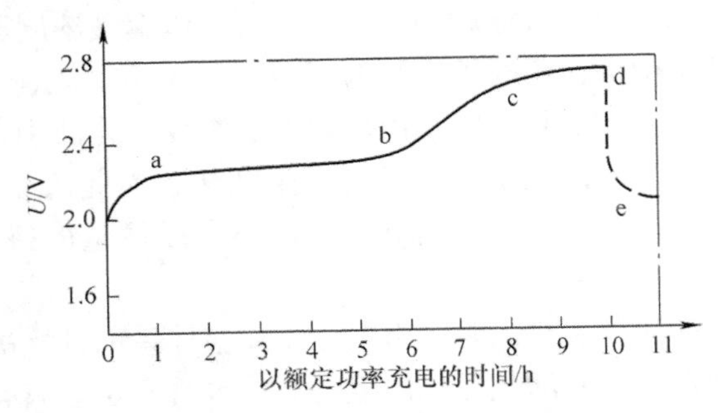

图14-6　蓄电池充电时端电压变化曲线

14.2.4　蓄电池电流

蓄电池的充电方式可分为浮充和均充两种。浮充是为了平衡由于蓄电池自放电造成的容量损耗，对蓄电池进行的一种连续地、长时间地恒电压充电方式。当蓄电池处于充满状态时充电不会停止，仍以恒定的浮充电压和很小的浮充电流供给蓄电池。当充电停止后，可补偿蓄电池自放电损失，并能够在蓄电池放电后较快地使蓄电池恢复到接近完全充电状态。均充是指为避免蓄电池使用过程中因单体、温度差异等原因造成蓄电池端电压不平衡的现象，对蓄电池进行活化充电，以均衡蓄电池组中各单体蓄电池特性，延长蓄电池寿命的充电方式。

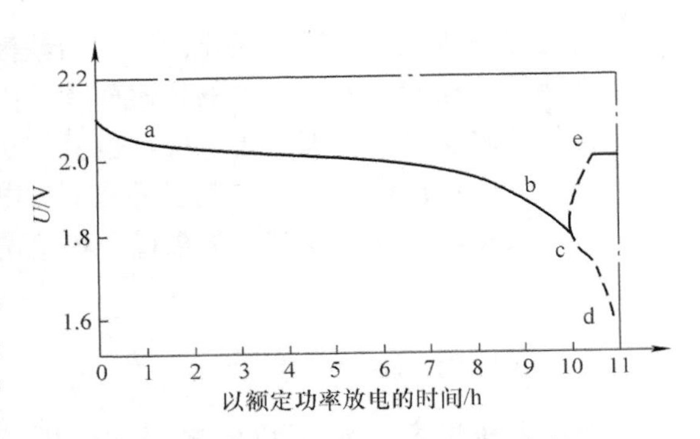

图14-7　蓄电池放电时端电压变化曲线

浮充状态下，充电电流除补偿蓄电池的自放电外，还需维持蓄电池内部的氧循环，因此浮充电流的值应能补偿蓄电池的自放电电流和氧复合电流。由于自放电电流大部分作用于板栅腐蚀，而氧复合电流部分用于分解水，因此浮充电流越大，作用于板栅的腐蚀电流和用于分解水的电流也越大。由于蓄电池的运行寿命与板栅腐蚀速度和失水程度密切相关，当浮充电流增大，板栅的腐蚀速度和电解液的水损耗速度会加快，导致蓄电池电解液温度升高，失水加快，运行寿命降低。

放电电流是蓄电池对负载放电时回路中形成的电流。铅酸蓄电池放电电流越小，放电时间越长；放电电流越大，放电时间则越短。放电过程中，铅酸蓄电池端电压会逐渐减小。当放电电流过大时，铅酸蓄电池端电压会在极短时间内降至极低点而导致蓄电池失效；放电电流过小时，则可能会造成铅酸蓄电池因深度放电而报废。

14.2.5　蓄电池容量

蓄电池的容量是指蓄电池的蓄电能力，通常指充满电的蓄电池，放电至其端电压为终止电压时，蓄电池所放出的总电量。当蓄电池以恒定电流放电时，其容量为

$$Q = It \tag{14-6}$$

式中　Q——蓄电池容量（A·h）；

I——放电电流（A）；

t——放电持续时间（h）。

如果蓄电池的放电电流不是常数，其容量为不同的放电电流与其持续时间的乘积之和，即

$$Q = I_1 t_1 + I_2 t_2 + I_3 t_3 + \cdots + I_n t_n = \sum_{k=1}^{n} I_k t_k = \int_0^t I \mathrm{d}t \tag{14-7}$$

式中　$t_1 \sim t_n$——放电持续时间（h）；

$I_1 \sim I_n$——$t_1 \sim t_n$ 时间段的放电电流（A）。

蓄电池容量有理论容量、实际容量和额定容量之分：①理论容量是根据活性物质的质量按法拉第定律计算得到的最高值。②实际容量是指蓄电池在一定条件下能输出的电量，该容量低于理论容量。③蓄电池的额定容量（C）常指在温度为20℃～25℃时，将其充满电并搁置24h后，以10（20）h放电率或0.1C（0.05C）数值的电流放电至其终止电压（1.75V/单体～1.8V/单体）所输出的容量。

14.2.6　蓄电池温度

铅酸蓄电池在充放电时发生电化学反应，产生的热量会使其温度上升，提高电解液中离子的动能，增强离子的渗透力，降低电解液的电阻，增强蓄电池电化学反应，进而增大蓄电池的容量。当蓄电池内部温度降低时，电解液的黏度增大，电解液中离子运动所受阻力增大，扩散能力降低，两极活性物质得不到充分反应，从而导致蓄电池容量下降。在一般情况下，铅酸蓄电池容量与其温度的关系为

$$C_{T1} = \frac{C_{T2}}{1 + K(T_2 - T_1)} \tag{14-8}$$

式中　T_1、T_2——蓄电池电解液的温度（℃）；

C_{T1}——温度为 T_1 时蓄电池的容量（A·h）；

C_{T2}——温度为 T_2 时蓄电池容量（A·h）；

K——温度系数。

蓄电池的放电容量随其温度变化的关系曲线如图 14-8 所示。

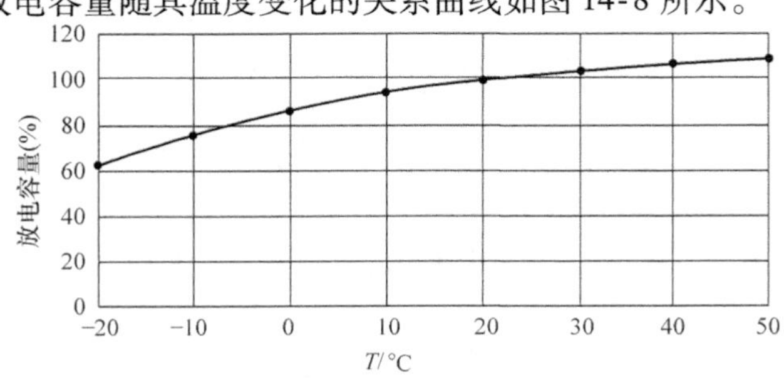

图 14-8　蓄电池放电容量与温度的关系曲线

14.3 蓄电池内阻测试仪

14.3.1 蓄电池内阻测量原理

蓄电池内阻测试仪是采用直流放电法或交流电压降法测试蓄电池内阻的设备。所谓直流放电法是指通过阻性负载短时放电的不同电流值在蓄电池上产生相应的直流电压降，进而计算出蓄电池内阻的方法，简称直流法。而交流电压降法是指通过已知频率和振幅的正弦交流激励信号在蓄电池上产生相应的交流电压降，计算出蓄电池内阻的方法，简称交流法。正弦交流激励信号由外部信号源注入的称为交流注入法，正弦交流激励信号由交流有源负载产生的称为交流放电法。

1. 直流放电法原理

直流放电法是在被测试的电池两端接入阻性负载，对其进行瞬间大电流放电（一般为几十到上百安），通过测量负载断开前后的电压变化，来计算电池的内阻 R，即

$$R=\frac{U_1-U_2}{I} \tag{14-9}$$

式中 U_1——负载断开前的电池端电压（V）；

U_2——负载断开后的瞬间恢复电压（V）；

I——断开前流过电池的电流（A）。

图 14-9 所示为采用直流放电法的 Cellcorder 内阻测试仪测量某蓄电池内阻的响应曲线。测量时，待蓄电池放电电压稳定后，通过测量断开负载瞬间的电压差和电流，根据式（14-9）计算得出该蓄电池的内阻为 $3.75\times10^{-4}\Omega$。

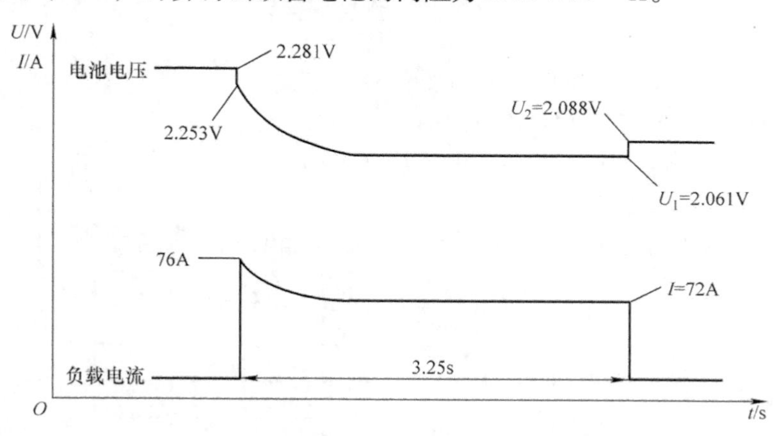

图 14-9 直流放电法测试电池内阻的响应曲线

直流放电法是目前最安全的内阻测量方法之一，在实际运用中可得到较为可靠的测量结果。但该方法存在以下缺点：①蓄电池必须在脱离电网运行的状态下才能

完成测量，无法实现蓄电池实时在线监测，难以发现蓄电池实际运行状态下的缺陷；②瞬时大电流放电可能对蓄电池造成损害；③数据重复性差，测量精度较低；④需要进行蓄电池与电网隔离的操作，增加了日常维护的工作量和操作风险。

2. 交流注入法原理

交流注入法是将一个已知频率的激励电流小信号注入蓄电池内部，通过检测由内阻产生的响应电压小信号，并提取激励电流与响应电压之间的相位差，根据欧姆定律计算出蓄电池的内阻值。交流注入法如图 14-10 所示。

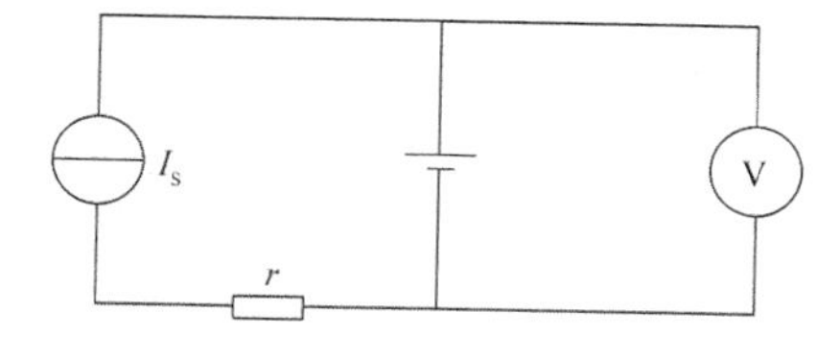

图 14-10　交流注入法

交流注入法分为单频交流注入法和多频交流注入法。单频交流注入法一般给蓄电池注入电流小于 1A、频率约为 1kHz 的交流激励电流 $I(t)=I_{max}\sin2\pi ft$，该电流流经蓄电池时会在蓄电池的两极产生一个交流响应电压 $U(t)=U_{max}\sin(2\pi ft+\theta)$。通过测量 $U(t)$ 以及 $I(t)$ 与 $U(t)$ 的相位差 θ，利用式（14-10），即可计算得到蓄电池的内阻 R。

$$R=\frac{U_{max}}{I_{max}}\cos\theta \tag{14-10}$$

式中　U_{max}——正弦交流响应电压最大值（V）；

　　　I_{max}——正弦交流激励电流最大值（A）。

交流注入法不需要将蓄电池与电网系统隔离，可实现蓄电池内阻的实时在线测量。但该方法注入的激励电流信号在蓄电池两极产生的响应电压信号比较小，易受到外部因素的干扰，因此测量电路需要引入锁相放大技术来提升抗干扰能力。

多频交流注入法是将一个频率在 100μHz～100kHz 范围内变化的激励电流信号注入蓄电池，测量该电流在蓄电池两极间产生的响应电压信号，通过计算激励电流与响应电压的比值，得到蓄电池的内阻。对于不同的蓄电池单体，其等效电池模型各不相同，因此该方法的数据处理与分析过程比较复杂，设计成本较高。

3. 交流放电法原理

交流放电法的原理是将一个低频的交流信号通过功率放大电路接入被测蓄电池，利用被测蓄电池对功率放大电路供电，引起蓄电池以给定频率的交流方式放电。图 14-11 所示为特征电流与特征电压波形。

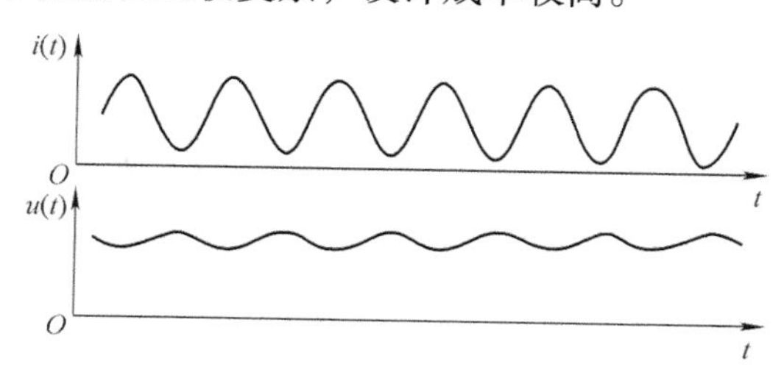

图 14-11　交流放电法特征电流与特征电压波形

通过同步放大电路和高速 A/D 测量出蓄电池在给定放电频率下电流波形和电压波形，分别计算出交流电流有效值 I 和交流电压有效值 U，根据式（14-11）计算出蓄电池的内阻 R。交流放电法的放电电流小于直流放电法的放电电流，并大于交流注入法的放电电流。

$$R = \frac{U}{I} \tag{14-11}$$

14.3.2　设备构成

蓄电池内阻测试仪主要包括测试仪本体和测试连接线两部分，如图 14-12 所示。

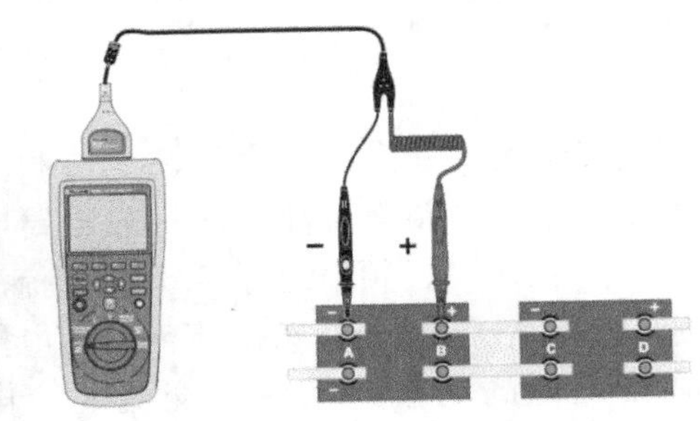

图 14-12　蓄电池内阻测试仪

14.3.3　计量方法

1. 内阻测量准确度

被校蓄电池内阻测试仪的内阻测量准确度参照 JJG 1587—2016《数字多用表校准规范》进行示值检测。其测量准确度小于或等于 5%。检测时，使用被校蓄电池内阻测试仪配置的专用测试线，采用大功率高精度精密标准电阻箱，接线如图 14-13 所示。

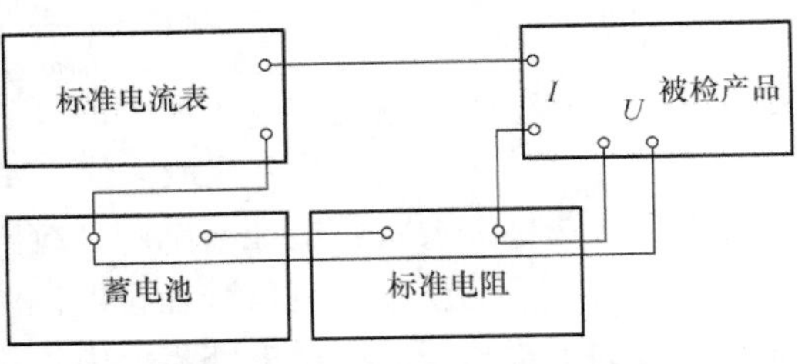

图 14-13　蓄电池内阻测试仪电阻箱校验接线

R_N为大功率高精度精密标准电阻箱电阻选择示值。当选择 $R_N = 0$ 时，测得蓄电池内阻及与标准电阻箱连接等引入电阻的总电阻 R_1。而后根据测试点分布合理选择 R_N 阻值，分别测得 R_1 与标准电阻箱电阻的总电阻 R_2。根据式（14-12）计算得到被检产品的蓄电池内阻测量准确度 δ_R。

$$\delta_R = \frac{R - R_N}{R_N} \times 100\% \tag{14-12}$$

$$R = R_2 - R_1 \tag{14-13}$$

其中，R_N的取值范围为 0.1mΩ ~ 50mΩ，一般取不少于 10 个测试点。

2. 噪声测量

蓄电池内阻测试仪按实际测试连接至试验用直流电源装置或蓄电池组，使其工作在额定参数状态下稳定运行。当测试环境背景噪声不大于 40dB 时，距蓄电池内阻测试仪前后、左右水平位置 1m 处，在其 1/2 高度处测得 A 计权噪声不大于 50dB。

3. 温升测量

被校蓄电池内阻测试仪按实际测试连接至试验用蓄电池，使其工作在满容量参数状态下稳定运行 5h。各部件或器件温升趋于稳定且测试环境温度不大于 40℃时，测得蓄电池内阻测试仪各部件或器件的温升值应符合表 14-2 的要求。

表 14-2 设备发热元器件的极限温升

发热元器件		温升/K
高频变压器外表面		80
电子功率器件外壳		70
电子功率器件衬板		70
电阻发热元件		25①
与半导体器件的连接处		55
与半导体器件连接的塑料绝缘线		25
母线连接处	铜 – 铜	50
	铜搪锡 – 铜搪锡	60
操作手柄	金属材料	15②
	绝缘材料	25②
可接触的外壳和覆板	金属材料	30③
	绝缘材料	40③

① 应在外表上方 30mm 处测量。
② 装在产品内部的操作手柄，允许其温升比表中数据高 10K。
③ 除另有规定外，对可以接触但正常工作时不需触及的外壳和覆板，允许其温升比表中数据高 10K。

4. 测试时间测量

在 14.3.3 节内阻测量准确度的试验中，从启动测试到测试结束，每只蓄电池每次测试时间应不大于 3s。

14.4 蓄电池电压巡检仪

蓄电池电压巡检仪是一种具备电池组蓄电池单体电压巡回检测、报警控制、数据采集及通信等功能，且能独立使用的移动式检测设备。

14.4.1 蓄电池电压测量原理

通过测量蓄电池电压可以大致反应蓄电池的容量大小和运行情况。测量单体阀控式铅酸蓄电池电压的方法很多，主要是共模测量法与差模测量法。差模测量法主要有线性电路直接采样法、继电器切换提取电压法、U/f 转换法、运算放大器和 MOSFET 相结合法、浮动地技术法。

1. 共模测量法

共模测量法的基本原理是采用精密电阻分压的方法测量串联蓄电池组中各点电压，由于各蓄电池采用的参考点相同，所以将各点电压依次相减所得的电压值就是各个蓄电池的电压。共模测量法的优点是测量电路简单；缺点是由于存在共模电压，电压的测量误差会发生积累，当蓄电池的数量增加时，电压的测量精度会降低。

共模测量法测量电路如图 14-14 所示。U_1 是由 R_4 和 R_5 对 B_1 进行分压所得，

$U_1=B_1R_5/(R_5+R_4)$。U_2是由R_6和R_3对B_1+B_2进行分压，然后与U_1相减得到，$U_2=(B_1+B_2)R/(R_6+R_3)-U_1$。$U_3$是由$R_7$和$R_2$对$B_1+B_2+B_3$进行分压，然后与（$U_1+U_2$）相减得到，$U_3=(B_1+B_2+B_3)R_7/(R_7+R_2)-(U_1+U_2)$。$U_4$是由$R_8$和$R_1$对$B_1+B_2+B_3+B_4$进行分压，然后与（$U_1+U_2+U_3$）相减得到，$U_4=(B_1+B_2+B_3+B_4)R_8/(R_8+R_1)-(U_1+U_2+U_3)$。由于经过电阻分压所得的$U_1$、$U_2$、$U_3$和$U_4$是共地电压，所以测量比较简单。但是，共模测量法的误差是积累的，共模电压与测量的单体蓄电池电压的误差成正比，另外较高的共模电压会对电路造成较大的干扰，因此该方法比较适合蓄电池数目较少或者测量精度不高的场合。

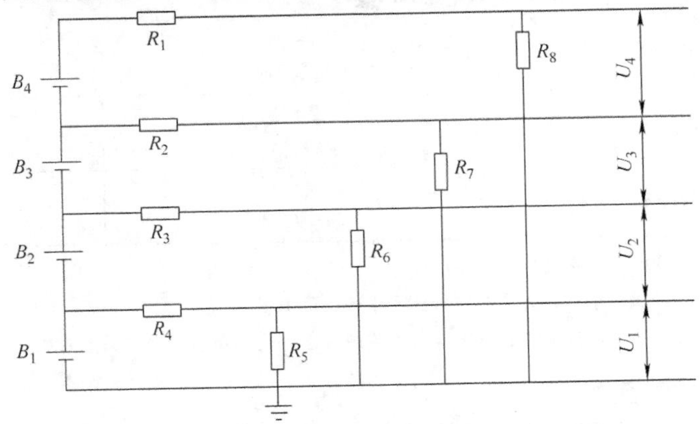

图 14-14　共模测量法测量电路

2. 差模测量法

差模测量法是选通单节蓄电池测量，使用了电子元件或者电气元件进行选通。当串联蓄电池组蓄电池数量增加时，其误差不会发生积累，测量精度比较高。常见的 5 种差模测量法如下：

（1）继电器切换提取电压法　继电器切换提取电压法是将两个差模运算放大器进行相减实现的，其电路原理如图 14-15 所示。

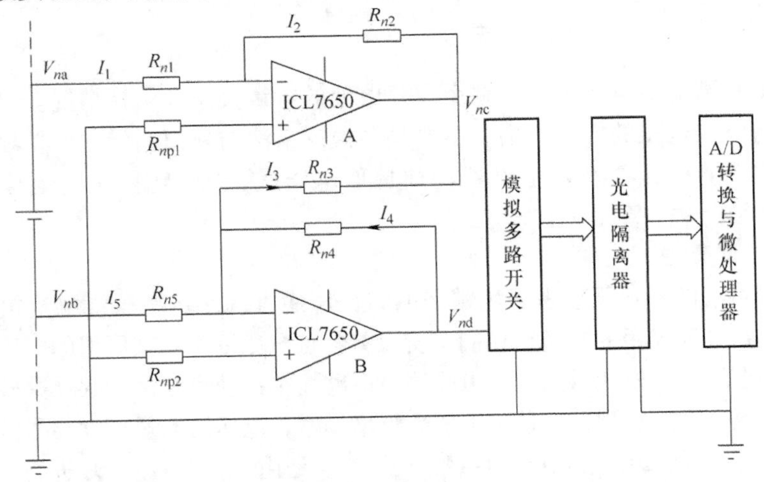

图 14-15　继电器切换提取电压法电路原理

图 14-15 中，V_{na}、V_{nb}分别表示第 n 号蓄电池的高电位和低电位，该电路选用的 ICL7650 运算放大器的差模增益高达 105/mv，由于运算放大器的同相输入端和反相输入端都接地电位，因此同相输入端与反相输入端有相等的电位。R_{np}是平衡电阻，作用是确保运算放大器能稳定的工作。这个硬件直接相减法电路的基本原理为：

运算放大器 A 是一个反向放大器，构成了反相比例运算电路。其公式为

$$V_{nc} = -\frac{R_{n2}}{R_{n1}}V_{na} \tag{14-14}$$

运算放大器 B 是一个加法器，构成了加减运算电路，其公式为

$$\begin{aligned} V_{nd} &= -\left(\frac{R_{n4}}{R_{n5}}V_{nb} + \frac{R_{n4}}{R_{n3}}V_{nc}\right) \\ &= V_{na}\frac{R_{n2}R_{n4}}{R_{n1}R_{n3}} - V_{nb}\frac{R_{n4}}{R_{n5}} \end{aligned} \tag{14-15}$$

由式（14-15）可知，只要选择合适 R_{n1}、R_{n2}、R_{n3}、R_{n4}和 R_{n5}的阻值使 V_{na}与 V_{nb}前的系数相等，即满足 $R_{n2}R_{n4}/R_{n1}R_{n3} = R_{n4}/R_{n5} = 1$。因此，式（14-15）可表示为

$$V_{nd} = V_{na} - V_{nb} \tag{14-16}$$

该电路使用两个高差模增益运算放大器实现了硬件的直接相减，从而使误差不会积累。

（2）U/f 转换法　U/f 转换的原理如图 14-16 所示，首先把被测量的信号转换为电压或电流量，然后转换为与电压或电流量相对应的脉冲频率。该方法是使用模拟开关来选通串联蓄电池组中每一个蓄电池进行测量，测量的电压要进行降压处理，然后被送至 U/f 转换系统，通过光电隔离器把 U/f 转换后的输出信号送到多路模拟开关，再送到单片机进行处理。单片机通过多路模拟开关的闭合采集信号，光电隔离技术和变压器隔离技术被运用到数据处理电路和数据采集电路中。

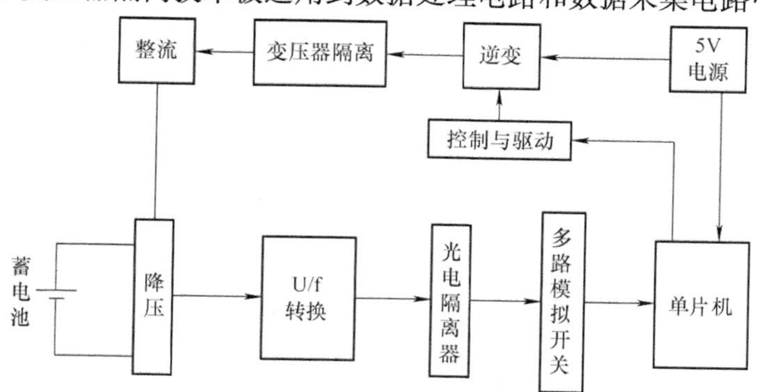

图 14-16　U/f 转换的原理

该方法用 U/f 转换作为 A/D 转换器，弊端是在小信号范围内的精度比较低、线性度比较差，而且其响应的速度比较慢。

（3）线性电路直接采样法　线性电路直接采样法的原理如图 14-17 所示。

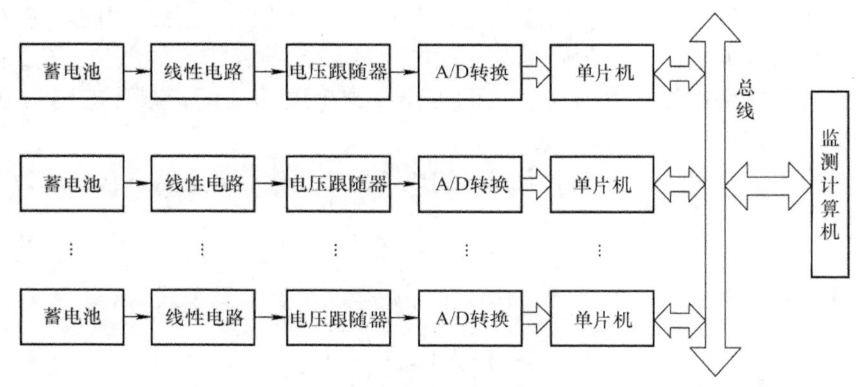

图 14-17　线性电路直接采样法的原理

线性电路直接采样法适用于蓄电池数量较少的情况。该电路原理简单实用，应用的范围比较广。但是电阻阻值对其测量精度有较大的影响，电路的测量精度不是很高；当串联蓄电池组中蓄电池的数量较多时，由于每一个蓄电池接一个采集电路，会导致电路体积比较庞大，成本比较高。

（4）浮动地技术法　串联蓄电池组的总电压较高，当其电压远高于模拟开关的正常工作电压时，无法进行电压的测量，因此需要采用浮动地技术来确保测量电路的正常工作。浮动地技术测量电压电路的原理如图 14-18 所示，在测量不同蓄电池电压的时候，地电位能够自动浮动。当系统工作时，使用模拟开关进行选通，让被测量的蓄电池端电位信号接入，以进行测量。该信号分两路分别进入差分放大器和窗口比较器，如果进入窗口比较器的信号等于固定电位 V_r，就启动 A/D 转换器进行测量；如果该信号电位高于 V_r 或者低于 V_r，控制器就会控制地电位（GND）自动浮动，直到地电位调整到与 V_r 相等，然后再启动 A/D 转换器进行测量。整个调整的过程速度较快，但地电位受外界干扰的影响很大，该方法不能实时精确地控制地电位，从而使整个系统的测量精度降低。当蓄电池组中蓄电池的数量增加时，该方法会使测量电路变得复杂。

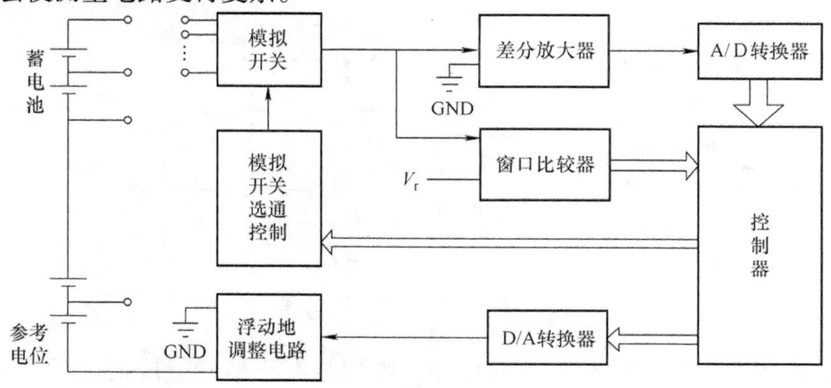

图 14-18　浮动地技术测量电压电路的原理

（5）运算放大器和 MOSFET 相结合法　运算放大器和 MOSFET 相结合法的电压测量电路如图 14-19 所示。

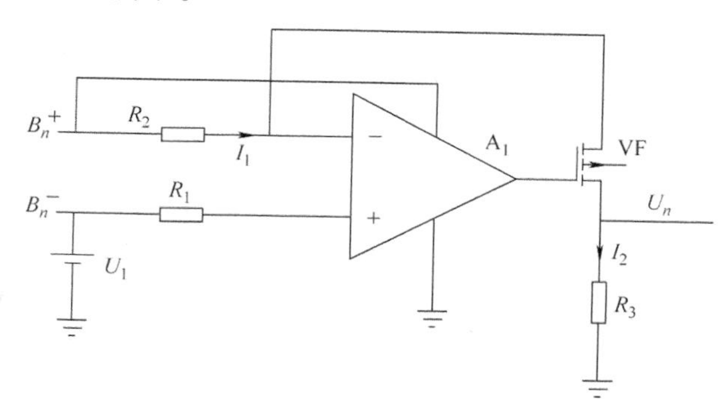

图 14-19　运算放大器和 MOSFET 相结合法电压测量电路

运算放大器和 MOSFET 相结合法的电压测量电路主要是由运算放大器 A_1、P 型 MOSFET（VF）和三个电阻 R_1、R_2、R_3组成，其中 U_1 为整个电路的参考电压，B_n^+、B_n^-分别表示第 n 节蓄电池的正电压和负电压，U_n表示第 n 节蓄电池的电压。

电路开始工作的时候，如果运算放大器 A_1的反相输入端的电压大于同相输入端的电压，则 A_1输出低电平。低电平使 VF 的栅极和源极的电压差大于 VF 的开启电压，VF 开始导通，导通后由于 R_3的存在导致 A_1反相输入端的电压降低，从而会使 A_1的同相输入端的电压大于反相输入端的电压，A_1输出高电平。当 A_1的反相输入端的电压等于同相输入端的电压时，电路达到平衡，则电流 I_1满足

$$I_1 = \frac{B_n^+ - B_n^-}{R_2} \tag{14-17}$$

由于 A_1的输入阻抗比较高，而且 VF 的栅极与源极的电流可以忽略不计，所以可得

$$I_1 = I_2 \tag{14-18}$$

由式（14-18）可得

$$U_n = I_2 R_3 = I_1 R_3 \tag{14-19}$$

由式（14-17）~式（14-19）可得

$$U_n = \frac{(B_n^+ - B_n^-) R_3}{R_2} \tag{14-20}$$

此时，让 $R_2 = R_3$，可得

$$U_n = B_n^+ - B_n^- \tag{14-21}$$

因此，为了保证电路可以正常工作，要使 U_1的电压大于或等于 B_n^+ 电压的一半。为了使运算放大器 A_1处于放大状态，要让 VF 导通，导通后 B_n^- 要大于 R_2和 R_3的分压值。

运算放大器和 MOSFET 相结合法测量蓄电池电压的优点是成本低，体积小，电路比较简单，测量精度高等。

14.4.2 设备构成

蓄电池巡检仪如图 14-20 所示，其系统结构主要包括采集模块、中央处理模块、显示模块。

14.4.3 计量方法

1. 输入阻抗检测

从实际连接蓄电池极柱的电压采样线端输入，采用不低于 0.02 级的直流电压标准源或可调稳压源输出蓄电池电压巡检仪的标准电压 U_n，同时测量采样回路的电流 I。由式（14-22）计算得到输入阻抗 R_i 不应小于 10kΩ。

$$R_i = \frac{U_n}{I} \tag{14-22}$$

图 14-20 蓄电池巡检仪

2. 电压测量准确度

蓄电池巡检仪的蓄电池单体电压测量准确度不应低于 0.2%，电池组总电压的测量准确度不应低于 0.2%。

按 DL/T 980—2005《数字多用表检定规程》的规定进行示值误差的检测，检测方法为直流电压标准源法（接线见图 14-21）和直接比较法（接线见图 14-22）。检测电压应从实际连接蓄电池极柱的电压采样线端输入，采用不低于 0.02 级的直流电压标准源或可调稳压电源输出标准电压。由式（14-23）计算得到电压测量准确度。

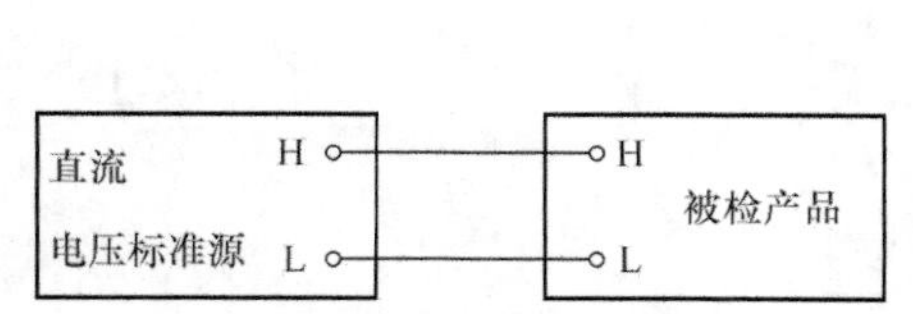

图 14-21 直流电压标准源法接线

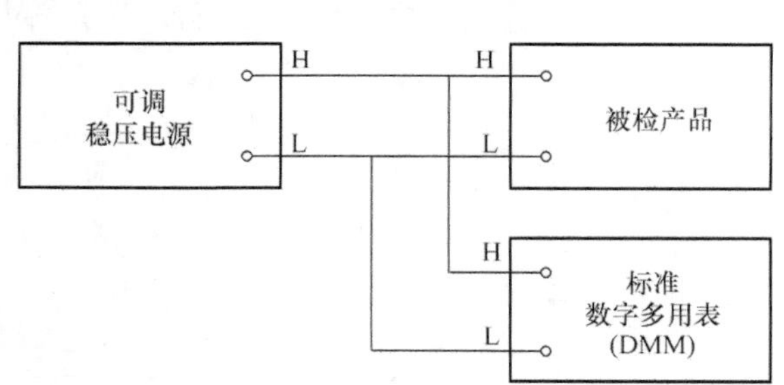

图 14-22 直接比较法接线

$$\gamma_U = \frac{U_x - U_n}{U_n} \times 100\% \tag{14-23}$$

式中 γ_U——电压测量准确度；

U_n——标准电压；

U_x——蓄电池巡检仪显示读数。

3. 温度测量准确度

采用与标准温度计直接比较法，检测结果偏差不大于 ±1℃。

4. 报警准确度

按照 14.4.3 节输入阻抗检测的方法进行电压报警值准确度测试，报警准确度应优于报警整定值的 0.5%。

5. 噪声测量

蓄电池巡检仪按实际测试连接至试验用蓄电池组，使其工作在额定参数状态下稳定运行。当测试环境背景噪声不大于 40dB 时，距蓄电池巡检仪前后、左右水平位置 1m 处，在其 1/2 高度处测得 A 计权噪声应不大于 55dB。

6. 温升测量

蓄电池巡检仪按实际测试连接至试验用直流电源装置或蓄电池组，使其工作在满容量参数状态下稳定运行。各部件或器件温升趋于稳定且测试环境温度不大于 40℃时，测得蓄电池巡检仪各部件或器件的温升均不超过表 14-2 的规定。

14.5　蓄电池容量放电测试仪

蓄电池容量放电测试仪是一种具有稳流特性和保护等功能的专用负载，主要用于电力直流电源系统中蓄电池电量评估的设备。

14.5.1　蓄电池剩余容量检测原理

蓄电池剩余容量检测可以方便蓄电池的使用者对其进行维护，或根据剩余容量的大小来合理使用。目前测量蓄电池剩余容量的常用方法有：放电实验法、开路电压法、内阻法、神经网络法等。

1. 放电实验法

放电实验法即 100% 深度放电，是检测电池容量最直接、最可靠的方法，适用于所有类型的电池。具体检测原理为：将蓄电池接电阻或者新型的电子负载，以恒定电流大小进行不间断的放电，直到截止电压，放电时间和电流的乘积即为该蓄电池处于此状态下的实际剩余电量。

放电实验法的放电过程消耗时间较长，放电后需要及时对蓄电池进行充电，费时费电。此外，由于蓄电池内部的化学反应不是完全可逆的，全深度循环放电的次数是有限的，因此放电实验法有损蓄电池使用寿命。

2. 开路电压法

蓄电池的剩余容量（SOC）跟蓄电池电解液密度密切相关，而电池电动势与电解液密度有关。因此，通过测量蓄电池的开路电压，依据三者之间的关系可以推算出蓄电池的剩余电量。图 14-23 所示为某型号蓄电池组开路电压与剩余容量的关系曲线。开路电压法在蓄电池放电初期和末期对其剩余容量估算的效果较好，此时开路电压和剩余容量两者之间的对应关系明显。

开路电压法缺点在于随着电池老化、剩余容量下降，开路电压变化不明显，因此无法准确预测剩余容量。另外，开路电压是蓄电池无载时的稳态电压，只能在电池静置时方可测量，因此不适合实时在线测量。

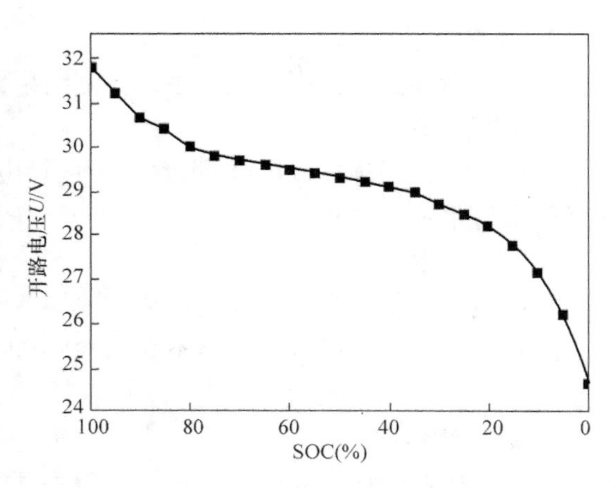

图 14-23　某型号蓄电池组开路电压与剩余容量的关系曲线

3. 内阻法

蓄电池的内阻与容量之间具有较高的相关性。美国 GNB 公司曾对容量为200A · h ～1000A · h、电池组电压 18V ~ 360V 的近 500 个电池进行了测试，实验结果表明，电池的内阻与容量的相关性非常好，相关系数可以达到 88%。因此，通过测量蓄电池内阻可较准确地预测其剩余电量。某蓄电池容量和内阻之间的关系如图 14-24 所示，两者近似成反比关系。

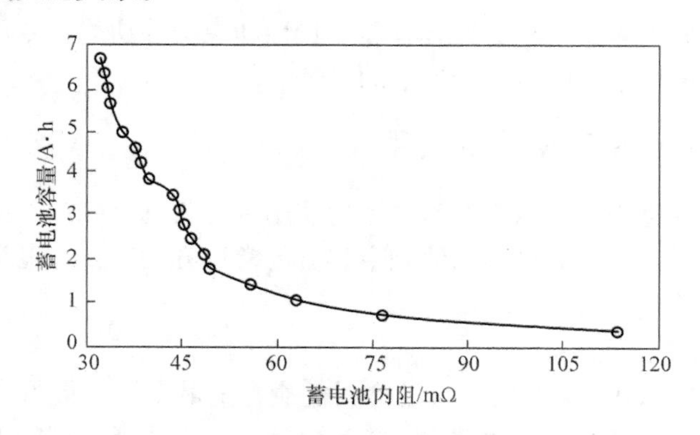

图 14-24　容量与内阻的关系

蓄电池完全充满电与完全放完电时相比，内阻变化率比电池端电压变化率（端电压变化率为 30% ~40%）大，故用测量蓄电池内阻来预测其剩余电量，要比开路电压法准确。此外，内阻法可在蓄电池使用过程中对其进行剩余容量的测量，对于采用蓄电池进行供电的系统的运行影响较小。

4. 神经网络法

神经网络是一种模拟大脑信号处理过程的人工智能技术，主要用于非准确性识别和判读、推理等因果性较为复杂的情况。该算法不需要预测模型，使用并行处理结构，能够给出外部激励下的相应输出，常用于复杂理论的研究。但是，该算法进行训练时需要大量的数据，且训练过程耗时较长。神经网络法用以估算蓄电池的剩余容量时，需要输入蓄电池的内阻、电压、放电电流、温度、累计放出的电量等参数，选择输入变量的数量和类型是否合适都会影响预测结果的准确性。

14.5.2　设备构成

蓄电池容量放电测试仪主要包括测试主机、无线采集盒和测试连接线，如图 14-25所示。

图 14-25　蓄电池容量放电测试仪

14.5.3　计量方法

1. 电压测量准确度

蓄电池容量放电测试仪的蓄电池组总电压和具备电压巡检的蓄电池单体巡检电压的测量准确度应大于 0.2%。

按 DL/T 980—2005 的规定进行示值误差的检测，检测方法为直流电压标准源法（接线见图 14-21）和直接比较法（接线见图 14-22）。检测电压应从实际连接蓄电池极柱的电压采样线端输入，采用不低于0.02 级的直流电压标准源或可调稳压电源输出标准电压。由式（14-24）计算得到电压测量准确度。

$$\gamma_U = \frac{U_x - U_n}{U_n} \times 100\% \tag{14-24}$$

式中　γ_U——电压测量准确度；

U_n——标准电压；

U_x——蓄电池容量放电测试仪显示读数。

2. 电流测量准确度

按 DL/T 980—2005 和 JJG 1587—2016 的规定进行示值误差的检测，检测方法为直接比较法和标准数字电压表法。电流测量准确度应不低于1%。

1）直接比较法是用一台不低于 0.2 级的直流标准数字电流表（或标准 DMM）与被检产品串联后接到直流电源的输出端，其接线如图 14-26 所示。由式（14-25）计算得到电流测量准确度。

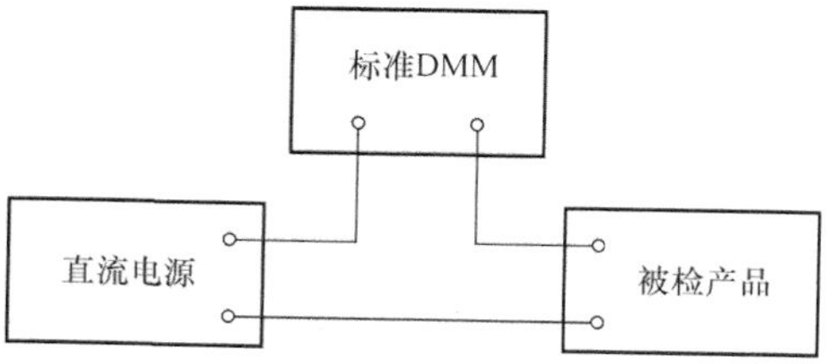

标准DMM

直流电源

被检产品

图 14-26　电流直接比较法接线

$$\gamma_I = \frac{I_x - I_n}{I_n} \times 100\% \tag{14-25}$$

式中　γ_I——电流测量准确度；

I_n——标准数字电流表示值；

I_x——蓄电池容量放电测试仪显示读数。

2）标准数字电压表法是采用不低于0.02级的标准数字电压表、额定电流为I_N与二次电压额定值为U_N的0.2级分流器，测得分流器二次电压实际值为U_m，被检产品的显示读数为I_x，接线如图14-27所示。由式（14-26）计算得到电流测量准确度。

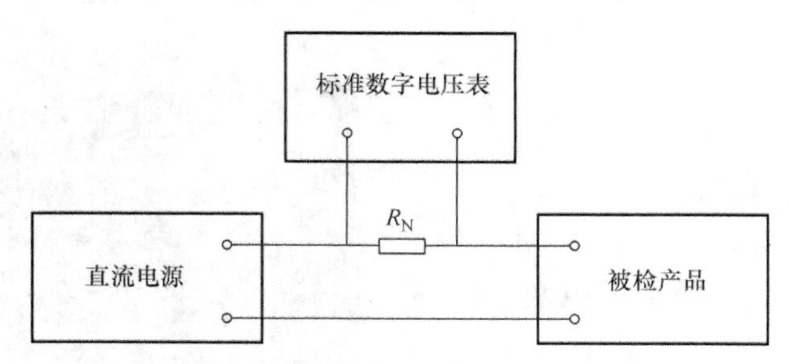

图14-27　标准数字电压表法接线

$$\gamma_I = \frac{I_x U_N - I_N U_m}{I_N U_m} \times 100\% \tag{14-26}$$

分流器的取值应既保证回路电流尽量小于额定电流，又使标准数字电压表的读数尽量接近其满量程值。

3. 时间测量准确度

蓄电池容量放电测试仪在12h的测试时间内，其测量准确度正负偏差应不大于1s，具体检测参照JJG 238—2018《时间间隔测量仪检定规程》中的方法进行。

4. 反灌纹波电压测量

蓄电池容量放电测试仪在放电工作时，其产生的反灌纹波电压值应不超过1%。具体测试参照JJG 795—2016《耐电压测试仪检定规程》中的方法进行。

5. 温度测量准确度

蓄电池容量放电测试仪的温度测量准确度正负偏差应不大于1℃，具体检测采用与标准温度计直接比较的方法进行。

6. 报警准确度

任意设定报警值，参照前文1~3的方法进行报警值准确度测试，准确度应优于报警整定值的0.5%。

7. 噪声测量

蓄电池容量放电测试仪按实际测试连接至试验用直流电源装置或蓄电池组，使其在额定参数状态下稳定运行。当测试环境背景噪声不大于40dB时，距蓄电池容量放电测试仪前后、左右水平位置1m处，在其1/2高度处测得A计权噪声应不大于60dB。

8. 温升测量

蓄电池容量放电测试仪按实际测试连接至试验用直流电源装置或蓄电池组，使其在满容量参数状态下稳定运行12h。各部件或器件温升趋于稳定且测试环境温度不大于40℃时，测得产品各部件或器件的温升均不超过表14-2的规定。

9. 稳流特性检测

调节直流电源（稳定度应足够高）端电压在 180V ~ 260V（220V 系统）或 90V ~ 130V（110V 系统）的范围内变化，蓄电池容量放电测试仪具备按设定的放电电流值进行自动稳流的特性，其 12h 内放电电流的稳定度不低于 1%。按 DL/T 980—2005 和 JJG 1587—2016 的规定进行示值误差的检测，检测方法同电流测量准确度。

14.6　蓄电池单体活化仪

蓄电池单体活化仪是一种用于对落后电池以在线或离线方式进行蓄电池单体活化的维护与测试设备。

14.6.1　蓄电池活化原理

目前铅酸蓄电池活化方法很多，有大电流充电法、变电压活化法、变电流活化法、正负脉冲充电法和高频脉冲活化法等。其中应用最多的是正负脉冲充电法、高频脉冲活化法和复合脉冲活化法。

1. 正负脉冲活化法

正负脉冲如图 14-28 所示。浓差极化和欧姆极化现象通过反向脉冲得到消除，且反向脉冲对 Pb^{2+} 具有很好的排斥效果，溶解 $PbSO_4$ 的强度更大，并且对于极化的恢复也更快，蓄电池可以吸收更多的电量。通过测定蓄电池状态，不断发出正负变频脉冲，$PbSO_4$ 结晶体与活化脉冲发生共振，$PbSO_4$ 再次参与反应，还原成铅离子，使电介质成分得到优化，充分释放与激活活性物质，电化学反应能力加强，蓄电池反应能力也得到加强，从而消除铅酸蓄电池的硫化。

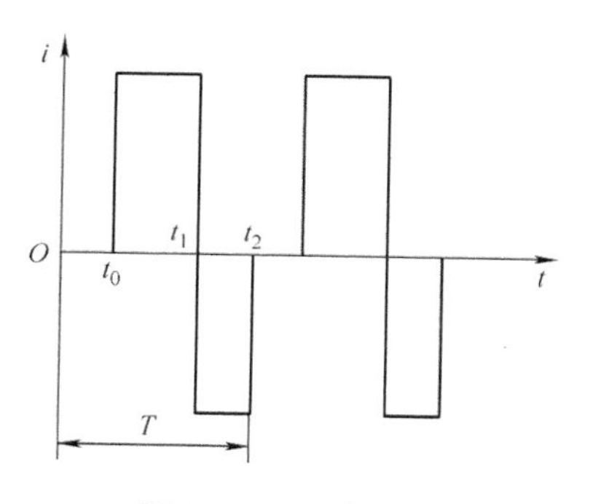

图 14-28　正负脉冲

采用负脉冲的目的是降低活化时产生的电池温升，但经过试验证明负脉冲效果并不好，不仅不能降低温升，还对蓄电池的硫酸盐化有促进作用，蓄电池没有得到恢复；正负脉冲活化法只能部分消除和预防铅酸蓄电池的极化、盐化现象，且该方式只能消除部分 $PbSO_4$ 结晶，不能很好地提升铅酸蓄电池的容量。

2. 高频脉冲活化法

高频脉冲如图 14-29 所示。在活化过程中，高频脉冲可以起到消除硫酸盐化的作用，且采用脉冲对铅酸蓄电池进行活化，可以有效破坏硫酸铅晶体稳定结构，使硫酸铅较大的晶体变成较小的颗粒，进而溶解在电解液中，可以增大电极板的接触面积。此外，这种间歇式脉冲活化方法可以控制铅酸蓄电池的温升，加大氧化还原反应的吸气率。

由于高频脉冲活化法采用的脉冲频率单一，只能与部分硫酸铅晶体发生共振，无法击碎全部的硫酸铅晶体。此外，该方法不按照马斯曲线运行，脉冲幅值变化单一，在活化后期仍通过较大的电流，会加快蓄电池电解液的干涸速度，导致铅酸蓄电池的寿命缩短。

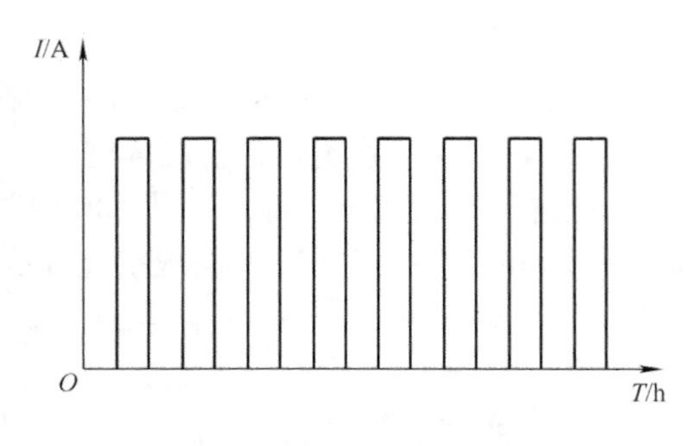

图 14-29　高频脉冲

3. 复合脉冲活化法

变幅值变频率复合脉冲如图 14-30 所示。变幅值的目的是降低蓄电池活化过程中内部水分的损失，其依据为马斯通过大量实验得到的马斯公式 $I = I_0 e^t$，其对应曲线是一条随时间逐渐下降的曲线。变频率的目的是利用不同频率的脉冲对硫酸铅晶体进行冲击，以更好地通过共振击碎大部分的硫酸铅晶体，使其变成小颗粒溶解在溶液中，并抑制硫酸铅晶体再生，从而增大电极板的接触面积，积极参与氧化还原反应。采用脉冲活化的方式时，铅酸蓄电池的活化状态和空闲状态交替存在，空闲状态时可进行散热，从而降低因活化时所导致的温升。

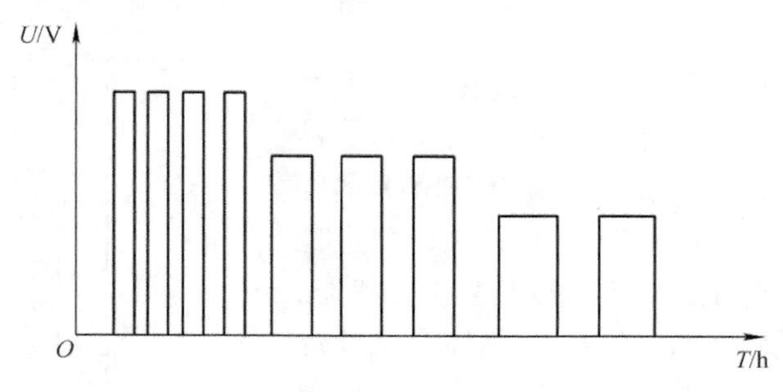

图 14-30　复合脉冲

14.6.2　设备构成

蓄电池单体活化仪如图 14-31 所示，其主要包括主机和连接线两部分。

图 14-31　蓄电池单体活化仪

14.6.3　计量方法

1. 电压测量准确度

蓄电池单体活化仪的电压测量准确度应不低于 0.5%。按 DL/T 980—2005 的规定进行示值误差的检测，检测方法为直流电压标准源法（接线见图 14-21）和直接比较法（接线见图 14-22）。检测电压应从实际连接蓄电池极柱的电压采样线端输入。

采用不低于 0.02 级的直流电压标准源或可调稳压源输出标准电压（或标准表显示读数）U_n（即实际值），蓄电池单体活化仪的显示读数为 U_x，由式（14-27）计算得到电压测量准确度 γ_U。

$$\gamma_U = \frac{U_x - U_n}{U_n} \times 100\% \tag{14-27}$$

2. 电流测量准确度

蓄电池单体活化仪的电流测量准确度应不低于 1%。按 DL/T 980—2005 和 JJG 1587—2016 的规定进行示值误差的检测，检测方法为直接比较法和标准数字电压表法。直接比较法是用一台不低于 0.2 级的直流标准数字电流表（或具有电流功能的标准 DMM）与产品串联后接到直流电源的输出端（接线见图 14-27）。标准数字电流表的显示值（实际值）为 I_n，蓄电池单体活化仪的显示读数为 I_x，由式（14-28）计算得到电流测量准确度 γ_I。

$$\gamma_I = \frac{I_x - I_n}{I_n} \times 100\% \tag{14-28}$$

标准数字电压表法（接线见图 14-27）是采用不低于 0.02 级的标准数字电压表、额定电流为 I_N 与二次电压额定值为 U_N 的 0.2 级分流器，测得分流器二次电压实际值为 U_m，蓄电池单体活化仪的显示读数为 I_x，由式（14-29）计算得到电流测量准确度 γ_I。

$$\gamma_I = \frac{I_x U_N - I_N U_m}{I_N U_m} \times 100\% \tag{14-29}$$

分流器的取值应既保证回路电流尽量小于额定电流，又使标准数字电压表的读数尽量接近其满量程值。

3. 时间测量准确度

蓄电池单体活化仪的时间测量准确度正负偏差应不大于 1s，具体检测参照 JJG 238—2018 中的方法进行。

4. 温度测量精度

蓄电池单体活化仪的温度测量准确度正负偏差应不大于 1℃，具体检测采用与标准温度计直接比较的方法进行。

5. 稳流特性检测

（1）充电电流稳定度　蓄电池单体活化仪在非变幅脉冲的充电状态连接到测试用的可调节直流负载，调节直流负载使确定的充电电流在规定输出电压范围内各个检测点时，其充电电流稳定度应不低于 1%。

测量并记录变化的输出电流 I，从记录的数据中找出最大值 I_{max} 和最小值 I_{min}，由式（14-30）计算出电流的稳定度 S_I。

$$S_I = \frac{I_{max} - I_{min}}{I} \times 100\% \tag{14-30}$$

（2）放电稳流特性　调节稳定度足够高的直流电源输出电压在单节蓄电池放电终止电压和均充电压的范围内变化，其12h内放电电流稳定度应不低于1%。放电稳流特性按DL/T 980—2005和JJG 1587—2016的规定进行示值误差的检测，检测方法同电流测量准确度。

6. 稳压特性检测

（1）电压稳定度　非变幅脉冲的蓄电池单体活化仪充电及活化循环工作在恒压充电状态下，调节直流负载为空载、半载和满载三种情况下，输入电压在规定允许的范围内变化，其12h内充电电压稳定度应不低于0.5%。

测量并记录变化的输出电压U，从记录的数据中找出最大值U_{max}和最小值U_{min}，由式（14-31）计算出电压的稳定度S_U。

$$S_U = \frac{U_{max} - U_{min}}{U} \times 100\% \tag{14-31}$$

（2）纹波系数　非变幅脉冲的蓄电池单体活化仪充电及活化循环工作在恒压充电状态下，输入电压在规定允许的范围内变化，输出电压在调节范围内任一数值上，由式（14-32）计算出的纹波系数应不大于0.5%。

$$\delta = \frac{U_f - U_g}{2U_{av}} \times 100\% \tag{14-32}$$

式中　δ——纹波系数；

U_{av}——直流电压平均值；

U_f——直流电压脉动峰值；

U_g——直流电压脉动谷值。

具体测试参照GB/T 19826—2014中的方法进行。

7. 噪声测量

蓄电池单体活化仪按实际测试连接至试验用蓄电池或替代品，使其分别在充电或放电模式，且工作在额定参数状态下稳定运行。当测试环境背景噪声不大于40dB时，距被检蓄电池单体活化仪前后、左右水平位置1m处，在其1/2高度处测得A计权噪声应不大于60dB。

8. 温升测量

蓄电池单体活化仪按实际测试连接至蓄电池，使其工作在满容量参数状态下稳定运行12h。各部件或器件温升趋于稳定且测试环境温度不大于40℃时，测得蓄电池单体活化仪各部件或器件的温升均不超过表14-2的规定。

参考文献

[1] 全国法制计量管理计量技术委员会. 通用计量术语及定义：JJF 1001—2011 [S]. 北京：中国质检出版社，2012.

[2] 全国电工术语标准化技术委员会. 电工术语 电工电子测量和仪器仪表：第1部分 测量的通用术语：GB/T 2900.77—2008 [S]. 北京：中国标准出版社，2009.

[3] 曹才开. 检测技术基础 [M]. 北京：清华大学出版社，2009.

[4] 周渭，于建国，刘海霞. 测试与计量技术基础 [M]. 西安：西安电子科技大学出版社，2004.

[5] 张东风. 热工测量及仪表 [M]. 北京：中国电力出版社，2007.

[6] 李建明，朱康. 高压电气设备试验方法 [M]. 2版. 北京：中国电力出版社，2001.

[7] 陈化钢. 电力设备预防性试验方法及诊断技术 [M]. 北京：中国科学技术出版社，2001.

[8] 全国电磁计量技术委员会高压计量分技术委员会. 工频高压分压器检定规程：JJG 496—2016 [S]. 北京：中国质检出版社，2016.

[9] 中国电力企业联合会. 高压试验装置通用技术条件：第2部分 工频高压试验装置：DL/T 848.2—2018 [S]. 北京：中国电力出版社，2018.

[10] 中国电力企业联合会. 高压试验仪器选配导则：DL/T 1681—2016 [S]. 北京：中国电力出版社，2017.

[11] 中国电力企业联合会. 电力设备专用测试仪器通用技术条件：第6部分 高压谐振试验装置：DL/T 849.6—2016 [S]. 北京：中国电力出版社，2016.

[12] 中国石油化工股份有限公司. 绝缘油 击穿电压测定法：GB/T 507—2002 [S]. 北京：中国标准出版社，2003.

[13] 中国电力企业联合会. 高电压测试设备通用技术条件：第7部分 绝缘油介电强度测试仪：DL/T 846.7—2016 [S]. 北京：中国电力出版社，2017.

[14] 中国电力企业联合会. 高压测试仪器及设备校准规范：第4部分 绝缘油耐压测试仪：DL/T 1694.4—2017 [S]. 北京：中国电力出版社，2017.

[15] 中国电力企业联合会. 高压试验装置通用技术条件：第1部分 直流高压发生器：DL/T 848.1—2019 [S]. 北京：中国电力出版社，2019.

[16] 关根志. 高电压工程基础 [M]. 北京：中国电力出版社，2003.

[17] 朱仲贤. 超超临界及超临界机组水内冷发电机定子线圈的绝缘电阻测试 [J]. 能源研究与信息，2012，28 (3)：140-146.

[18] 中国电器工业协会. 旋转电机绝缘电阻测试：GB/T 20160—2006 [S]. 北京：中国标准出版社，2006.

[19] 易浩波. 关于大型水内冷发电机的绝缘测量问题分析 [J]. 电机技术，2011 (2)：50-53.

[20] 全国电磁计量技术委员会. 电子式绝缘电阻表检定规程：JJG 1005—2019 [S]. 北京：中国标准出版社，2020.

[21] 中国电力企业联合会. 电阻测量装置通用技术条件：第1部分 电子式绝缘电阻表：DL/T 845.1—2019 [S]. 北京：中国标准出版社，2020.

[22] 中国电力企业联合会. 电气装置安装工程 电气设备交接试验标准：GB 50150—2016 [S]. 北京：中国计划出版社，2016.

[23] 华北电网有限公司标准化工作委员会. 电力设备交接和预防性试验规程：Q/HBW 14701—

2008 [S]. 北京：华北电网有限公司，2008.
[24] 颜湘莲. 电力系统中金属氧化物避雷器的监测与诊断 [J]. 电力自动化设备，2003，23 (2)：79-82.
[25] 孙林涛，艾云飞，张翾喆，等. 一起金属氧化物避雷器异常状态诊断与分析 [J]. 浙江电力，2019 (8)：43-46.
[26] 程昕，熊瑶. 一起带电检测技术应用于判断氧化锌避雷器受潮故障的成功案例 [J]. 中国高新区，2018 (11)：125.
[27] 中国电力企业联合会. 高压测试仪器及设备校准规范：第5部分 氧化锌避雷器阻性电流测试仪：DL/T 1694.5—2017 [S]. 北京：中国电力出版社，2017.
[28] 邓敏. 基于振动信号的有载分接开关机械故障诊断研究 [J]. 变压器，2018，55 (10)：26-29.
[29] 舒群力，王斌，汪春萌，等. 变压器有载分接开关故障波形分析及判断 [J]. 现代工业经济和信息化，2018 (3)：91-93.
[30] 苏同斐，李红刚，李秀国. 一起变压器有载分接开关故障分析及处理 [J]. 山东电力技术，2015，42 (8)：78-80.
[31] 中国电力企业联合会. 变压器绕组变形测试仪校准规范：DL/T 1952—2018 [S]. 北京：中国电力出版社，2018.
[32] 孙翔，何文林，詹江杨，等. 电力变压器绕组变形检测与诊断技术的现状与发展 [J]. 高电压技术，2016，42 (4)：1207-1220.
[33] 张立坚. 浅析短路阻抗法在变压器绕组变形试验中的应用 [J]. 中国水能及电气化，2019，175 (10)：55-57.
[34] 浙江省质量技术监督局. 交流阻抗参数测试仪校准规范：JJF (浙) 1083—2012 [S]. 杭州：浙江省质量技术监督局，2012.
[35] 胡启凡. 变压器试验技术 [M]. 北京：中国电力出版社，2010.
[36] 中国电力企业联合会. 变压比测试仪通用技术条件：DL/T 963—2005 [S]. 北京：中国电力出版社，2005.
[37] 全国交流电量计量技术委员会. 变压比电桥检定规程：JJG 970—2002 [S]. 北京：中国计量出版社，2002.
[38] 邱昌容，王乃庆. 电工设备局部放电及其测试技术 [M]. 北京：机械工业出版社，1994.
[39] 郑重，谈克雄，高凯. 局部放电脉冲波形特性分析 [J]. 高电压技术，1999，25 (4)：15-17.
[40] 桂峻峰，高文胜，谈克雄，等. 脉冲电流法测量变压器局部放电的频带选择 [J]. 高电压技术，2005，31 (1)：45-46.
[41] 全国电磁计量技术委员会高压计量分技术委员会. 脉冲电流法局部放电测试仪校准规范：JJF 1616—2017 [S]. 北京：中国质检出版社，2017.
[42] 王乐仁. 高压电容电桥的使用与检定 [M]. 北京：中国计量出版社，1995.
[43] 全国电磁计量技术委员会. 高压电容电桥检定规程：JJG 563—2004 [S]. 北京：中国计量出版社，2004.
[44] 全国电磁计量技术委员会高压计量分技术委员会. 高压介质损耗因数测试仪检定规程：JJF 1126—2016 [S]. 北京：中国质检出版社，2016.
[45] 罗军川. 电气设备红外诊断实用教程 [M]. 北京：中国电力出版社，2013.

［46］杨立，杨桢，等. 红外热成像测温原理与技术［M］. 北京：科学出版社，2012.
［47］郑远平. 输变电设备红外、紫外状态监测诊断技术［M］. 北京：中国电力出版社，2013.
［48］陈钱，隋修宝. 红外图像处理理论与技术［M］. 北京：电子工业出版社，2018.
［49］全国温度计量技术委员会. 热像仪校准规范：JJF 1187—2008［S］. 北京：中国计量出版社，2008.
［50］中国电力企业联合会. 带电设备红外诊断应用规范：DL/T 664—2016［S］. 北京：中国电力出版社，2016.
［51］马立新. 紫外放电状态识别与故障预测方法［M］. 北京：中国电力出版社，2017.
［52］国家电网有限公司设备管理部. 电力设备带电检测仪器技术规范：第 3 部分　紫外成像仪技术规范：Q/GDW 11304. 3—2019［S］. 北京：国家电网有限公司，2019.
［53］国家电网有限公司设备管理部. 高压电气设备紫外检测技术现场应用导则：Q/GDW 11003—2019［S］. 北京：国家电网有限公司，2019.
［54］中国电力企业联合会. 带电设备紫外诊断技术应用导则：DL/T 345—2019［S］. 北京：中国电力出版社，2020.
［55］靳贵平，庞其昌. 紫外成像检测技术［J］. 光子学报，2003，32（3）：294－297.
［56］中国机械工业联合会. 压力式六氟化硫气体密度控制器：GB/T 22065—2008［S］. 北京：中国标准出版社，2009.
［57］全国压力计量技术委员会. 压力式六氟化硫气体密度继电器：JJG 1073—2011［S］. 北京：中国质检出版社，2012.
［58］中国电力企业联合会. 六氟化硫气体密度继电器校验规程：DL /T 259—2012［S］. 北京：中国电力出版社，2012.
［59］胡日东. 火电厂 TSI 安装调试及常见故障诊断和处理［J］. 能源研究与管理，2011（1）：72－77.
［60］全国振动冲击转速计量技术委员会. 振动位移传感器：JJG 644—2003［S］. 北京：中国计量出版社，2004.
［61］全国振动冲击转速计量技术委员会. 磁电式速度传感器：JJG 134—2003［S］. 北京：中国计量出版社，2004.
［62］中国电力企业联合会. 电力直流电源系统用测试设备通用技术条件：第 1 部分　蓄电池电压巡检仪：DL/T 1397. 1—2014［S］. 北京：中国电力出版社，2015.
［63］中国电力企业联合会. 电力直流电源系统用测试设备通用技术条件：第 2 部分　蓄电池容量放电测试仪：DL/T 1397. 2—2014［S］. 北京：中国电力出版社，2015.
［64］中国电力企业联合会. 电力直流电源系统用测试设备通用技术条件：第 5 部分　蓄电池内阻测试仪：DL/T 1397. 5—2014［S］. 北京：中国电力出版社，2015.
［65］中国电力企业联合会. 电力直流电源系统用测试设备通用技术条件：第 7 部分　蓄电池单体活化仪：DL/T 1397. 7—2014［S］. 北京：中国电力出版社，2015.